数学のとびら

関数解析
基本と考え方

竹内慎吾 著
Shingo Takeuchi

Doors to Mathematics

裳華房

Functional Analysis

Basics and Ideas

by

Shingo TAKEUCHI

SHOKABO

TOKYO

はじめに

　本書は関数解析の入門書である．線形代数と微分積分を学んだ人が，それらの復習をしつつ関数解析の基本と考え方を学ぶことを想定している．

　我が国では，線形代数と微分積分にはあらゆるレベルの参考書があり，読者は自分の理解度に合わせて適当なものを選ぶことができる．しかし関数解析の参考書というのは大家によるレベルの高いものがほとんどで，初学者が読みやすいものは少ないようにかねてから思っていた．昨今は様々な学習履歴をもった学生がおり，たとえ理学部数学科であっても必ずしも最初からそのような名著で理解できる学生ばかりではなかろう．本書は線形代数と微分積分をひととおり学んだすべての学生に対して，"関数解析のとびら" を開いてその世界へと誘うように書いたつもりである．

　関数解析は，一般の集合へ我々にとってなじみのある $\mathbb{R}^2$ や $\mathbb{R}^3$ のような空間がもつ構造（線形演算と距離）を導入し，その上で線形代数や微分積分を展開する理論である．もう少し具体的に述べよう．線形代数で学んだように，点 $(a_1, a_2, \ldots, a_n)$ は第 k 成分が数 a_k で与えられる n 次元ベクトルである．同様にして数列 $\{a_n\}_{n=1}^{\infty}$ は第 n 成分が数 a_n で与えられる（無限次元の）ベクトルと考えられる．ここで想像力を働かせると，関数 f はいわば "第 x 成分" なるものが値 $f(x)$ で与えられる（無限次元の）ベクトルとみなせる．こうして関数をベクトルとして扱い，その微分や積分を線形空間上の線形写像とみなすと，無限次元の線形空間において線形代数を展開できる．さらにこの線形空間に距離の概念を導入することによって，その上の関数（汎関数）に対し微分積分を展開できる．このように距離が定義された（無限次元）線形空間において線形代数や微分積分を展開するのが関数解析である．関数解析は微分方程式をはじめ，確率論，数値解析，量子力学，制御理論，数理経済学，機械学習など幅広い分野に応用され，線形代数や微分積分と並び現代数学の基礎となっている．

　本書は一般の集合を $\mathbb{R}^2$ や $\mathbb{R}^3$ に似せて線形代数や微分積分を展開するという

関数解析の基本的な考え方を理解することを目標としている.

本書の構成は以下のとおりである.

第1章は関数解析で頻繁に用いられる基本的な不等式の準備にあてた. よく知られた相加・相乗平均の不等式やシュワルツの不等式を一般化した不等式も含まれており, 本論に入る前のよい助走になると期待する. 第2章では距離空間について述べた. 関数解析は古くは位相解析ともよばれ, その位相的側面は無視できない. 位相空間論の知識がなくても読めるように, 距離空間の位相について必要な範囲で丁寧に説明した. 第3章ではバナッハ空間を説明した. 線形空間に "長さ" に相当する量（ノルム）を定義すると, ノルムから自然に導かれる距離について距離空間になる. 線形演算という代数学的な演算, ノルム・距離という幾何学的な量, そして完備性という解析学的な性質が一堂に会す舞台がバナッハ空間である. 単なる線形空間と異なりバナッハ空間では2点間の距離が測れるので, 二つのバナッハ空間の間の写像（作用素）には連続性やコンパクト性などの様々な性質をもつものが定義できる. 第4章ではそのような線形作用素の特徴と, 線形作用素の「三つの基本原理」といわれる一様有界性の原理, 開写像定理, ハーン・バナッハの定理を紹介した. さて, 線形空間に今度は "向き" に相当する量（内積）を定義すると, その内積から自然に導かれるノルムについてバナッハ空間になることがある. つまり, バナッハ空間の中には内積を備えているものがあり, これをヒルベルト空間という. ヒルベルト空間では "向き" を考えられるので, 直交性の議論が可能である. 第5章ではヒルベルト空間における正規直交系の理論を古典的な直交関数系の例を交えて展開した. 第7章では微分方程式の境界値問題への応用を見据えて, ルベーグ空間とソボレフ空間を解説した. ルベーグ空間はルベーグ積分可能であるような関数全体の集合である. またソボレフ空間は, 微分積分における導関数が連続であるような関数全体の集合（$C^1[a,b]$）と同様に, "弱い意味の導関数" がルベーグ積分可能であるような関数全体の集合である. ソボレフ空間上の汎関数の極値点（関数！）は, その汎関数に依存して決まる微分方程式（オイラー・ラグランジュ方程式）の解になる. この事実を逆手にとると, 微分方程式の境界値問題は, その微分方程式がオイラー・ラグランジュ方程式になるような汎関数を構成できれば, この汎関数の極値点が存在することを示す問題に帰着され

る．この極値点の問題に対する一連のアプローチは汎関数の微分法に相当する
もので，一般に変分法とよばれる．ソボレフ空間はバナッハ空間やヒルベルト
空間であるため，変分法ではコンパクト性をはじめとする前章までの知識が総
動員される．本書は基本的な変分法を実際に体験していただくことをゴールと
した．なお，ルベーグ空間とソボレフ空間はルベーグ積分を用いて定義される
ため，第 6 章においてルベーグ積分の基本事項を証明なしでまとめておいた．

　各章末に付した練習問題は各章の内容の理解を補うことを目的とした基本的
なものが大半である．もっと骨のある問題を解きたい読者は参考文献 [5] や [6]
の章末問題に挑戦してほしい．

　本書では，線形代数と微分積分の復習になることも意識して，通常の関数解
析の本では自明なこととして省略されている部分をあえて掲載した．例えば $\mathbb{R}^n$
が線形空間や距離空間であることの検証などは通常は省かれることが多いと思
うが，具体的な集合と抽象的な線形空間や距離空間がつながっていない学生が
意外に多いと感じ，冗長であることをいとわずくどいくらいに書いた．賛否両
論あるであろうし，読者によっては読み飛ばしてもよいと思う．また基本的な
考え方の理解を重視したため，発展的な内容は思い切って省いた．例えば，ス
ペクトルとレゾルベント，線形作用素の半群など，いわゆる関数解析の書物の
後半部分に書かれていることについてはほとんど触れていない．これらの内容
については巻末に参考文献を挙げておいた．本書の知識があればそれらの参考
文献も読めるはずである．

　本書の大きな特徴は，関数解析の考え方自体を学ぶにはルベーグ積分の知識
は必ずしも必要ないと考え，ルベーグ積分の知識を必要とする話題（ルベーグ
空間とソボレフ空間）を最後の第 7 章に集約したことである．第 1 章から第 6
章までの内容はルベーグ積分の知識がまったくない読者も安心して読むことが
できるようになっている．

　筆者は学生時代，宮寺功先生の名著『関数解析』（参考文献 [6]，ただし当時
の出版社は理工学社）を著者の指導の下で読むという幸運に恵まれた．『関数解
析』は筑摩書房版の巻末にある「解説」でも述べられているとおり，抽象理論
を（良い意味で）飾り気なく，そして過不足なく説明した本である．したがっ
て，頭脳明晰な読者にとっては最高の参考書であるが，そうでない読者はやや

もすると理解が形式的になるおそれがある．かくいう筆者も当時は，宮寺先生
には自明だが自分には自明でなかったり，逆に自明だと思ってもそれは思慮が
足りないせいであることがたびたびあった．もっとも筆者の場合は著者に直接
尋ねることができ，今から思うとそれが大変良い訓練であったことは間違いな
い．しかし，もし本書のような参考書が当時傍らにあれば，『関数解析』をより
一層楽しめたうえに，宮寺先生にももっと質の高い問いかけができたのではな
いかとも思う．これが本書を書いた一つの動機である．

　本書の執筆にあたり，関西大学の藤岡敦教授がその機会を与えて下さり，裳
華房の南清志氏から 2019 年 12 月に丁寧な手書きのお手紙をいただいた．「今
何をしているのか，イメージがつかみやすいもの」というコンセプトにどこま
で応えられたか心許ないが，両氏のご期待に沿う一心で何とか書き終えること
ができた．ここに厚く御礼申し上げる．

　2023 年 8 月

竹 内 慎 吾

目　次

はじめに .... *iii*

第 1 章　基本的な不等式 *1*

1.1　三角不等式 *1*

1.2　イェンセンの不等式 *4*

1.3　ヤングの不等式 *6*

1.4　ヘルダーの不等式 *8*

1.5　ミンコフスキーの不等式 *10*

第 2 章　完備距離空間 *13*

2.1　距離空間 *13*

2.2　距離空間の例 *15*

2.2.1　数空間 $\mathbb{R}^n$, $\mathbb{C}^n$ *15*

2.2.2　数列空間 ℓ^2 .... *16*

2.2.3　数列空間 ℓ^p *18*

2.2.4　数列空間 ℓ^∞ *19*

2.2.5　関数空間 $C[a, b]$ *22*

2.3　距離空間の位相 *23*

2.3.1　点列と収束 *23*

2.3.2　$C[a, b]$ における収束 *28*

2.3.3　連続写像とコンパクト集合 *36*

2.3.4　完備性 *40*

2.4　バナッハの不動点定理 *44*

2.5　ベールのカテゴリー定理 *54*

第 3 章　ノルム空間とバナッハ空間 *58*

3.1　線形空間 58
　3.1.1　線形空間の定義 58
　3.1.2　線形空間の例 61
　3.1.3　線形部分空間 64
　3.1.4　一次結合と次元 66
3.2　ノルム空間 69
　3.2.1　ノルム空間の定義 69
　3.2.2　ノルム空間の位相 69
3.3　バナッハ空間 73
　3.3.1　バナッハ空間の定義 73
　3.3.2　バナッハ空間の例 73
3.4　次元とコンパクト性 80
　3.4.1　級　数 80
　3.4.2　ノルム空間の基底 83
　3.4.3　有限次元空間の位相 84
　3.4.4　有限次元性とコンパクト性 88

第4章　線形作用素と線形汎関数　　　　　　　　　　　　　94
4.1　線形作用素 94
　4.1.1　線形作用素の定義 94
　4.1.2　線形作用素の例 96
4.2　有界線形作用素 98
　4.2.1　有界線形作用素の定義 98
　4.2.2　有界性と連続性 102
　4.2.3　有界線形作用素の空間 105
4.3　逆作用素 108
4.4　線形汎関数 111
　4.4.1　線形汎関数の定義 111
　4.4.2　有界性と連続性 112
　4.4.3　有界線形汎関数の例 113

4.5　共役空間 *115*

　　4.5.1　共役空間の定義と例 *115*

　　4.5.2　第二共役空間 *120*

4.6　閉作用素とコンパクト作用素 *122*

　　4.6.1　閉作用素 *122*

　　4.6.2　コンパクト作用素 *124*

4.7　三つの基本原理 *126*

　　4.7.1　一様有界性の原理 *127*

　　4.7.2　開写像定理 *128*

　　4.7.3　ハーン・バナッハの定理 *132*

第 5 章　内積空間とヒルベルト空間　　　　　　　　　　　　*138*

5.1　内積空間 *138*

　　5.1.1　内積空間の定義 *138*

　　5.1.2　内積から導かれたノルム *139*

　　5.1.3　中線定理 *143*

5.2　ヒルベルト空間 *146*

　　5.2.1　ヒルベルト空間の定義 *146*

　　5.2.2　ヒルベルト空間の例 *148*

5.3　射影と直交分解 *150*

　　5.3.1　閉凸集合と射影作用素 *150*

　　5.3.2　直交分解 *154*

5.4　完全正規直交系 *158*

　　5.4.1　正規直交系 *158*

　　5.4.2　ベッセルの不等式と正射影 *162*

　　5.4.3　シュミットの直交化法 *165*

　　5.4.4　完全正規直交系とパーセバルの等式 *168*

　　5.4.5　可分なヒルベルト空間 *170*

5.5　表現定理 *172*

　　5.5.1　リースの表現定理 *172*

5.5.2 ラックス・ミルグラムの定理 176

5.6 弱収束 180

5.6.1 弱収束の定義 180

5.6.2 弱収束の性質 180

5.6.3 弱収束とコンパクト性 184

5.7 非拡大写像の不動点定理 187

第 6 章　ルベーグ積分のまとめ　　　　　　　　　　　　　　　　　**193**

6.1 ルベーグ積分 193

6.2 ルベーグ零集合 197

6.3 ルベーグ積分の諸定理 199

6.3.1 リーマン積分との関係 199

6.3.2 収束定理など 200

6.3.3 積分の順序交換 203

6.4 ルベーグ積分の計算例 204

6.5 ルベーグ流の定義 209

6.5.1 σ 加法族と測度 210

6.5.2 ルベーグ式積分の定義 211

6.5.3 ルベーグ積分の定義 213

第 7 章　ルベーグ空間とソボレフ空間　　　　　　　　　　　　　　**215**

7.1 ルベーグ空間 $L^p(a,b)$ 215

7.1.1 基本的な不等式 215

7.1.2 $L^p(a,b)$ の定義 217

7.1.3 $L^p(a,b)$ の性質 224

7.2 ヒルベルト空間としての $L^2(a,b)$ 230

7.2.1 $L^2(a,b)$ の内積 230

7.2.2 $L^2(a,b)$ の直交関数系 233

7.3 ソボレフ空間 $W^{1,p}(a,b)$ 243

7.3.1 ソボレフ空間とは 243

7.3.2 弱導関数 243

7.3.3 $W^{1,p}(a,b)$ の定義 *246*

7.3.4 $W^{1,p}(a,b)$ から $C[a,b]$ への埋め込み *249*

7.3.5 $W_0^{1,p}(a,b)$ の定義 *254*

7.3.6 $W^{1,p}(a,b)$ と $W_0^{1,p}(a,b)$ の一般化 *256*

7.4　境界値問題への応用 *258*

7.4.1 微分方程式の弱解 *258*

7.4.2 弱解の存在証明 I *260*

7.4.3 弱解の存在証明 II *261*

章末問題の解答 *266*

参考書について *279*

記号索引 *282*

事項索引 *283*

KEYWORDS 🔑 とびらの鍵

● **第1章** □三角不等式 □イェンセンの不等式 □ヤングの不等式
□ヘルダーの不等式 □ミンコフスキーの不等式

● **第2章** □距離空間 □数列空間 □関数空間 □各点収束
□一様収束 □コンパクト集合 □完備 □バナッハの不動点定理
□ベールのカテゴリー定理

● **第3章** □線形空間 □部分空間 □無限次元 □ノルム空間
□バナッハ空間

● **第4章** □有界線形作用素 □有界線形汎関数 □共役空間
□閉作用素 □コンパクト作用素 □一様有界性の原理
□開写像定理 □ハーン・バナッハの定理

● **第5章** □内積空間 □中線定理 □ヒルベルト空間 □射影
□直交分解 □完全正規直交系 □ベッセルの不等式
□パーセバルの等式 □シュミットの直交化 □リースの表現定理
□ラックス・ミルグラムの定理 □弱収束

● **第6章** □ルベーグ積分 □ルベーグ零集合 □単調収束定理
□項別積分定理 □ファトゥの補題 □ルベーグの優収束定理
□フビニ・トネリの定理 □測度空間

● **第7章** □ルベーグ空間 □リース・フィッシャーの定理
□弱導関数 □変分法の基本補題 □ソボレフ空間 □埋め込み
□ポアンカレの不等式 □弱解

1 基本的な不等式

① CHAPTER

【この章の目標】

　解析学はしばしば不等式の学問といわれる．本章では関数解析で頻繁に用いられる基本的な不等式を準備する．相加・相乗平均の不等式やシュワルツの不等式を一般化した不等式も含まれる．これらの不等式にはどれも単純美があり，証明も基礎的で明快であるし，次章以降で関数解析の理論を学んでいくためのよいウォーミングアップになると期待される．また証明の中には技巧的なものもあるので，純粋に楽しんでいただけると思う．

1.1　三角不等式

　複素数 $z = a + bi$ $(a, b \in \mathbb{R},\ i = \sqrt{-1})^{*1}$ の絶対値 $|z|$ とは，z が実数の場合も含めて，複素数平面における原点 0 と z を結ぶ線分の長さ $\sqrt{a^2 + b^2}$ のこと

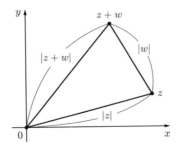

図 1.1　3 点 $0,\ z,\ z + w$ を頂点とする三角形

---

*1 本書では，自然数全体の集合を $\mathbb{N}$，有理数全体の集合を $\mathbb{Q}$，整数全体の集合を $\mathbb{Z}$，実数全体の集合を $\mathbb{R}$，複素数全体の集合を $\mathbb{C}$ で表す．

である．よって，複素数平面上の 3 点 0, z, $z+w$ を頂点とする三角形の 3 辺
の長さの関係を考えれば，

$$|z+w| \leqq |z| + |w|$$

が成り立つことがわかる（図 1.1）．

　のちに絶対値はノルムという量に一般化される（第 3 章）．ある量がノルムに
なることを確認するには，上述のような平面図形の性質による直観的な考察で
は困難になる．そこでここでは計算による厳密な証明を与えておく．

定理 1.1（三角不等式）　$z, w \in \mathbb{C}$ とする．このとき，

$$|z+w| \leqq |z| + |w|, \tag{1.1}$$

$$||z| - |w|| \leqq |z - w| \tag{1.2}$$

が成り立つ．

【証明】　まず (1.1) を示す．$z, w \in \mathbb{C}$ のとき，

$$|z+w|^2 = (z+w)\overline{(z+w)} = |z|^2 + z\overline{w} + \overline{z}w + |w|^2$$
$$= |z|^2 + 2\,\mathrm{Re}\,(z\overline{w}) + |w|^2$$

である．ここで $\overline{\alpha}$, $\mathrm{Re}\,\alpha$ はそれぞれ複素数 α の共役複素数，実部を表し，$|\alpha|^2 = \alpha\overline{\alpha}$, $\alpha + \overline{\alpha} = 2\,\mathrm{Re}\,\alpha$ であることを用いた．さらに，$\mathrm{Re}\,(z\overline{w}) \leqq |z\overline{w}| = |z||w|$ だから，$|z+w|^2 \leqq |z|^2 + 2|z||w| + |w|^2 = (|z| + |w|)^2$ となって (1.1) を得る．

　次に (1.2) を示す．(1.1) を用いると $|z| = |z - w + w| \leqq |z - w| + |w|$ となるから，$|z| - |w| \leqq |z - w|$ である．また z と w を入れ替えれば，$|w| - |z| \leqq |w - z| = |z - w|$ を得る．したがって，$||z| - |w|| \leqq |z - w|$，すなわち (1.2) が示された．■

▶**注意 1.2**　z, w が実数のときは (1.1) をもっと簡単に証明できる．このときは，$-|z| \leqq z \leqq |z|$ と $-|w| \leqq w \leqq |w|$ が成り立つ．この辺々を加えると，$-(|z| + |w|) \leqq z + w \leqq |z| + |w|$ となるので，$|z + w| \leqq |z| + |w|$ を得る．

　級数を扱うにあたり，便利な記法を準備しておく．実または複素数列 $\{\xi_k\}$

に対して*2，正項級数 $\sum_{k=1}^{\infty}|\xi_k|$ が収束（または $\sum_{k=1}^{\infty}\xi_k$ が**絶対収束**）するとき $\sum_{k=1}^{\infty}|\xi_k| < \infty$ と記す*3．$\sum_{k=1}^{\infty}|\xi_k| < \infty$ を満たす数列 $\{\xi_k\}$ 全体の集合を ℓ^1 で表すことにすれば，このことは「$\{\xi_k\} \in \ell^1$」と記せて便利である．ℓ^1 については第2章で詳しく説明するとし，記法だけ先取りして使うことにする．

さて，任意の実または複素数列 $\{\xi_k\}$ を考える．三角不等式 (1.1) を繰り返し用いれば，任意の自然数 n に対して

$$\left|\sum_{k=1}^{n}\xi_k\right| \leqq \sum_{k=1}^{n}|\xi_k| \tag{1.3}$$

が成り立つことがわかる．さらに $n \to \infty$ とする場合，(1.1) の級数版である次の定理が成り立つ．

定理 1.3 $\{\xi_k\}$ を実または複素数列とする．このとき，$\{\xi_k\} \in \ell^1$ ならば，$\sum_{k=1}^{\infty}\xi_k$ は収束し，かつ

$$\left|\sum_{k=1}^{\infty}\xi_k\right| \leqq \sum_{k=1}^{\infty}|\xi_k|$$

が成り立つ．

【証明】 $\{\xi_k\} \in \ell^1$ だから $\sum_{k=1}^{\infty}|\xi_k|$ は収束するので，その和を t とおく．

第 n 部分和を $s_n = \sum_{k=1}^{n}\xi_k$, $t_n = \sum_{k=1}^{n}|\xi_k|$ とする．$m > n$ のとき，(1.3) より

$$|s_m - s_n| = \left|\sum_{k=n+1}^{m}\xi_k\right| \leqq \sum_{k=n+1}^{m}|\xi_k| = t_m - t_n$$

である．$m < n$ のときは m と n を入れ替えた不等式が成り立つから，結局，

---

*2 本書では点の座標や数列の成分を主にギリシャ文字の ξ, η および ζ を用いて表す．例えば，次章で"数列の列" $x_1, x_2, \ldots, x_n, \ldots$ を考えるとき，各 x_n は数列であるから $x_n = \{\xi_k^{(n)}\}_{k=1}^{\infty}$ などと表して，n 番目の数列である x_n とその第 k 項 $\xi_k^{(n)}$ を明確に区別する．
*3 正項級数は ∞ に発散するか，ある有限値に収束するかのいずれかであるので，この記法は正項級数が収束することをうまく表している．「無限大未満」とか「無限大より小さい」などと言わないこと．

$$|s_m - s_n| \leqq |t_m - t_n| \leqq |t_m - t| + |t - t_n| \to 0 \qquad (m, n \to \infty)$$

が成り立つ．よって，コーシーの収束判定法 *4 により s_n の極限 $s = \sum_{k=1}^{\infty} \xi_k$ が存在する．これで前半が示せた．

次に (1.3)，すなわち $|s_n| \leqq t_n$ において $n \to \infty$ とする．このとき，右辺は $t_n \to t$ であり，左辺は定理 1.1 の (1.2) から $||s_n| - |s|| \leqq |s_n - s| \to 0 \, (n \to \infty)$ となるので $|s_n| \to |s|$ である．したがって，$|s| \leqq t$ を得る．これは示すべき不等式であるから後半が示せた．∎

1.2　イェンセンの不等式

$I = (a, b)$ を有界区間または非有界区間とする．関数 f が I で凸であるとは，任意の $x_1, x_2 \in I$, $t \in [0, 1]$ に対して，

$$f((1 - t)x_1 + tx_2) \leqq (1 - t)f(x_1) + tf(x_2) \tag{1.4}$$

が成り立つことである．これは図 1.2 のように，曲線 $y = f(x)$ 上の 2 点

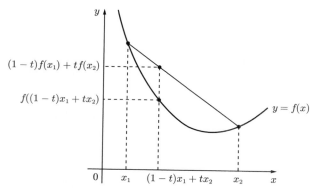

図 1.2　凸関数のグラフ

---

*4 例えば参考文献 [22] の第 I 章定理 5.1, または [23] の定理 2.17 を参照のこと．数列（$\mathbb{R}$ または $\mathbb{C}$ の点列）に対して成り立つこの性質（$|s_m - s_n| \to 0$ ならば $\{s_n\}$ は収束）を，$\mathbb{R}$ または $\mathbb{C}$ の**完備性**という．完備性については第 2 章で詳しく学ぶ．

$(x_1, f(x_1))$, $(x_2, f(x_2))$ を結ぶ部分がそれらを結ぶ線分よりも常に下方にあることを意味する. 平たくいえば, 曲線 $y = f(x)$ は I において下方に向かって反っている.

次の定理は関数が凸であるための十分条件を与えるもので, そのような関数について "和の像" と "像の和" を比較したいときに有効である.

定理 1.4 関数 f は I で微分可能であり, f' が I で単調増加であるとする. このとき, f は I で凸であり, 不等式 (1.4) が成り立つ.

【証明】 $x_1 = x_2$ または $t = 0, 1$ のときは (1.4) の等号が成り立つから, $x_1 < x_2$, $0 < t < 1$ の場合を考える ($x_1 > x_2$ の場合も同様である). このとき,

$$\xi = (1 - t)x_1 + tx_2 \tag{1.5}$$

とおく. $x_1 < \xi < x_2$ であるから, 平均値の定理により,

$$\frac{f(\xi) - f(x_1)}{\xi - x_1} = f'(c_1), \qquad \frac{f(x_2) - f(\xi)}{x_2 - \xi} = f'(c_2)$$

となる $c_1 \in (x_1, \xi)$, $c_2 \in (\xi, x_2)$ が存在する. f' は I で単調増加なので $f'(c_1) \leqq f'(c_2)$ だから,

$$\frac{f(\xi) - f(x_1)}{\xi - x_1} \leqq \frac{f(x_2) - f(\xi)}{x_2 - \xi}$$

が成り立つ. (1.5) を用いてこれを整理すると (1.4) を得る. ■

例 1.5 $f(x) = |x|^p$ $(p > 1)$ は $\mathbb{R}$ で微分可能で $f'(x) = p|x|^{p-2}x$ は単調増加だから, 定理 1.4 が適用できる. 特に, $t = 1/2$ のときに得られる不等式

$$|x + y|^p \leqq 2^{p-1}(|x|^p + |y|^p) \qquad (p \geqq 1) \tag{1.6}$$

は重要であり [*5], 本書でも頻繁に用いられる. これは, 絶対値の三角不等式 (1.1) を用いて得られる不等式

$$|x + y|^p \leqq 2^p(|x|^p + |y|^p) \qquad (p \geqq 1) \tag{1.7}$$

[*5] $p = 1$ のときは三角不等式 (1.1) であるから, (1.6) は $p \geqq 1$ で成り立つ.

（問題 1.1）よりもよい評価を与えている.

　実は，関数が凸であれば，定義の不等式 (1.4) を一般化した次の不等式が成り立つ[*6]．証明は問題とする（問題 1.2）.

定理 1.6（イェンセンの不等式） f を I で凸な関数とする．このとき，任意の自然数 n に対して次が成り立つ：任意の $x_1, x_2, \ldots, x_n \in I$, $t_1 + t_2 + \cdots + t_n = 1$, $t_k \geqq 0$ $(k = 1, 2, \ldots, n)$ に対して，

$$f\left(\sum_{k=1}^{n} t_k x_k\right) \leqq \sum_{k=1}^{n} t_k f(x_k) \tag{1.8}$$

が成り立つ.

1.3　ヤングの不等式

相加・相乗平均の不等式 $\sqrt{ab} \leqq \dfrac{a+b}{2}$ $(a, b \geqq 0)$ のように，2数の積と和を比較するには次の不等式が有効である.

定理 1.7（ヤングの不等式） $p, q > 1$, $1/p + 1/q = 1$ とする．このとき，$a, b \geqq 0$ に対して

$$ab \leqq \frac{1}{p}a^p + \frac{1}{q}b^q$$

が成り立つ.

　この不等式は $a = 0$ または $b = 0$ のとき左辺が 0 なので明らかに成り立つ．よって，$a, b > 0$ として示せばよい.

　有名な証明を二つ紹介する.

【証明】 　$-\log x$ の凸性を利用する証明　　$f(x) = -\log x$ は $f''(x) = 1/x^2 > 0$

[*6] (1.8) は $n = 2$ のとき凸の定義式 (1.4) であるから，(1.4) もイェンセンの不等式とよぶことがある.

なので，定理 1.4 より $(0, \infty)$ において凸である（図 1.3）．よって，凸関数の定義 (1.4) より，

$$-\log\left(\frac{1}{p}a^p + \frac{1}{q}b^q\right) \leqq -\frac{1}{p}\log a^p - \frac{1}{q}\log b^q = -\log ab,$$

すなわち $\log ab \leqq \log\left(\frac{1}{p}a^p + \frac{1}{q}b^q\right)$ を得る．この真数を比較すればよい． ■

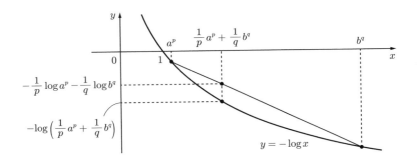

図 1.3 $y = -\log x$ の凸性による証明

【証明】 $y = x^{p-1}$ と $x = y^{q-1}$ の面積を利用する証明　$y = x^{p-1}$ とすると $x = y^{1/(p-1)} = y^{q-1}$ である．図 1.4 において，$y = x^{p-1}$ と x 軸が $0 \leqq x \leqq a$ の範囲で挟む部分の面積と，$x = y^{q-1}$ と y 軸が $0 \leqq y \leqq b$ の範囲で挟む部分の面積の和を，長方形の面積 ab と比較することにより，

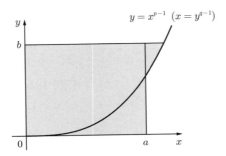

図 1.4 $y = x^{p-1}$ と $x = y^{q-1}$ の面積による証明

$$ab \leqq \int_0^a x^{p-1}\,dx + \int_0^b y^{q-1}\,dy = \frac{1}{p}a^p + \frac{1}{q}b^q$$

が成り立つ.　■

　ヤングの不等式において，$p=q=2$ として $a=\sqrt{A}$, $b=\sqrt{B}$ $(A,B \geqq 0)$ とおくと，$\sqrt{AB} \leqq \dfrac{A+B}{2}$ となる．これは相加・相乗平均の不等式である．したがって，ヤングの不等式は相加・相乗平均の不等式の一般化である．

1.4　ヘルダーの不等式

　$p \geqq 1$ を定数とし，$\sum_{k=1}^{\infty} |\xi_k|^p < \infty$ を満たす実または複素数列 $\{\xi_k\}$ 全体の集合を ℓ^p で表すことにする．$p=1$ のときは 1.1 節の ℓ^1 のことである．ℓ^p については第 2 章で詳しく説明するとし，記法だけ先取りして使うことにする．

　シュワルツの不等式 $(ax+by)^2 \leqq (a^2+b^2)(x^2+y^2)$ のように，"積の和" と "和の積" を比較するには次の不等式が有効である．

定理 1.8（ヘルダーの不等式（級数版））　　$p,q>1$, $1/p+1/q=1$ とする．このとき，実または複素数列 $\{\xi_k\} \in \ell^p$, $\{\eta_k\} \in \ell^q$ に対して，$\{\xi_k\eta_k\} \in \ell^1$ であり，かつ

$$\sum_{k=1}^{\infty} |\xi_k\eta_k| \leq \left(\sum_{k=1}^{\infty} |\xi_k|^p\right)^{1/p} \left(\sum_{k=1}^{\infty} |\eta_k|^q\right)^{1/q} \tag{1.9}$$

が成り立つ.

【証明】　$\{\xi_k\} \in \ell^p$, $\{\eta_k\} \in \ell^q$ とし，$X = \left(\sum_{k=1}^{\infty} |\xi_k|^p\right)^{1/p}$, $Y = \left(\sum_{k=1}^{\infty} |\eta_k|^q\right)^{1/q}$ とおく．$X=0$ または $Y=0$ ならば，(1.9) は両辺が 0 となり明らかに成り立つ．
　以下，$X,Y>0$ とする．$a=|\xi_k|/X$, $b=|\eta_k|/Y$ に対してヤングの不等式（定理 1.7）を用いると，

$$\frac{|\xi_k\eta_k|}{XY} \leq \frac{1}{p}\frac{|\xi_k|^p}{X^p} + \frac{1}{q}\frac{|\eta_k|^q}{Y^q}$$

である．両辺の和をとると

$$\frac{1}{XY} \sum_{k=1}^{\infty} |\xi_k \eta_k| \leqq \frac{1}{pX^p} \sum_{k=1}^{\infty} |\xi_k|^p + \frac{1}{qY^q} \sum_{k=1}^{\infty} |\eta_k|^q = \frac{1}{p} + \frac{1}{q} = 1$$

なので $\{\xi_k \eta_k\} \in \ell^1$ であり，かつ $\sum_{k=1}^{\infty} |\xi_k \eta_k| \leqq XY$ である．これは示すべき不

等式 (1.9) である．∎

ヘルダーの不等式 (1.9) において $p = q = 2$ とすると，

$$\sum_{k=1}^{\infty} |\xi_k \eta_k| \leqq \sqrt{\sum_{k=1}^{\infty} |\xi_k|^2} \sqrt{\sum_{k=1}^{\infty} |\eta_k|^2} \tag{1.10}$$

が成り立つ．これはいわゆる**シュワルツの不等式（級数版）**である[*7]．したがっ
て，ヘルダーの不等式はシュワルツの不等式の一般化と考えられる．

なお，$\{\xi_k\}, \{\eta_k\}$ の第 $(n+1)$ 項以降を 0 とすれば，有限数列に対するヘル
ダーの不等式

$$\sum_{k=1}^{n} |\xi_k \eta_k| \leqq \left(\sum_{k=1}^{n} |\xi_k|^p \right)^{1/p} \left(\sum_{k=1}^{n} |\eta_k|^q \right)^{1/q},$$

およびシュワルツの不等式

$$\sum_{k=1}^{n} |\xi_k \eta_k| \leqq \sqrt{\sum_{k=1}^{n} |\xi_k|^2} \sqrt{\sum_{k=1}^{n} |\eta_k|^2} \tag{1.11}$$

を得る．

シュワルツの不等式は数列に限らず，内積空間における内積とノルムの関係
式として一般的に成り立つ．これについては第 5 章で述べる（定理 5.1）．

ところで，ヤングの不等式やヘルダーの不等式に現れる p, q は，関数解析に
おいて非常に重要な指数である．$p > 1$ に対して

$$\frac{1}{p} + \frac{1}{q} = 1$$

[*7] コーシー・シュワルツの不等式ともよばれる．このシュワルツは Hermann Schwarz（1843–
1921，独）であり，シュワルツ超関数の Laurent Schwartz（1915–2002，仏）や名著 [16] の
著者 Jacob T. Schwartz（1930–2009，米）とは別人である．

を満たす $q > 1$ とは

$$q = \frac{p}{p-1}$$

のことである．この q を p の**共役指数**という．$p = q/(q-1)$ でもあるので，p が q の共役指数でもある．このとき，

$$p + q = pq, \quad (p-1)(q-1) = 1, \quad (p-1)q = p, \quad (q-1)p = q$$

などが成り立つことに注意しておく．

1.5　ミンコフスキーの不等式

定理 1.9（ミンコフスキーの不等式（級数版））　$p \geqq 1$ とする．このとき，実または複素数列 $\{\xi_k\}, \{\eta_k\} \in \ell^p$ に対して，$\{\xi_k + \eta_k\} \in \ell^p$ であり，かつ

$$\left(\sum_{k=1}^{\infty} |\xi_k + \eta_k|^p \right)^{1/p} \leqq \left(\sum_{k=1}^{\infty} |\xi_k|^p \right)^{1/p} + \left(\sum_{k=1}^{\infty} |\eta_k|^p \right)^{1/p} \tag{1.12}$$

が成り立つ．

【証明】　$\{\xi_k\}, \{\eta_k\} \in \ell^p$ とし，$\omega_k = \xi_k + \eta_k \ (k = 1, 2, \ldots)$ とおく．このとき，(1.6) より $\{\omega_k\} \in \ell^p$ である．特に $p = 1$ のとき，(1.12) は三角不等式 (1.1) から明らかに成り立つ．

以下，$p > 1$ とする．まず，

$$\sum_{k=1}^{\infty} |\omega_k|^p = \sum_{k=1}^{\infty} |\xi_k + \eta_k||\omega_k|^{p-1} \leqq \sum_{k=1}^{\infty} |\xi_k||\omega_k|^{p-1} + \sum_{k=1}^{\infty} |\eta_k||\omega_k|^{p-1}$$

である．さらに，p の共役指数を q としてヘルダーの不等式 (1.9) を用いると，

$$\sum_{k=1}^{\infty} |\omega_k|^p \leqq \left(\sum_{k=1}^{\infty} |\xi_k|^p \right)^{1/p} \left(\sum_{k=1}^{\infty} |\omega_k|^{(p-1)q} \right)^{1/q}$$
$$+ \left(\sum_{k=1}^{\infty} |\eta_k|^p \right)^{1/p} \left(\sum_{k=1}^{\infty} |\omega_k|^{(p-1)q} \right)^{1/q}$$

$$\leqq \left(\left(\sum_{k=1}^{\infty} |\xi_k|^p \right)^{1/p} + \left(\sum_{k=1}^{\infty} |\eta_k|^p \right)^{1/p} \right) \left(\sum_{k=1}^{\infty} |\omega_k|^p \right)^{1/q}$$

が成り立つ．よって，$\sum_{k=1}^{\infty} |\omega_k|^p > 0$ のときは

$$\left(\sum_{k=1}^{\infty} |\omega_k|^p \right)^{1-1/q} \leqq \left(\sum_{k=1}^{\infty} |\xi_k|^p \right)^{1/p} + \left(\sum_{k=1}^{\infty} |\eta_k|^p \right)^{1/p}$$

であるが，$1 - 1/q = 1/p$ だから (1.12) を得る．$\sum_{k=1}^{\infty} |\omega_k|^p = 0$ のときは (1.12) の左辺が 0 だから自明である． ■

ミンコフスキーの不等式 (1.12) において $p = 2$ とすると，

$$\sqrt{\sum_{k=1}^{\infty} |\xi_k + \eta_k|^2} \leqq \sqrt{\sum_{k=1}^{\infty} |\xi_k|^2} + \sqrt{\sum_{k=1}^{\infty} |\eta_k|^2} \tag{1.13}$$

となる．また，$\{\xi_k\}, \{\eta_k\}$ の第 $(n+1)$ 項以降を 0 とすれば，有限数列に対するミンコフスキーの不等式を得る：

$$\left(\sum_{k=1}^{n} |\xi_k + \eta_k|^p \right)^{1/p} \leqq \left(\sum_{k=1}^{n} |\xi_k|^p \right)^{1/p} + \left(\sum_{k=1}^{n} |\eta_k|^p \right)^{1/p}. \tag{1.14}$$

ヘルダーの不等式（定理 1.8）とミンコフスキーの不等式（定理 1.9）は数列とその和に関するものだが，関数とその積分に関しても同様の式が成り立つ．これについては第 7 章で述べる．

章末問題 1

1.1 三角不等式 (1.1) を用いて (1.7) を証明せよ．

1.2 イェンセンの不等式（定理 1.6）を証明せよ．

1.3 p, q, a, b を定理 1.7 のものとする．関数 $f(x) = x^p/p + b^q/q - bx \ (x \geqq 0)$ の増減を調べることにより，ヤングの不等式（定理 1.7）を導け．

1.4　シュワルツの不等式 (1.11) を，次の 2 通りの方法で証明せよ.

(1) 数学的帰納法を用いる方法.

(2) 任意の実数 t に対して $\displaystyle\sum_{k=1}^{n}\left(|\xi_k|t+|\eta_k|\right)^2 \geqq 0$ が成り立つことを用いる方法.

2 完備距離空間

①CHAPTER

【この章の目標】

$\mathbb{R}^2$ や $\mathbb{R}^3$ などの空間は，その上で線形代数や微分積分が行われることからわかるように数学の基礎となる場である．もし与えられた集合 X をこれらと似たものにできれば，X の上で線形代数や微分積分を展開することが期待できる．本章では，$\mathbb{R}^2$ や $\mathbb{R}^3$ に定義されている "距離" に着目し，X を距離の観点からこれらの空間に似せることを考える．X に距離の概念を導入することにより "近い" "近づく" ということを考えられるようになり，近傍や収束の議論が可能になる．

2.1 距離空間

X を集合とする．この時点では X は単に "もの" の集まりであって，$\mathbb{R}$ や $\mathbb{C}$ などと異なり演算や絶対値などは一般に定義されていないことに注意する．

X の任意の 2 点 x, y に対して，次の条件 (D1)–(D4) をすべて満たす実数 $d(x, y)$ が定義されているとき，d は X 上の**距離関数**であるといい，$d(x, y)$ を x と y の**距離**という．

(D1) 任意の $x, y \in X$ に対して，$d(x, y) \geqq 0$.

(D2) 任意の $x, y \in X$ に対して，$d(x, y) = 0 \Longleftrightarrow x = y$.

(D3) 任意の $x, y \in X$ に対して，$d(x, y) = d(y, x)$[*1].

(D4) 任意の $x, y, z \in X$ に対して，$d(x, y) \leqq d(x, z) + d(z, y)$ (**三角不等式**).

距離関数が定義された集合を**距離空間**という[*2]．距離空間 X とともに，そ

[*1] したがって，$d(x, y)$ のことを「x と y の距離」，「y と x の距離」，「x から y までの距離」，「y から x までの距離」などとどのようによんでもよい.

[*2] 集合は演算や距離など何らかの構造が定義されると "空間" とよばれることが多い.

こに定義されている距離関数 d を明示したいときは (X, d) と表す．また，距離関数 d とともに，それが定義されている距離空間 X を明示したいときは d_X と表す．

　最もなじみのある距離空間は，$x, y \in \mathbb{R}$ に対して，$\mathbb{R}$ にすでに定義されている演算（減法，すなわち逆元の加法）と絶対値を用いて距離を $d_{\mathbb{R}}(x, y) = |x - y|$ と定義した $(\mathbb{R}, d_{\mathbb{R}})$ であろう．これは通常の $\mathbb{R}$ のことである．自明ではあるが，$d_{\mathbb{R}}$ が距離関数であることを確認すると次のようになる．

(D1) $d_{\mathbb{R}}(x, y) = |x - y| \geqq 0$.

(D2) $d_{\mathbb{R}}(x, y) = 0 \iff |x - y| = 0 \iff x = y$.

(D3) $d_{\mathbb{R}}(x, y) = |x - y| = |y - x| = d_{\mathbb{R}}(y, x)$.

(D4) 絶対値の三角不等式 (1.1) を用いて，$d_{\mathbb{R}}(x, y) = |x - y| = |x - z + z - y| \leqq |x - z| + |z - y| = d_{\mathbb{R}}(x, z) + d_{\mathbb{R}}(z, y)$.

したがって，$d_{\mathbb{R}}$ は確かに距離関数であるから，$(\mathbb{R}, d_{\mathbb{R}})$ は距離空間である．

　一つの集合 X に異なる距離関数 d_1, d_2 をそれぞれ定義した距離空間 (X, d_1), (X, d_2) は，集合としては同じだが距離空間としては異なるものである．例えば，$\mathbb{R}$ に $d_{\mathbb{R}}$ とは異なる次の距離関数 $\tilde{d}$ を定義して，$(\mathbb{R}, d_{\mathbb{R}})$ とは異なる距離空間 $(\mathbb{R}, \tilde{d})$ をつくることができる：

$$\tilde{d}(x, y) = \frac{|x - y|}{1 + |x - y|}.$$

$\tilde{d}$ が距離関数であることは次のようにして示される．(D1)–(D3) については $d_{\mathbb{R}}$ と同様である．(D4) は少し工夫が必要である．関数 $t \mapsto t/(1 + t)$ が $t \geqq 0$ で単調増加であることと $|x - y| \leqq |x - z| + |z - y|$ から，

$$
\begin{aligned}
\tilde{d}(x, y) &\leqq \frac{|x - z| + |z - y|}{1 + |x - z| + |z - y|} \\
&= \frac{|x - z|}{1 + |x - z| + |z - y|} + \frac{|z - y|}{1 + |x - z| + |z - y|} \\
&\leqq \frac{|x - z|}{1 + |x - z|} + \frac{|z - y|}{1 + |z - y|} = \tilde{d}(x, z) + \tilde{d}(z, y)
\end{aligned}
$$

となって (D4) がわかる．例えば $(\mathbb{R}, d_{\mathbb{R}})$ の単位球，すなわち，原点 0 からの

（$d_{\mathbb{R}}$ で測った）距離が 1 未満であるような x の集合は $d_{\mathbb{R}}(x,0) < 1$，したがって開区間 $(-1,1) = \{x \in \mathbb{R} \mid |x| < 1\}$ のことである．一方，$(\mathbb{R}, \tilde{d})$ の単位球は $\tilde{d}(x,0) < 1$ であり，これは任意の $x \in \mathbb{R}$ が満たすので $\mathbb{R}$ 全体のことである．このことからわかるように，異なる距離空間においては同じ "単位球" であっても別の集合となるし，各点の "近く"（近傍）の様子も異なる（図 2.1）．このことは 2.3 節でもう少し詳しく述べる．

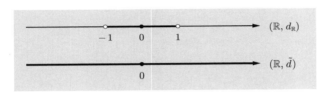

図 2.1 $(\mathbb{R}, d_{\mathbb{R}})$ と $(\mathbb{R}, \tilde{d})$ の単位球

特に断りのない限り，$\mathbb{R}$ を距離空間とみるときは $(\mathbb{R}, d_{\mathbb{R}})$ のこととする．

2.2 距離空間の例

2.2.1 — 数空間 $\mathbb{R}^n$, $\mathbb{C}^n$

n 個の実数の組全体の集合を $\mathbb{R}^n$ で表す：

$$\mathbb{R}^n = \{x = (\xi_1, \xi_2, \ldots, \xi_n) \mid \xi_k \in \mathbb{R} \ (k = 1, 2, \ldots, n)\}.$$

任意の $x = (\xi_1, \xi_2, \ldots, \xi_n), \ y = (\eta_1, \eta_2, \ldots, \eta_n) \in \mathbb{R}^n$ に対して，

$$d_{\mathbb{R}^n}(x,y) = \sqrt{\sum_{k=1}^{n} |\xi_k - \eta_k|^2}$$

と定義する．特に $d_{\mathbb{R}^1} = d_{\mathbb{R}}$ である．

例題 2.1 $(\mathbb{R}^n, d_{\mathbb{R}^n})$ は距離空間であることを証明せよ．

［**解**］ $x = (\xi_1, \xi_2, \ldots, \xi_n), \ y = (\eta_1, \eta_2, \ldots, \eta_n) \in \mathbb{R}^n$ とする．

(D1) $d_{\mathbb{R}^n}(x,y) \geqq 0$ は $d_{\mathbb{R}^n}(x,y)$ の定義より明らか．

(D2) $d_{\mathbb{R}^n}(x,y) = 0 \iff \sum\limits_{k=1}^{n} |\xi_k - \eta_k|^2 = 0 \iff |\xi_k - \eta_k|^2 = 0 \ (k=1,2,$
$\ldots, n) \iff \xi_k = \eta_k \ (k=1,2,\ldots,n) \iff x = y.$

(D3) $d_{\mathbb{R}^n}(x,y) = \sqrt{\sum\limits_{k=1}^{n} |\xi_k - \eta_k|^2} = \sqrt{\sum\limits_{k=1}^{n} |\eta_k - \xi_k|^2} = d_{\mathbb{R}^n}(y,x).$

(D4) $z = (\zeta_1, \zeta_2, \ldots, \zeta_n) \in \mathbb{R}^n$ とする.

$$d_{\mathbb{R}^n}(x,y) = \sqrt{\sum\limits_{k=1}^{n} |\xi_k - \eta_k|^2} = \sqrt{\sum\limits_{k=1}^{n} |(\xi_k - \zeta_k) + (\zeta_k - \eta_k)|^2}$$

と変形し，右辺にミンコフスキーの不等式 (1.14) を $p=2$ として適用すると，

$$d_{\mathbb{R}^n}(x,y) \leqq \sqrt{\sum\limits_{k=1}^{n} |\xi_k - \zeta_k|^2} + \sqrt{\sum\limits_{k=1}^{n} |\zeta_k - \eta_k|^2}$$
$$= d_{\mathbb{R}^n}(x,z) + d_{\mathbb{R}^n}(z,y)$$

である. □

　特に断りのない限り，$\mathbb{R}^n$ を距離空間とみるときは $(\mathbb{R}^n, d_{\mathbb{R}^n})$ のこととする.
同様に，n 個の複素数の組全体の集合を $\mathbb{C}^n$ で表す:

$$\mathbb{C}^n = \{x = (\xi_1, \xi_2, \ldots, \xi_n) \mid \xi_k \in \mathbb{C} \ (k=1,2,\ldots,n)\}.$$

任意の $x = (\xi_1, \xi_2, \ldots, \xi_n),\ y = (\eta_1, \eta_2, \ldots, \eta_n) \in \mathbb{C}^n$ に対して，

$$d_{\mathbb{C}^n}(x,y) = \sqrt{\sum\limits_{k=1}^{n} |\xi_k - \eta_k|^2}$$

と定義する [*3]. このとき，$(\mathbb{C}^n, d_{\mathbb{C}^n})$ は距離空間である. 証明は例題 2.1 とまったく同じなので省略する.

　特に断りのない限り，$\mathbb{C}^n$ を距離空間とみるときは $(\mathbb{C}^n, d_{\mathbb{C}^n})$ のこととする.

■2.2.2 — 数列空間 ℓ^2

各項の絶対値の 2 乗和が収束するような実数列全体の集合を ℓ^2 で表す [*4]:

[*3] $\mathbb{R}^n \subset \mathbb{C}^n$ であり，$x,y \in \mathbb{R}^n$ に対しては $d_{\mathbb{C}^n}(x,y) = d_{\mathbb{R}^n}(x,y)$ となっている.
[*4] この集合は「スモール・エル・ツー」とよばれる.

$$\ell^2 = \left\{ x = \{\xi_k\} \ \middle| \ \xi_k \in \mathbb{R} \ (k = 1, 2, \ldots), \ \sum_{k=1}^{\infty} |\xi_k|^2 < \infty \right\}.$$

さらに，任意の $x = \{\xi_k\}$, $y = \{\eta_k\} \in \ell^2$ に対して，

$$d_{\ell^2}(x, y) = \sqrt{\sum_{k=1}^{\infty} |\xi_k - \eta_k|^2}$$

と定義する．右辺の級数は，(1.6) を $p = 2$ として適用すると，

$$\sum_{k=1}^{\infty} |\xi_k - \eta_k|^2 \leqq 2 \left(\sum_{k=1}^{\infty} |\xi_k|^2 + \sum_{k=1}^{\infty} |\eta_k|^2 \right) < \infty$$

なので収束する [*5]．

➢**注意 2.2** 直観的には，ℓ^2 はいわば $(\mathbb{R}^n, d_{\mathbb{R}^n})$ において $n \to \infty$ とした空間 "$(\mathbb{R}^\infty, d_{\mathbb{R}^\infty})$" のようなものである．$\sum_{k=1}^{\infty} |\xi_k|^2 < \infty$ という条件は，"$d_{\mathbb{R}^\infty}$" が距離関数になるための自然な条件である．

例題 2.3 (ℓ^2, d_{ℓ^2}) は距離空間であることを証明せよ．

[**解**] $x = \{\xi_k\}$, $y = \{\eta_k\} \in \ell^2$ とする．

(D1)–(D3) は例題 2.1 と同様に d_{ℓ^2} の定義から直ちに従うから省略する．

(D4) $z = \{\zeta_k\} \in \ell^2$ とする．

$$d_{\ell^2}(x, y) = \sqrt{\sum_{k=1}^{\infty} |\xi_k - \eta_k|^2} = \sqrt{\sum_{k=1}^{\infty} |(\xi_k - \zeta_k) + (\zeta_k - \eta_k)|^2}$$

と変形し，右辺にミンコフスキーの不等式 (1.13) を適用すると，

$$d_{\ell^2}(x, y) \leqq \sqrt{\sum_{k=1}^{\infty} |\xi_k - \zeta_k|^2} + \sqrt{\sum_{k=1}^{\infty} |\zeta_k - \eta_k|^2} = d_{\ell^2}(x, z) + d_{\ell^2}(z, y)$$

である． □

特に断りのない限り，ℓ^2 を距離空間とみるときは (ℓ^2, d_{ℓ^2}) のこととする．

[*5] (1.6) の代わりに (1.7)，あるいはミンコフスキーの不等式 (1.13) を用いてもよい．

同様に，絶対値の 2 乗和が収束する複素数列全体の集合もまた ℓ^2 で表す：

$$\ell^2 = \left\{ x = \{\xi_k\} \;\middle|\; \xi_k \in \mathbb{C} \ (k = 1, 2, \ldots), \ \sum_{k=1}^{\infty} |\xi_k|^2 < \infty \right\}.$$

このとき，(ℓ^2, d_{ℓ^2}) は距離空間である．証明は例題 2.3 とまったく同じなので省略する．

■ 2.2.3 —— 数列空間 ℓ^p

$p \geqq 1$ とする．ℓ^2 と同様に，絶対値の p 乗和が収束するような実数列全体の集合を ℓ^p で表す[*6]：

$$\ell^p = \left\{ x = \{\xi_k\} \;\middle|\; \xi_k \in \mathbb{R} \ (k = 1, 2, \ldots), \ \sum_{k=1}^{\infty} |\xi_k|^p < \infty \right\}.$$

さらに，任意の $x = \{\xi_k\}$, $y = \{\eta_k\} \in \ell^p$ に対して，

$$d_{\ell^p}(x, y) = \left(\sum_{k=1}^{\infty} |\xi_k - \eta_k|^p \right)^{1/p}$$

と定義する．右辺の無限級数は，(1.6) より

$$\sum_{k=1}^{\infty} |\xi_k - \eta_k|^p \leqq 2^{p-1} \left(\sum_{k=1}^{\infty} |\xi_k|^p + \sum_{k=1}^{\infty} |\eta_k|^p \right) < \infty$$

なので収束する[*7]．

例題 2.4　(ℓ^p, d_{ℓ^p}) は距離空間であることを証明せよ．

[**解**]　$x = \{\xi_k\}$, $y = \{\eta_k\} \in \ell^p$ とする．

(D1)–(D3) は d_{ℓ^p} の定義から直ちに従うから省略する．

(D4) $z = \{\zeta_k\} \in \ell^p$ とする．

$$d_{\ell^p}(x, y) = \left(\sum_{k=1}^{\infty} |\xi_k - \eta_k|^p \right)^{1/p} = \left(\sum_{k=1}^{\infty} |(\xi_k - \zeta_k) + (\zeta_k - \eta_k)|^p \right)^{1/p}$$

と変形し，右辺にミンコフスキーの不等式 (1.12) を適用すると，

[*6] この集合は「スモール・エル・ピー」とよばれる．
[*7] (1.6) の代わりに (1.7)，あるいはミンコフスキーの不等式 (1.12) を用いてもよい．

$$d_{\ell^p}(x,y) \leqq \left(\sum_{k=1}^{\infty} |\xi_k - \zeta_k|^p\right)^{1/p} + \left(\sum_{k=1}^{\infty} |\zeta_k - \eta_k|^p\right)^{1/p}$$
$$= d_{\ell^p}(x,z) + d_{\ell^p}(z,y)$$

である.   □

特に断りのない限り，ℓ^p を距離空間とみるときは (ℓ^p, d_{ℓ^p}) のこととする.

同様に，絶対値の p 乗和が収束する複素数列全体の集合もまた ℓ^p で表す：

$$\ell^p = \left\{ x = \{\xi_k\} \;\middle|\; \xi_k \in \mathbb{C}\ (k=1,2,\ldots),\ \sum_{k=1}^{\infty} |\xi_k|^p < \infty \right\}.$$

このとき，(ℓ^p, d_{ℓ^p}) は距離空間である．証明は例題 2.4 とまったく同じであるから省略する.

■2.2.4 — 数列空間 ℓ^∞

実または複素数列 $x = \{\xi_k\}$ が**有界**であるとは，ある定数 $M \geqq 0$ が存在して，$|\xi_k| \leqq M\ (k=1,2,\ldots)$ が成り立つことである．これは実数列 $\{|\xi_k|\}$ の上限が有限であること，すなわち，$\sup_{k\in\mathbb{N}} |\xi_k| < \infty$ であることと同値である.

有界な実数列全体の集合を ℓ^∞ で表す[*8]：

$$\ell^\infty = \left\{ x = \{\xi_k\} \;\middle|\; \xi_k \in \mathbb{R}\ (k=1,2,\ldots),\ \sup_{k\in\mathbb{N}} |\xi_k| < \infty \right\}.$$

さらに，任意の $x = \{\xi_k\},\ y = \{\eta_k\} \in \ell^\infty$ に対して，

$$d_{\ell^\infty}(x,y) = \sup_{k\in\mathbb{N}} |\xi_k - \eta_k|$$

と定義する．右辺は $|\xi_k - \eta_k| \leqq |\xi_k| + |\eta_k|$ により有限値である.

例題 2.5　$(\ell^\infty, d_{\ell^\infty})$ は距離空間であることを証明せよ.

[**解**]　$x = \{\xi_k\},\ y = \{\eta_k\} \in \ell^\infty$ とする.

[*8] この集合は「スモール・エル・インフィニティー」「スモール・エル・無限大」などとよばれる.

(D1)–(D3) は d_{ℓ^∞} の定義から直ちに従うから省略する.

(D4) $z = \{\zeta_k\} \in \ell^\infty$ とするとき,

$$d_{\ell^\infty}(x,y) = \sup_{k\in\mathbb{N}} |(\xi_k - \zeta_k) + (\zeta_k - \eta_k)| \leqq \sup_{k\in\mathbb{N}}(|\xi_k - \zeta_k| + |\zeta_k - \eta_k|)$$

$$\leqq \sup_{k\in\mathbb{N}} |\xi_k - \zeta_k| + \sup_{k\in\mathbb{N}} |\zeta_k - \eta_k| = d_{\ell^\infty}(x,z) + d_{\ell^\infty}(z,y)$$

である. □

特に断りのない限り, ℓ^∞ を距離空間とみるときは $(\ell^\infty, d_{\ell^\infty})$ のこととする.

同様に, 有界な複素数列全体の集合もまた ℓ^∞ で表す:

$$\ell^\infty = \left\{ x = \{\xi_k\} \,\middle|\, \xi_k \in \mathbb{C} \ (k=1,2,\ldots),\ \sup_{k\in\mathbb{N}} |\xi_k| < \infty \right\}.$$

このとき, $(\ell^\infty, d_{\ell^\infty})$ は距離空間である. 証明は例題 2.5 とまったく同じであるから省略する.

ℓ^p $(p \geqq 1)$ と ℓ^∞ をひとまとめにして ℓ^p $(1 \leqq p \leqq \infty)$ と記す.

次の例題で, ℓ^p は p が大きいほど空間として真に大きくなることがわかる.

例題 2.6　次のことを証明せよ.

(1) $1 \leqq p \leqq q < \infty$, $x = \{\xi_k\} \in \ell^p$ ならば, $x \in \ell^q$ であり, かつ

$$\left(\sum_{k=1}^{\infty} |\xi_k|^q \right)^{1/q} \leqq \left(\sum_{k=1}^{\infty} |\xi_k|^p \right)^{1/p}$$

が成り立つ.

(2) $1 \leqq p < q \leqq \infty$ ならば $\ell^p \subset \ell^q$ かつ $\ell^p \neq \ell^q$ である.

(3) $1 \leqq p < \infty$, $x = \{\xi_k\} \in \ell^p$ ならば, 任意の $q \in [p, \infty]$ に対して $x \in \ell^q$ であり, かつ

$$\lim_{q\to\infty} \left(\sum_{k=1}^{\infty} |\xi_k|^q \right)^{1/q} = \sup_{k\in\mathbb{N}} |\xi_k|$$

が成り立つ.

[**解**]　(1) $1 \leqq p \leqq q < \infty$ とし, $x = \{\xi_k\} \in \ell^p$ とする. このとき, $\sum_{k=1}^{\infty} |\xi_k|^p < \infty$

だから $\lim_{k \to \infty} |\xi_k| = 0$ となるので，$\alpha = \max_{k \in \mathbb{N}} |\xi_k|$ が存在する．これより，ある $k_0 \in \mathbb{N}$ が存在して $\alpha = |\xi_{k_0}|$ と表せるから，

$$\alpha^p = |\xi_{k_0}|^p \leqq \sum_{k=1}^{\infty} |\xi_k|^p \tag{2.1}$$

である．よって $|\xi_k| \leqq \alpha \ (k = 1, 2, \dots)$ と (2.1) により，

$$\sum_{k=1}^{\infty} |\xi_k|^q \leqq \alpha^{q-p} \sum_{k=1}^{\infty} |\xi_k|^p \leqq \left(\sum_{k=1}^{\infty} |\xi_k|^p \right)^{q/p-1} \sum_{k=1}^{\infty} |\xi_k|^p = \left(\sum_{k=1}^{\infty} |\xi_k|^p \right)^{q/p}$$

を得る．この不等式の両辺を $1/q$ 乗すればよい．

(2) 包含関係を示す [*9]．$1 \leqq p < q = \infty$ の場合は，(1) の証明の最初で述べたように，$x \in \ell^p$ ならば x は有界数列であるから $\ell^p \subset \ell^\infty$ である．$1 \leqq p < q < \infty$ の場合は，$x \in \ell^p$ ならば (1) の不等式から $x \in \ell^q$ を得るので $\ell^p \subset \ell^q$ である．

次に $\ell^p \neq \ell^q$ であることを示す [*10]．$\xi_k = \dfrac{1}{k^{1/p}} \ (k = 1, 2, \dots)$ として $x = \{\xi_k\}$ とする．このとき，$x \in \ell^q$ である．実際，$q = \infty$ のときは x の有界性から明らかであり，$q < \infty$ のときは $q/p > 1$ より $\sum_{k=1}^{\infty} |\xi_k|^q = \sum_{k=1}^{\infty} \dfrac{1}{k^{q/p}} < \infty$ だからである [*11]．一方，$\sum_{k=1}^{\infty} |\xi_k|^p = \sum_{k=1}^{\infty} \dfrac{1}{k} = \infty$ だから $x \notin \ell^p$ である．

(3) 前半は (2) で示されているので，後半の極限のみ示せばよい．(1) と同様の議論から，$\alpha = \max_{k \in \mathbb{N}} |\xi_k| \ (= \sup_{k \in \mathbb{N}} |\xi_k|)$ が存在し，任意の $q \in [p, \infty)$ に対して，

$$\alpha \leqq \left(\sum_{k=1}^{\infty} |\xi_k|^q \right)^{1/q} \leqq \alpha^{1-p/q} \left(\sum_{k=1}^{\infty} |\xi_k|^p \right)^{1/q}$$

が成り立つことがわかる．$q \to \infty$ のとき，右辺は α に収束するから，$\lim_{q \to \infty} \left(\sum_{k=1}^{\infty} |\xi_k|^q \right)^{1/q} = \alpha$ である． $\square$

[*9] 集合の包含関係 $A \subset B$ とは「$x \in A$ ならば $x \in B$ である」ということ．
[*10] 集合の等号関係 $A = B$ とは「$A \subset B$ かつ $A \supset B$ である」ということ．よって $A \subset B$ のとき，$A \neq B$ とは $A \not\supset B$，すなわち「$x \in B$ だが $x \notin A$ となる x が存在する」ということ．
[*11] $\sum_{k=1}^{\infty} 1/k^s$ は $s > 1$ のときは収束し，$s \leqq 1$ のときは ∞ に発散する．証明は例えば，参考文献 [23] の例題 2.27 を参照のこと．

▎2.2.5 ── 関数空間 $C[a, b]$

有界閉区間 $[a, b]$ $(a < b)$ 上で実数値をとる連続関数全体の集合を $C[a, b]$ で表す [*12] :

$$C[a, b] = \{x \mid x \text{ は } [a, b] \text{ 上の実数値連続関数}\}.$$

$C[a, b]$ において二つの元 x, y が等しい, すなわち "$x = y$" であるとは, $x(t) = y(t)$ $(t \in [a, b])$ であることとする. さらに, 任意の $x, y \in C[a, b]$ に対して,

$$d_C(x, y) = \max_{t \in [a, b]} |x(t) - y(t)|$$

と定義する. これは二つの連続関数 x, y の値の差の最大値のことである (図 2.2).
右辺は $|x(t) - y(t)| \leqq |x(t)| + |y(t)|$ であることと, 有界閉区間上の連続関数は
最大値をもつ [*13] ことから有限値である.

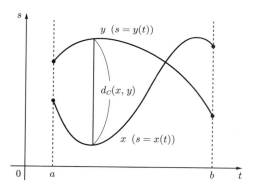

図 2.2　二つの関数 x, y の距離 $d_C(x, y)$

➤**注意 2.7**　関数 $x \in C[a, b]$ とその t における値 $x(t) \in \mathbb{R}$ を区別して考える. これは
例えば, 数列空間 ℓ^p において, $x \in \ell^p$ と, それを $x = \{\xi_k\}$ と成分表示したときの第
k 成分 $\xi_k \in \mathbb{R}$ とを区別することと同じである.

[*12] 一般に区間 I 上の連続関数全体の集合を $C(I)$ で表す. この記法に従えば I が有界閉区間
$[a, b]$ の場合は $C([a, b])$ で表すべきであるが, 括弧が多く煩わしいので $C[a, b]$ で表すことに
する. $C((a, b))$ も同様に $C(a, b)$ で表す.
[*13] 例えば参考文献 [22] の第 I 章定理 7.3 や [23] の定理 3.27 を参照のこと.

例題 2.8 $(C[a,b], d_C)$ は距離空間であることを証明せよ.

[**解**] $x, y \in C[a,b]$ とする.

(D1), (D3) は d_C の定義から直ちに従うから省略する.

(D2) $d_C(x,y) = 0 \iff \max_{t \in [a,b]} |x(t) - y(t)| = 0 \iff |x(t) - y(t)| = 0 \ (t \in [a,b]) \iff x(t) = y(t) \ (t \in [a,b]) \iff x = y.$

(D4) $z \in C[a,b]$ とする.

$$d_C(x,y) = \max_{t \in [a,b]} |x(t) - y(t)| = \max_{t \in [a,b]} |(x(t) - z(t)) + (z(t) - y(t))|$$

と変形し, 右辺に絶対値の三角不等式 (1.1) と最大値の性質を用いると,

$$d_C(x,y) \leqq \max_{t \in [a,b]} (|x(t) - z(t)| + |z(t) - y(t)|)$$
$$\leqq \max_{t \in [a,b]} |x(t) - z(t)| + \max_{t \in [a,b]} |z(t) - y(t)| = d_C(x,z) + d_C(z,y)$$

である. □

特に断りのない限り, $C[a,b]$ を距離空間とみるときは $(C[a,b], d_C)$ のこととする.

同様に, 区間 $[a,b]$ 上の複素数値の連続関数全体の集合 (これも $C[a,b]$ で表す) について, $(C[a,b], d_C)$ は距離空間である. 証明は例題 2.8 とまったく同じであるから省略する.

2.3 距離空間の位相

■2.3.1 — 点列と収束

集合 X の点列

$$x_1, \ x_2, \ \ldots, \ x_n, \ \ldots$$

を $\{x_n\}_{n=1}^{\infty} \subset X$, あるいは単に $\{x_n\} \subset X$ と記す. 例えば, $\{x_n\} \subset \ell^2$ であ

るとは，各自然数 n に対して $x_n \in \ell^2$，すなわち，各 x_n $(n = 1, 2, \ldots)$ が

$$x_1 = \{\xi_k^{(1)}\}_{k=1}^{\infty} = \{\xi_1^{(1)}, \xi_2^{(1)}, \ldots, \xi_k^{(1)}, \ldots\}, \qquad \sum_{k=1}^{\infty} |\xi_k^{(1)}|^2 < \infty,$$

$$x_2 = \{\xi_k^{(2)}\}_{k=1}^{\infty} = \{\xi_1^{(2)}, \xi_2^{(2)}, \ldots, \xi_k^{(2)}, \ldots\}, \qquad \sum_{k=1}^{\infty} |\xi_k^{(2)}|^2 < \infty,$$

$$\vdots$$

$$x_n = \{\xi_k^{(n)}\}_{k=1}^{\infty} = \{\xi_1^{(n)}, \xi_2^{(n)}, \ldots, \xi_k^{(n)}, \ldots\}, \qquad \sum_{k=1}^{\infty} |\xi_k^{(n)}|^2 < \infty,$$

$$\vdots$$

と表されるということである [*14]．よってこの場合，$\{x_n\}$ は "数列の列" である．同様に，$\{x_n\} \subset C[a, b]$ であるとき，各 x_n は区間 $[a, b]$ 上の連続関数であり，$\{x_n\}$ は "関数の列" である．このように，集合 X の元の実体は数列であったり関数であったりと様々であるが，特に必要のない限り便宜上，実体によらずいつでもそれらを X の「点」とか「点列」などとよぶことにする（前節で数列も関数も x で表していたのはそのためである）．こうした抽象化によって，あたかもそれらを $\mathbb{R}^2$ や $\mathbb{R}^3$ 内の点や点列であるかのようにイメージすると，理解の助けになることが多い [*15]（図 2.3）．

　$X = (X, d)$ を距離空間とする．距離空間においては 2 点間の距離が定義されているので，"近い" とか "近づく（収束する）" という議論が可能である [*16]．

　以下，距離空間で用いられる用語を定義する．

　$x_0 \in X$ とする．X の点列 $\{x_n\} \subset X$ は $\displaystyle\lim_{n \to \infty} d(x_n, x_0) = 0$ を満たすとき，x_0 に**収束**するといい，x_0 を**極限**という．X の距離に関する収束であることが明らかなときは，d を明記せず単に $\displaystyle\lim_{n \to \infty} x_n = x_0$ または $x_n \to x_0 \ (n \to \infty)$ な

[*14] $\{\xi_k^{(n)}\}_{k=1}^{\infty}$ は（n ではなく）k に関する列とみている．これに対し，k を固定して n に関する列とみた $\{\xi_k^{(n)}\}_{n=1}^{\infty}$ を考えることもあるから注意すること．

[*15] ただし，実際に扱う集合は無限次元空間にある場合がほとんどなので，すべての事柄が $\mathbb{R}^2$ や $\mathbb{R}^3$ でのイメージどおりになっているわけではないことに注意すること．注意すべき例として，基底（3.4.2 項）や集合のコンパクト性（2.3.3 項，3.4.4 項）がある．

[*16] 一般に，集合の各点の "近く"（近傍）を定義することを「位相を定める」といい，位相を定められた集合を位相空間という．距離空間は距離によって位相を定められた位相空間である．

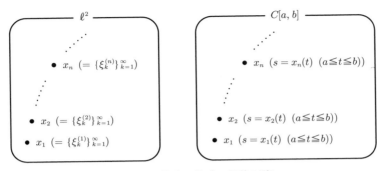

図 2.3 "数列の列" と "関数の列"

どと表すことがある．誤解の恐れがないときは，「$n \to \infty$」を省略することもある．極限は存在すれば一意的に決まる（問題 2.5）．

$A \subset X$ が X の**閉集合**であるとは，$\{x_n\} \subset A$ が X において $x_0 \in X$ に収束するならば $x_0 \in A$ であること，すなわち，A の点列は極限状態においても A から出られないということである：

$$\forall \{x_n\} \subset A \ \forall x_0 \in X \ \left[\lim_{n \to \infty} d(x_n, x_0) = 0 \Longrightarrow x_0 \in A \right].$$

$A \subset X$ の（X における）**閉包**とは，A の点列の極限全体の集合であり，$\overline{A}^X$（あるいは単に $\overline{A}$）で表す：

$$\overline{A}^X := \{ x \in X \mid \exists \{x_n\} \subset A : \lim_{n \to \infty} d(x_n, x) = 0 \}.$$

$\overline{A}^X$ は A を含む最小の閉集合である（問題 2.6）．

$A \subset X$ が X で**稠密**であるとは，$\overline{A}^X = X$ であること，すなわち，任意の $x \in X$ が A の点列の極限として表せる（A の点で近似できる）ことである：

$$\forall x \in X \ \exists \{x_n\} \subset A : \lim_{n \to \infty} d(x_n, x) = 0.$$

例えば，有理数全体の集合 $\mathbb{Q}$ は $\mathbb{R}$ で稠密である．

X が**可分**であるとは，X で稠密な可算集合が存在することである．例えば，$\mathbb{Q}$ は $\mathbb{R}$ で稠密な可算集合であるから，$\mathbb{R}$ は可分である．

$a \in X$ を中心とする半径 $r > 0$ の**開球**とは，集合 $B_X(a, r) = \{ x \in X \mid d(x, a) <$

$r\}$ のことである ^{*17}. X を省略して単に $B(a, r)$ と表すこともある. 特に, 半径 r として小さい数 $\varepsilon > 0$ を想定しているとき, $B_X(a, \varepsilon)$ を a の ε **近傍**という. これは a の近くに注目したいときによく用いる用語である. また集合 $\{x \in X \mid d(x, a) \leqq r\}$ のことを, a を中心とする半径 r の**閉球**という.

$A \subset X$ が**有界**であるとは, X のある点から任意の点 $x \in A$ への距離が一定数以下となることである:

$$\exists a \in X \; \exists M \geqq 0 : \; [\forall x \in A \; d(x, a) \leqq M]. \tag{2.2}$$

特に点列 $\{x_n\} \subset X$ が有界であるとは,

$$\exists a \in X \; \exists M \geqq 0 : \; [\forall n \in \mathbb{N} \; d(x_n, a) \leqq M]$$

となることである. これらは A や $\{x_n\}$ がある閉球に含まれるということと同じである.

$A \subset X$ を集合とする. $a \in A$ が A に含まれる ε 近傍をもつとき, a を A の**内点**という. $A \subset X$ が X の**開集合**であるとは, 任意の $a \in A$ が A の内点であること, すなわち, $a \in A$ から少々動いても A から出ないということである:

$$\forall a \in A \; \exists \varepsilon > 0 : \; B(a, \varepsilon) \subset A.$$

定義から, 空集合 $\emptyset$ と X は X の開集合であり閉集合でもある ^{*18}.

$\displaystyle \lim_{n \to \infty} x_n = x_0$ を ε-N 論法を用いて厳密に述べると,

$$\forall \varepsilon > 0 \; \exists N \in \mathbb{N} : \; \forall n \in \mathbb{N} \; [n \geqq N \implies d(x_n, x_0) < \varepsilon]$$

ということである. 最後の「$d(x_n, x_0) < \varepsilon$」は「$x_n \in B(x_0, \varepsilon)$」とも書けるから, これは

$$\forall \varepsilon > 0 \; \exists N \in \mathbb{N} : \; \forall n \in \mathbb{N} \; [n \geqq N \implies x_n \in B(x_0, \varepsilon)]$$

---

*17 球といっても丸い形をしているとは限らない. ある点からの距離が一定値未満であるという意味で球という. 2.1 節の最後で述べた単位球の例も参照せよ.

*18 数学においては一般に, 命題 P が偽のとき, 命題「$P \implies Q$」は (Q の真偽によらず) 真とする. 命題「$a \in \emptyset \implies a$ は $\emptyset$ の内点である」において $a \in \emptyset$ は偽なので, 「$\emptyset$ は開集合である」は真である. 同様に, 「$\{x_n\} \subset \emptyset$, $x_n \to x_0 \implies x_0 \in \emptyset$」において $\{x_n\} \subset \emptyset$ は偽なので, 「$\emptyset$ は閉集合である」は真である.

といってもよい. すなわち, $\{x_n\}$ が x_0 に収束するというのは, x_0 のどんなに小さい ε 近傍をとったとしても, ある番号 N 以降の x_N, x_{N+1}, ... はすべてその ε 近傍に入っている状況をいう [19] (図 2.4). lim や $\to$ だけで議論すると単に近づくことをいっているだけだが, ε-N 論法を用いると, ε に対してどのくらい n を大きくしなくてはならないかという, ある意味で収束の "速さ" も含めた議論ができるため, 収束のより精密な解析が可能になる [20].

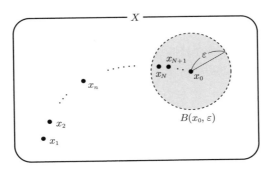

図 2.4 X における収束 $\displaystyle\lim_{n\to\infty} x_n = x_0$

2.1 節でみたように, 集合としては同じでも, 定義する距離関数によって ε 近傍の形状が変わることに注意しよう. いま $\mathbb{R}^2$ において, $x = (\xi_1, \xi_2)$, $y = (\eta_1, \eta_2) \in \mathbb{R}^2$ に通常の距離 $d_{\mathbb{R}^2}(x, y) = \sqrt{(\xi_1 - \eta_1)^2 + (\xi_2 - \eta_2)^2}$ を定義した距離空間 $X = (\mathbb{R}^2, d_{\mathbb{R}^2})$ と, これとは異なる距離 $d_1(x, y) = |\xi_1 - \eta_1| + |\xi_2 - \eta_2|$ を定義した距離空間 $X_1 = (\mathbb{R}^2, d_1)$ を考えてみよう [21]. 原点 0 の X における ε 近傍 $B_X(0, \varepsilon) = \{x \in \mathbb{R}^2 \mid d_{\mathbb{R}^2}(x, 0) < \varepsilon\}$ と, X_1 における ε 近傍 $B_{X_1}(0, \varepsilon) = \{x \in$

---

[19] $\lim_{n\to\infty} x_n = x_0$ を「人の行列 x_1, x_2, ... がラーメン屋 x_0 にできている」という状態とみるとき, これを ε-N 論法で理屈っぽくいえば「ラーメン屋の敷地 $B(x_0, \varepsilon)$ がどんなに狭いとしても, ある人 x_N から先の人 x_N, x_{N+1}, ... は全員その敷地内にいる」状態といえる.

[20] $\lim_{n\to\infty} 1/n^2 = 0$ は「任意の $\varepsilon > 0$ に対して, ある自然数 N が存在し, $n \geqq N$ ならば $1/n^2 < \varepsilon$」という意味である. 例えば $\varepsilon = 0.01$ に対しては $n \geqq 11$ ならば確かに $1/n^2 \leqq 1/121 < \varepsilon$ となる. 一方, $\lim_{n\to\infty} 1/n = 0$ は「任意の $\varepsilon > 0$ に対して, ある自然数 N が存在し, $n \geqq N$ ならば $1/n < \varepsilon$」という意味である. こちらは同じ $\varepsilon = 0.01$ に対しては $n \geqq 101$ にしないと $1/n \leqq 1/101 < \varepsilon$ にならない. したがって, $1/n^2$ は $1/n$ よりも "速く" 0 に収束するといえる.

[21] $d_1(x, y)$ は**マンハッタン距離**とよばれる. ニューヨーク州のマンハッタンのように道路が碁盤目になっているときの通行距離になっていることからそうよばれる.

$\mathbb{R}^2 \mid d_1(x, 0) < \varepsilon\}$ を比べてみる. $\mathbb{R}^2$ の図形としては, $B_X(0, \varepsilon)$ は $\xi_1^2 + \xi_2^2 < \varepsilon^2$ (半径 ε の円の内部) のことであり, $B_{X_1}(0, \varepsilon)$ は $|\xi_1| + |\xi_2| < \varepsilon$ (一辺が $\sqrt{2}\,\varepsilon$ の正方形の内部) のことである. より一般に, $\mathbb{R}^2$ に距離

$$d_p(x, y) = (|\xi_1 - \eta_1|^p + |\xi_2 - \eta_2|^p)^{1/p} \qquad (p \geqq 1)^{*22} \tag{2.3}$$

を定義した距離空間 $X_p = (\mathbb{R}^2, d_p)$ において, 原点の ε 近傍 $B_{X_p}(0, \varepsilon) = \{x \in \mathbb{R}^2 \mid d_p(x, 0) < \varepsilon\}$ は $|\xi_1|^p + |\xi_2|^p < \varepsilon^p$ (半径 ε の **p 円** [*23] の内部) のことである (図 2.5). このように, 同じ "ε 近傍" でも距離関数が異なると近傍の形も異なるため, 一般にはある距離に関して収束する点列が別の距離では収束しないこともあるので注意が必要である.

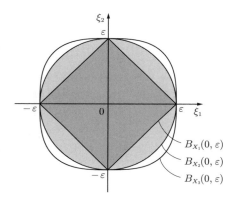

図 2.5 原点の ε 近傍 $B_{X_p}(0, \varepsilon)$ $(X_2 = X)$

▌ **2.3.2 — $C[a, b]$ における収束**

　距離空間における点列の収束を調べるとき, それが何を実体とする列のどのような収束なのかを知る必要がしばしばある. 例えば, $C[a, b]$ において点列 $\{x_n\}$ がある x に収束しているとする. このとき x_n, x は $[a, b]$ 上の連続関数であるが, 関数列 $\{x_n\}$ は関数 x にどのような意味で収束しているのか考えてみよう.

[*22] d_p が距離関数であることは d_{ℓ^p} のときと同様にミンコフスキーの不等式 (1.14) によってわかる. $d_p(x, y)$ は **p 距離**, または**ミンコフスキー距離**とよばれる.

[*23] 特に $p = 4$ のときは squircle (square (正方形) と circle (円) の混成語) とよばれる.

$\lim_{n\to\infty} d_C(x_n, x) = 0$, すなわち,

$$\max_{t\in[a,b]} |x_n(t) - x(t)| \to 0 \qquad (n \to \infty)$$

とする. これは, 任意の $\varepsilon > 0$ に対して, ある $N = N(\varepsilon) \in \mathbb{N}$ が存在し, $n \geqq N$ ならば $\max_{t\in[a,b]} |x_n(t) - x(t)| < \varepsilon$, すなわち,

$$|x_n(t) - x(t)| < \varepsilon \qquad (\forall t \in [a,b])$$

ということである. 平たくいうと, この N は "優秀" な番号であり, n が $n \geqq N$ でありさえすれば "どの $t \in [a,b]$ においても" まんべんなく一様に $x_n(t) \in \mathbb{R}$ が $x(t) \in \mathbb{R}$ の ($\mathbb{R}$ の) ε 近傍に属しているのである (図 2.6). このことを, 関数列 $\{x_n\}$ は関数 x に $[a,b]$ 上で**一様収束**するという. $C[a,b]$ での収束は (連続関数列の) 一様収束である.

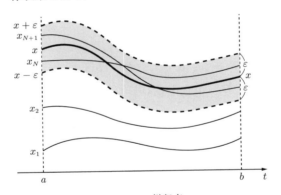

図 2.6 一様収束

一方, 単に各 $t \in [a,b]$ に対して $x_n(t) \to x(t)$ $(n \to \infty)$ であるような収束を考えてみよう. 関数列 $\{x_n\}$ が "各 $t \in [a,b]$ ごとに"

$$|x_n(t) - x(t)| \to 0 \qquad (n \to \infty)$$

を満たすとする. すなわち, 任意の $\varepsilon > 0$ と $t \in [a,b]$ に対して, ある $N = N(\varepsilon, t) \in \mathbb{N}$ が存在し, $n \geqq N$ ならば $|x_n(t) - x(t)| < \varepsilon$ であるとする (N が ε だけでなく t にも依存して決まる). これは, 各 $t \in [a,b]$ において, $n \geqq N(\varepsilon, t)$

ならば $x_n(t) \in \mathbb{R}$ が $x(t) \in \mathbb{R}$ の（$\mathbb{R}$ の）ε 近傍に属しているということである. このことを，関数列 $\{x_n\}$ は関数 x に $[a, b]$ 上で**各点収束**するという.

　一様収束は各点収束よりも強い収束である. すなわち，一様収束すれば（同じ関数に）各点収束する. これは，一様収束すれば各 $t \in [a, b]$ において

$$|x_n(t) - x(t)| \le \max_{s \in [a,b]} |x_n(s) - x(s)| \to 0 \qquad (n \to \infty)$$

だからである.

　しかし逆は必ずしも成り立たない. 例えば関数列 $\{x_n\}$ を

$$x_n(t) = \begin{cases} 2nt & (0 \le t < 1/(2n)), \\ 2 - 2nt & (1/(2n) \le t < 1/n), \\ 0 & (1/n \le t \le 1) \end{cases}$$

とし，関数 x を $x(t) = 0$ $(t \in [0, 1])$ とする. このとき，$\{x_n\}$ は x に $[0, 1]$ 上で各点収束しているが，一様収束はしていない. 実際，$t = 0$ では $x_n(0) = 0$ であるし，各 $t \in (0, 1]$ では n を $n > 1/t$ となるくらい十分大きくとると $x_n(t) = 0$ だから，結局各 $t \in [0, 1]$ に対して $\lim_{n \to \infty} |x_n(t) - x(t)| = 0$ となるので各点収束である. 一方，$\max_{t \in [0,1]} |x_n(t) - x(t)| = x_n(1/(2n)) = 1$ であるから，$\lim_{n \to \infty} \max_{t \in [0,1]} |x_n(t) - x(t)| = 1 \ne 0$ となって，一様収束ではない（図 2.7）.

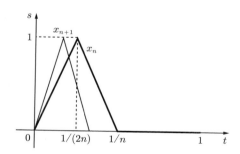

図 2.7　各点収束するが一様収束しない例

　一様収束と各点収束をそれぞれ ε-N 論法で書くと次のようになる. 「$\forall t \in [a, b]$」の位置の違いに注目してほしい.

一様収束　$\forall \varepsilon > 0 \; \exists N \in \mathbb{N}: \; \boxed{\forall t \in [a,b]} \; \forall n \in \mathbb{N} \; [n \geqq N \Longrightarrow |x_n(t) - x(t)| < \varepsilon]$

各点収束　$\forall \varepsilon > 0 \; \boxed{\forall t \in [a,b]} \; \exists N \in \mathbb{N}: \; \forall n \in \mathbb{N} \; [n \geqq N \Longrightarrow |x_n(t) - x(t)| < \varepsilon]$

関数列が一様収束するときによく用いられる定理を二つ紹介する．証明も典型的な論法として重要なので例題とする．

> **例題 2.9**　$[a,b]$ 上の連続関数の列 $\{x_n\}$ が関数 x に $[a,b]$ 上で一様収束するとき，次のことを証明せよ．
> (1) x は $[a,b]$ 上で連続である．
> (2) 極限と積分の順序交換ができる[*24]：
> $$\lim_{n\to\infty} \int_a^t x_n(s)\,ds = \int_a^t x(s)\,ds \;\left(= \int_a^t \lim_{n\to\infty} x_n(s)\,ds\right) \quad (t \in [a,b]).$$
> また，この収束も $[a,b]$ 上の一様収束である．

[解]　(1) x の $t_0 \in [a,b]$ における連続性を調べる．$\{x_n\}$ が x に一様収束していることから，

$$\forall \varepsilon > 0 \; \exists N \in \mathbb{N}: \; \forall n \in \mathbb{N} \left[n \geqq N \Longrightarrow \max_{t\in[a,b]} |x_n(t) - x(t)| < \frac{\varepsilon}{3}\right]$$

が成り立つ．一般に $|f(t)| \leqq \max |f(t)|$ だから，$n \geqq N$ ならば

$$|x_n(t) - x(t)| < \frac{\varepsilon}{3} \qquad (t \in [a,b]) \tag{2.4}$$

である．特に $n = N$ とすれば x_N も (2.4) を満たす．また，x_N は $t_0 \in [a,b]$ で連続だから，ある $\delta > 0$ が存在して，

$$|t - t_0| < \delta \Longrightarrow |x_N(t) - x_N(t_0)| < \frac{\varepsilon}{3} \tag{2.5}$$

である．よって (2.4), (2.5) より，$|t - t_0| < \delta$ のとき，

$$|x(t) - x(t_0)| \leqq |x(t) - x_N(t)| + |x_N(t) - x_N(t_0)| + |x_N(t_0) - x(t_0)|$$
$$< \frac{\varepsilon}{3} + \frac{\varepsilon}{3} + \frac{\varepsilon}{3} = \varepsilon$$

[*24] 実は一様収束よりも弱い条件のもとで示すことができる（**アルツェラの定理**）．これについては小平邦彦『解析入門 I』（岩波書店）の定理 5.10 を参照のこと．

となる. 以上より x は $t_0 \in [a,b]$ で連続である. $t_0 \in [a,b]$ は任意だから, x は $[a,b]$ 上で連続である.

(2) 任意の $t \in [a,b]$ に対して,

$$\left| \int_a^t x_n(s)\,ds - \int_a^t x(s)\,ds \right| \leqq \int_a^t |x_n(s) - x(s)|\,ds$$

$$\leqq (b-a) \max_{s \in [a,b]} |x_n(s) - x(s)|$$

が成り立つ. よって, $\{x_n\}$ が x に一様収束していることから,

$$\max_{t \in [a,b]} \left| \int_a^t x_n(s)\,ds - \int_a^t x(s)\,ds \right| \leqq (b-a) \max_{s \in [a,b]} |x_n(s) - x(s)|$$

$$\to 0 \qquad (n \to \infty)$$

である. したがって,

$$\lim_{n \to \infty} \int_a^t x_n(s)\,ds = \int_a^t x(s)\,ds$$

であって, この収束は $[a,b]$ 上で一様収束である. □

例題 2.10 $\{x_n\}$ を $[a,b]$ 上の連続微分可能な関数の列とする. $\{x_n\}$ が x に $[a,b]$ 上で各点収束し, $\{x_n'\}$ が y に $[a,b]$ 上で一様収束するならば, x は $[a,b]$ 上で連続微分可能であり, $x' = y$ が成り立つ. これを証明せよ.

[**解**] 各 x_n は連続微分可能であるから, 恒等式

$$x_n(t) = x_n(a) + \int_a^t x_n'(s)\,ds \qquad (t \in [a,b]) \tag{2.6}$$

が成り立つ. $n \to \infty$ としたときの各項の極限を求めると, $\{x_n\}$ が x に各点収束することから $x_n(t) \to x(t)$ $(t \in [a,b])$ であり, また $\{x_n'\}$ が y に一様収束することから, 例題 2.9 より $\int_a^t x_n'(s)\,ds \to \int_a^t y(s)\,ds$ $(t \in [a,b])$ である. よって, (2.6) において $n \to \infty$ とすれば

$$x(t) = x(a) + \int_a^t y(s)\,ds \qquad (t \in [a,b])$$

を得る．ゆえに x は $[a,b]$ 上で連続微分可能であり，かつ $x' = y$ である　　□

　さて，区間 $[a,b]$ 上の（実係数）多項式全体の集合を $P[a,b]$ で表す．明らかに $P[a,b] \subset C[a,b]$ である．このとき，次の定理が成り立つ．

定理 2.11（ワイエルシュトラスの多項式近似定理）　$x \in C[a,b]$ とする．このとき，任意の $\varepsilon > 0$ に対して，ある多項式 $p \in P[a,b]$ が存在し，$|x(t) - p(t)| < \varepsilon \ (t \in [a,b])$ が成り立つ．

　この定理は，$[a,b]$ 上の任意の連続関数が多項式で一様に近似できることを述べている．多項式は十分なめらかであり四則演算で構成され計算しやすいことから，ワイエルシュトラスの多項式近似定理は与えられた連続関数の値を評価する際に有効である．

【証明】　$x \in C[a,b]$ とする．$y(t) = x(a + (b-a)t)$ とおくと $y \in C[0,1]$ である．いま，$C[0,1]$ の関数に対して定理を証明できたとしよう．このとき，ある $p \in P[0,1]$ が存在して $|y(t) - p(t)| < \varepsilon \ (t \in [0,1])$ とできる．$t = \dfrac{s-a}{b-a} \ (s \in [a,b])$ と表せば，

$$\left| x(s) - p\left(\frac{s-a}{b-a} \right) \right| < \varepsilon \qquad (s \in [a,b])$$

である．$p\left(\dfrac{\cdot - a}{b-a} \right) \in P[a,b]$ であるから，$C[a,b]$ の関数に対して定理が証明されたことになる．

　そこで，$C[0,1]$ の関数に対して定理を示す[*25]．二項定理から，

$$\sum_{k=0}^{n} {}_nC_k u^k v^{n-k} = (u+v)^n$$

である．u で微分して u/n を掛けると，

$$\sum_{k=0}^{n} \frac{k}{n} {}_nC_k u^k v^{n-k} = u(u+v)^{n-1}$$

[*25] 以下の証明は旧ソビエト連邦の数学者ベルンシュタイン（Sergei Natanovich Bernstein, 1880–1968）による．多項式 (2.11) は**ベルンシュタイン多項式**とよばれる．

である．再び u で微分して u/n を掛けると，

$$\sum_{k=0}^{n} \frac{k^2}{n^2} {}_nC_k u^k v^{n-k} = \frac{1}{n}u(u+v)^{n-1} + \frac{n-1}{n}u^2(u+v)^{n-2}$$

である．$u = t$, $v = 1 - t$ $(t \in [0,1])$ とおくと，上記三つの式はそれぞれ，

$$\sum_{k=0}^{n} {}_nC_k t^k (1-t)^{n-k} = 1, \tag{2.7}$$

$$\sum_{k=0}^{n} \frac{k}{n} {}_nC_k t^k (1-t)^{n-k} = t, \tag{2.8}$$

$$\sum_{k=0}^{n} \frac{k^2}{n^2} {}_nC_k t^k (1-t)^{n-k} = \frac{t}{n} + \frac{(n-1)t^2}{n} \tag{2.9}$$

となる．$(2.7) \times t^2 - (2.8) \times 2t + (2.9)$ より，

$$\sum_{k=0}^{n} \left(\frac{k}{n} - t \right)^2 {}_nC_k t^k (1-t)^{n-k} = \frac{t(1-t)}{n} \tag{2.10}$$

を得る．

いま，任意の $\varepsilon > 0$ をとる．このとき，n を十分大きくとれば，$P[0,1]$ の元

$$p_n(t) = \sum_{k=0}^{n} {}_nC_k t^k (1-t)^{n-k} x\left(\frac{k}{n} \right) \tag{2.11}$$

が $|p_n(t) - x(t)| < \varepsilon$ $(t \in [0,1])$ を満たすことを示す．(2.7) より，

$$|p_n(t) - x(t)| = \left| \sum_{k=0}^{n} {}_nC_k t^k (1-t)^{n-k} x\left(\frac{k}{n} \right) - \sum_{k=0}^{n} {}_nC_k t^k (1-t)^{n-k} x(t) \right|$$

$$\leqq \sum_{k=0}^{n} {}_nC_k t^k (1-t)^{n-k} \left| x\left(\frac{k}{n} \right) - x(t) \right|$$

が成り立つ．ここで，x の区間 $[0,1]$ における一様連続性 [*26] により，t, n, k に無関係な $\delta > 0$ が存在して，$|k/n - t| < \delta$ ならば $|x(k/n) - x(t)| < \varepsilon/2$ $(t \in [0,1])$ である．右辺の和を，$|k/n - t| < \delta$ となる k についての和と，$|k/n - t| \geqq \delta$ となる k についての和に分ける：

[*26] 有界閉区間上の連続関数は一様連続である．証明は例えば，参考文献 [22] の第 IV 章定理 4.1 や [23] の定理 3.30 を参照のこと．

$$|p_n(t) - x(t)| \leqq \sum_{|k/n-t|<\delta} + \sum_{|k/n-t|\geqq\delta}. \tag{2.12}$$

右辺第 1 項は，(2.7) より，

$$\sum_{|k/n-t|<\delta} {}_nC_k t^k (1-t)^{n-k} \left| x\left(\frac{k}{n}\right) - x(t) \right| \leqq \sum_{k=0}^{n} {}_nC_k t^k (1-t)^{n-k} \frac{\varepsilon}{2} = \frac{\varepsilon}{2} \tag{2.13}$$

を満たす．また，右辺第 2 項は，$|x(k/n) - x(t)| \leqq 2M$ ($M := \max\limits_{t\in[0,1]} |x(t)|$) と (2.10) に注意して，

$$\sum_{|k/n-t|\geqq\delta} {}_nC_k t^k (1-t)^{n-k} \left| x\left(\frac{k}{n}\right) - x(t) \right|$$

$$\leqq \frac{2M}{\delta^2} \sum_{k=0}^{n} \left| \frac{k}{n} - t \right|^2 {}_nC_k t^k (1-t)^{n-k} = \frac{2M}{\delta^2} \frac{t(1-t)}{n} \leqq \frac{M}{2\delta^2 n}$$

を満たす．よって，n を十分大きくとって $n > M/(\delta^2 \varepsilon)$ とすれば，

$$\sum_{|k/n-t|\geqq\delta} {}_nC_k t^k (1-t)^{n-k} \left| x\left(\frac{k}{n}\right) - x(t) \right| < \frac{\varepsilon}{2} \tag{2.14}$$

とできる．ゆえに，(2.12)–(2.14) より，(t に無関係な）十分大きい n に対して，

$$|p_n(t) - x(t)| < \frac{\varepsilon}{2} + \frac{\varepsilon}{2} = \varepsilon \qquad (t \in [0,1])$$

が成り立つことが示された． ∎

➢**注意 2.12** n によらず $p_n(0) = x(0)$, $p_n(1) = x(1)$ である．

例題 2.13 $P[a,b]$ は $C[a,b]$ で稠密であること，すなわち，任意の $x \in C[a,b]$ に対して，ある $\{x_n\} \subset P[a,b]$ が存在し，$\lim\limits_{n\to\infty} x_n = x$ であることを証明せよ．

[**解**] 任意の $x \in C[a,b]$ をとる．ワイエルシュトラスの多項式近似定理（定理 2.11）より，任意の $n \in \mathbb{N}$ に対して，ある $x_n \in P[a,b]$ が存在し，$|x_n(t) - x(t)| < 1/n$ ($t \in [a,b]$) である．よって，$d_C(x_n, x) < 1/n$ が成り立つので，

$$\lim_{n\to\infty} d_C(x_n, x) = 0 \text{ である.} \qquad \square$$

■ 2.3.3 —— 連続写像とコンパクト集合

定義 2.14　$X = (X, d_X)$, $Y = (Y, d_Y)$ をそれぞれ距離空間とする. X から Y への写像 T が $x_0 \in X$ で**連続**であるとは,

$$\forall \varepsilon > 0 \ \exists \delta > 0 : \ \forall x \in X \ [d_X(x, x_0) < \delta \Longrightarrow d_Y(Tx, Tx_0) < \varepsilon]$$

であることをいう [*27]. T が X のすべての点で連続であるとき, T は X で連続であるという.

連続性は次のように点列の収束で特徴づけられる.

例題 2.15　$X = (X, d_X)$, $Y = (Y, d_Y)$ をそれぞれ距離空間とし, T を X から Y への写像とする. このとき, T が X で連続であるためには, 次のことが必要十分であることを証明せよ:

任意の $x_0 \in X$ に対して, X の点列 $\{x_n\}$ が $d_X(x_n, x_0) \to 0$ を満たすならば $d_Y(Tx_n, Tx_0) \to 0$ である.　(2.15)

[**解**]　($\Rightarrow$)[*28] T は X で連続であるとして, (2.15) を示す. 任意の $x_0 \in X$ をとり, $d_X(x_n, x_0) \to 0$ とする. 任意の $\varepsilon > 0$ をとる. T は x_0 で連続であるから, ある $\delta > 0$ が存在し, $d_X(x, x_0) < \delta$ ならば $d_Y(Tx, Tx_0) < \varepsilon$ である. いま $d_X(x_n, x_0) \to 0$ であるから, この $\delta > 0$ に対して, ある $N \in \mathbb{N}$ が存在し, $n \geqq N$ ならば $d_X(x_n, x_0) < \delta$ とできる. よって, $n \geqq N$ のとき $d_Y(Tx_n, Tx_0) < \varepsilon$ である. これは $d_Y(Tx_n, Tx_0) \to 0$ であることを意味する.

　($\Leftarrow$) (2.15) を仮定する. 任意の $x_0 \in X$ をとる. 背理法で示すため, x_0 において T が連続ではないと仮定しよう. このとき, 次を満たす $\varepsilon_0 > 0$ が存在する：任意の $\delta > 0$ に対して, ある $x \in X$ が存在し, $d_X(x, x_0) < \delta$ かつ $d_Y(Tx, Tx_0) \geqq \varepsilon_0$

[*27] $T(x)$ と書いてもよいが, 関数解析では誤解の恐れがないときは写像の像を（括弧をつけず）Tx と書くことが多い.

[*28]「P であるためには, Q であることが必要十分である」ことを証明するには, Q が必要であること $(P \Longrightarrow Q)$ と Q が十分であること $(P \Longleftarrow Q)$ の両方を証明する.

となる．特に $\delta = 1/n$ $(n = 1, 2, \ldots)$ とすれば，任意の $n \in \mathbb{N}$ に対して，ある $x_n \in X$ が存在し，$d_X(x_n, x_0) < 1/n$ かつ $d_Y(Tx_n, Tx_0) \geqq \varepsilon_0$ となる．$n \to \infty$ とすれば，$d_X(x_n, x_0) \to 0$ だから，仮定 (2.15) により $d_Y(Tx_n, Tx_0) \to 0$ である．これは $d_Y(Tx_n, Tx_0) \geqq \varepsilon_0$ に反する．　　　□

➤**注意 2.16**　例題 2.15 により，写像 $T : X \to Y$ が連続であることを，定義 2.14 の代わりに点列の収束を用いた (2.15) で定義してもよい．

　距離空間 X の部分集合 M が**コンパクト**であるとは，M の任意の点列が M のある点に収束する部分列を含むことである[*29]．

　本項では，一般の距離空間においてコンパクト集合は有界閉集合であることと，逆は必ずしも成り立たないことを説明する．

例題 2.17　距離空間 X のコンパクト集合 M は有界閉集合であることを証明せよ．

[**解**]　まず閉集合であることを示す．点列 $\{x_n\} \subset M$ がある $x_0 \in X$ に収束したとする：$x_n \to x_0$．M はコンパクトであるから，$\{x_n\}$ からある $x \in M$ に収束する部分列 $\{x_{n_k}\}$ がとれる：$x_{n_k} \to x$．しかし $x_{n_k} \to x_0$ でもあるから極限の一意性より $x_0 = x \in M$ である．よって，M は閉集合である．

　次に有界であることを示す．M が非有界であるとする．このとき，勝手な $a \in X$ をとって固定すると，任意の自然数 n に対して，ある $x_n \in M$ が存在し，$d(x_n, a) > n$ である．M はコンパクトだから，点列 $\{x_n\}$ からある $x_0 \in M$ に収束する部分列 $\{x_{n_k}\}$ がとれる．よって，$n_k < d(x_{n_k}, a) \leqq d(x_{n_k}, x_0) + d(x_0, a)$ において $k \to \infty$ とすると，左辺は ∞ に発散するが，右辺は $d(x_0, a)$ に収束するので矛盾する．ゆえに，M は有界である．　　　□

例題 2.18　X, Y を距離空間とし，M を X の空でないコンパクト集合とす

[*29] より厳密には，この性質は**点列コンパクト**とよばれる．コンパクト性は通常，開被覆を用いて定義されるが，距離空間においてはコンパクト性と点列コンパクト性は同値である（例えば内田伏一『集合と位相』（裳華房）の定理 27.2 を参照のこと）．関数解析では点列を用いた議論が多いので，今後の議論を見据えて便利な方で定義しておく．

> る．このとき，M から Y への連続写像 T について，次のことを証明せよ．
> (1) M の T による像 $T(M)$ は Y の空でないコンパクト集合である．
> (2) $Y = \mathbb{R}$ のとき，T は M 上で最大値と最小値をとる．

[**解**] (1) M が空でないので $T(M)$ も空でない．$T(M)$ の任意の点列 $\{y_n\}$ をとる．$y_n \in T(M)$ であるから，ある $x_n \in M$ が存在して，$y_n = Tx_n$ と表せる．$\{x_n\}$ はコンパクト集合 M の点列であるから，ある $x \in M$ に収束する部分列 $\{x_{n_k}\}$ が存在する．よって，$\{y_{n_k}\} = \{Tx_{n_k}\}$ は $\{y_n\}$ の部分列で，T の連続性により $y_{n_k} = Tx_{n_k} \to Tx \ (k \to \infty)$ を満たすから収束列である．$Tx \in T(M)$ だから，$T(M)$ はコンパクトであることが示された．

(2) (1) より $T(M) \neq \emptyset$ はコンパクトであるから有界閉集合である（例題 2.17）．よって，特に $\sup T(M) \in T(M)$ である．ゆえに，ある $x_0 \in M$ が存在して，$Tx_0 = \sup T(M)$ である．これは T が $x_0 \in M$ において最大値をとることを示している．最小値についても同様に $\inf T(M)$ を考えればよい． □

例題 2.17 によりコンパクト集合は有界閉集合であるが，逆に有界閉集合はコンパクト集合なのか考えてみる．例えば，$\mathbb{R}$ においては次の定理がよく知られている [*30].

定理 2.19（ボルツァノ・ワイエルシュトラスの定理） 有界な数列は収束する部分列を含む．

この定理によれば，$\mathbb{R}$（または $\mathbb{C}$）においては有界閉集合はコンパクト集合である．さらにこのことから，$\mathbb{R}^n$（または $\mathbb{C}^n$）の有界閉集合もコンパクト集合であることが示せる（問題 2.13）．したがって，$\mathbb{R}^n$（または $\mathbb{C}^n$）ではコンパクト集合であることと有界閉集合であることは同値である．

しかし，以下の例でわかるように，一般の距離空間においては，有界閉集合がコンパクト集合であるとは必ずしもいえないのである [*31].

[*30] 証明は例えば参考文献 [22] の第 I 章定理 3.4，または [23] の定理 2.13 と定理 3.5 を参照のこと．

[*31] ただし，距離空間が有限次元のノルム空間であれば成り立つことをのちに示す（定理 3.29）．

例 2.20 数列空間 ℓ^2 において，単位球面 $B = \{x \in \ell^2 \mid d_{\ell^2}(x, \theta) = 1\}$ $(\theta = \{0, 0, \ldots\})$ は有界閉集合だがコンパクトではない．なぜなら，$e_n = \{0, \ldots, 0, 1, 0, \ldots\}$（第 n 項は 1 で他は 0）とすると，$\{e_n\}$ は B の点列であるが，$d_{\ell^2}(e_m, e_n) = \sqrt{2}$ $(m \neq n)$ なのでいかなる収束部分列ももたないからである [*32].

例 2.21 $C[0, 1]$ の部分集合 M を $M = \{x \in C[0, 1] \mid x(0) = 0,\ x(1) = 1,$ $d_C(x, \theta) \leqq 1\}$ $(\theta(t) = 0\ (t \in [0, 1]))$ とすると，M は有界閉集合である．$\theta \notin M$ に注意しておく．M 上の写像 T を

$$Tx = \int_0^1 |x(t)|\, dt$$

と定義すると，T は M から $\mathbb{R}$ への連続写像である．実際，$\{x_n\} \subset M$, $x_0 \in M$, $d_C(x_n, x_0) \to 0$ ならば，

$$d_{\mathbb{R}}(Tx_n, Tx_0) = |Tx_n - Tx_0| \leqq \int_0^1 \big|\, |x_n(t)| - |x_0(t)|\, \big|\, dt$$

$$\leqq \int_0^1 |x_n(t) - x_0(t)|\, dt \leqq d_C(x_n, x_0) \to 0$$

だからである [*33]．ここで，M がコンパクトであったとしよう．このとき，例題 2.18 によれば T は M 上で最小値 m をとる．$Tx \geqq 0$ $(x \in M)$ であり，かつ $x_n(t) = t^n$ $(n = 1, 2, \ldots)$ という関数列 $\{x_n\} \subset M$ を考えると

$$Tx_n = \int_0^1 t^n\, dt = \frac{1}{n+1} \to 0 \qquad (n \to \infty)$$

であるから，この最小値は $m = 0$ でなくてはならない．よって，$Tx_0 = m = 0$ となる $x_0 \in M$ が存在する．ところが，$\displaystyle\int_0^1 |x(t)|\, dt = 0$ となる $x \in C[0, 1]$ は $x(t) = 0$ $(t \in [0, 1])$ に限るので $x_0 = \theta \notin M$ となってしまい矛盾する．したがって，M はコンパクトではない．

次の定理は連続関数の列から一様収束する部分列を取り出せる条件を述べて

[*32] もし収束部分列 $\{e_{n_k}\}$ をもったとすると，その極限を e_0 としたとき $\sqrt{2} = d_{\ell^2}(e_{n_k}, e_{n_l}) \leqq d_{\ell^2}(e_{n_k}, e_0) + d_{\ell^2}(e_0, e_{n_l}) \to 0$ $(k \neq l;\ k, l \to \infty)$ となって矛盾する．

[*33] $\mathbb{R} = (\mathbb{R}, d_{\mathbb{R}})$, $C[0, 1] = (C[0, 1], d_C)$ である．

おり，$C[a,b]$ の部分集合のコンパクト性を示すうえで重要である．証明は省略する [*34]．実際の適用例は例題 4.39 や定理 7.35 を参照のこと．

定理 2.22（アスコリ・アルツェラの定理）　有界閉区間 $[a,b]$ 上の連続関数の列 $\{x_n\}$ が次の条件 (i) (ii) を満たすとき，関数列 $\{x_n\}$ は $[a,b]$ 上で一様収束する部分列を含む．

(i) 関数列 $\{x_n\}$ は**一様有界**である．すなわち，ある定数 $M > 0$ が存在して，任意の $t \in [a,b]$ に対して $|x_n(t)| \leqq M$ $(n = 1, 2, \ldots)$ である．

(ii) 関数列 $\{x_n\}$ は**同程度連続** [*35] である．すなわち，任意の $\varepsilon > 0$ に対して，ある $\delta > 0$ が存在し，$|t_1 - t_2| < \delta$ $(t_1, t_2 \in [a,b])$ ならば，$|x_n(t_1) - x_n(t_2)| < \varepsilon$ $(n = 1, 2, \ldots)$ である．

■2.3.4 — 完 備 性

$X = (X, d)$ を距離空間とする．$\{x_n\} \subset X$ が X の**コーシー列**であるとは，$\lim_{m,n \to \infty} d(x_m, x_n) = 0$，すなわち

$$\forall \varepsilon > 0 \ \exists N \in \mathbb{N} : \forall m, n \in \mathbb{N} \ [m, n \geqq N \Longrightarrow d(x_m, x_n) < \varepsilon]$$

となることである [*36]．

　コーシー列の特徴は，先に行くにつれて 2 点間の間隔が狭まっていくことである．したがってイメージとしては $\{x_n\}$ はどこかに "収束したがっている" ので，次の例題で述べる性質が成り立つのは自然であろう．

例題 2.23　距離空間 X において，X の収束列は X のコーシー列であることを証明せよ．

[解]　$\{x_n\}$ を $X = (X, d)$ の収束列とする．すなわち，ある $x_0 \in X$ が存在して，$\lim_{n \to \infty} d(x_n, x_0) = 0$ であるとする．距離の性質から，

[*34] 例えば，参考文献 [6] の付録，または [23] の定理 5.9 を参照のこと．
[*35] 同程度一様連続といわれることもある．
[*36] "$\forall m, n \in \mathbb{N}$" は "$\forall m \in \mathbb{N} \ \forall n \in \mathbb{N}$" の略記．

$$0 \leqq d(x_m, x_n) \leqq d(x_m, x_0) + d(x_0, x_n) = d(x_m, x_0) + d(x_n, x_0)$$

である．$m, n \to \infty$ のとき右辺は 0 に収束するから，$\lim\limits_{m,n\to\infty} d(x_m, x_n) = 0$ となる．したがって，$\{x_n\}$ は X のコーシー列である． $\qquad\square$

しかし逆に，点列が "収束したがっている" からといって，X のどこかに収束しているとは一般にはいえないのである．実際，次のような反例がある．

例 2.24 $\mathbb{R} = (\mathbb{R}, d_{\mathbb{R}})$, $\mathbb{Q} = (\mathbb{Q}, d_{\mathbb{R}})$ とする．$\mathbb{Q}$ のコーシー列で収束列ではない例を与える．$\sqrt{2}$ の小数第 n 位までの数を x_n と表し，$\{x_n\} \subset \mathbb{Q}$ を考える：$x_1 = 1.4$, $x_2 = 1.41$, $x_3 = 1.414$, $x_4 = 1.4142$, $\cdots$．明らかに $\{x_n\}$ は $\mathbb{R}$ の収束列であるから，例題 2.23 により $\mathbb{R}$ のコーシー列である．$\mathbb{Q}$ の距離は $\mathbb{R}$ の距離と等しく $d_{\mathbb{R}}$ であるから，$\{x_n\}$ は $\mathbb{Q}$ のコーシー列でもある．しかし $\{x_n\}$ は $\mathbb{Q}$ の収束列ではない．なぜなら，もし $\{x_n\}$ がある $x_0 \in \mathbb{Q}$ に収束したとすると，$\mathbb{Q} \subset \mathbb{R}$ より $\{x_n\}$ は $\mathbb{R}$ でも x_0 に収束する．よって，極限の一意性から $x_0 = \sqrt{2}$ となって，$\sqrt{2} \in \mathbb{Q}$ となってしまうからである．

距離空間 X は，X の任意のコーシー列が収束するとき**完備**であるといわれる．完備な距離空間では，点列が収束することを示すには，極限を求める必要はなくコーシー列であることさえ示せばよい．完備性の利点は，極限を求めることなく 2 点間の距離を測るだけで点列の収束性を示せることにある．

本書では，$\mathbb{R}$ と $\mathbb{C}$ の完備性は既知とする [*37]．また本章では，次の例に挙げる空間の完備性をひとまず認めることにし，以下ではその有用性をみていくことにする．証明は次章（3.3.2 項）で行う．

例 2.25 距離空間 $\mathbb{R}^n = (\mathbb{R}^n, d_{\mathbb{R}^n})$ $(n \in \mathbb{N})$, $\mathbb{C}^n = (\mathbb{C}^n, d_{\mathbb{C}^n})$ $(n \in \mathbb{N})$, $\ell^p = (\ell^p, d_{\ell^p})$ $(1 \leqq p \leqq \infty)$, $C[a,b] = (C[a,b], d_C)$ は完備である．

例題 2.26 $x_n = 1/1^2 + 1/2^2 + 1/3^2 + \cdots + 1/n^2$ $(n = 1, 2, \ldots)$ とするとき，数列 $\{x_n\}$ は収束することを証明せよ．

[*37] $\mathbb{R}$ の完備性については，例えば参考文献 [22] の第 I 章定理 3.6 を参照のこと．$\mathbb{C}$ の完備性は実部と虚部について $\mathbb{R}$ の完備性を用いれば導ける．

［**解**］ $\{x_n\} \subset \mathbb{R}$ であり $\mathbb{R}$ は完備だから，$\{x_n\}$ がコーシー列であることを示せ
ばよい．$m > n$ のとき，

$$
\begin{aligned}
|x_m - x_n| &= \frac{1}{(n+1)^2} + \frac{1}{(n+2)^2} + \cdots + \frac{1}{m^2} \\
&\leqq \frac{1}{n(n+1)} + \frac{1}{(n+1)(n+2)} + \cdots + \frac{1}{(m-1)m} \\
&= \left(\frac{1}{n} - \frac{1}{n+1} \right) + \left(\frac{1}{n+1} - \frac{1}{n+2} \right) + \cdots + \left(\frac{1}{m-1} - \frac{1}{m} \right) \\
&= \frac{1}{n} - \frac{1}{m} < \frac{1}{n}
\end{aligned}
$$

である．また，$m \leqq n$ のときは同様にして $|x_m - x_n| < 1/m$ である．よって，

$$
d_{\mathbb{R}}(x_m, x_n) = |x_m - x_n| < \frac{1}{n} + \frac{1}{m} \to 0 \qquad (m, n \to \infty)
$$

となるから，$\{x_n\}$ はコーシー列である． ☐

➤**注意 2.27** 例題 2.26 の $\{x_n\}$ の極限値は $\pi^2/6$ であることが，1735 年にオイラー
によって証明されている [*38]．この値を求めるのは容易でないが，極限値が存在する
ことは $\mathbb{R}$ の完備性により比較的簡単にわかるのである．

解析学においては，集合に距離を定義して距離空間とするとき，その空間が完
備になるように距離を定義するのが望ましい．例えば，連続関数の集合 $C[a,b]$
は d_C を距離とすれば完備になる（例 2.25）．しかし，どんな距離を定義しても
完備になるわけではない．実際，$C[a,b]$ において例えば，$x, y \in C[a,b]$ に対し
て距離を

$$
d_{L^1 C}(x, y) = \int_a^b |x(t) - y(t)| \, dt
$$

と定義した距離空間 $(C[a,b], d_{L^1 C})$ を $L^1 C[a,b]$ で表すと（問題 2.2），この
$L^1 C[a,b]$ は完備ではない．

以下でそのことをみてみよう．完備でないということは，コーシー列だが収束列

ではないような点列が存在してしまうということである．例えば，$a = -1$, $b = 1$
として，任意の自然数 n に対して，

$$x_n(t) = \begin{cases} 0 & (-1 \leqq t \leqq 0), \\ nt & (0 < t < 1/n), \\ 1 & (1/n \leqq t \leqq 1) \end{cases} \tag{2.16}$$

と定義すると，$\{x_n\}$ は $L^1C[-1,1]$ のコーシー列だが収束列ではない [*39]（図 2.8）．
実際，$\{x_n\} \subset L^1C[-1,1]$ は明らかで，コーシー列であることは，

$$d_{L^1C}(x_m, x_n) = \int_{-1}^{1} |x_m(t) - x_n(t)|\, dt = \frac{1}{2}\left|\frac{1}{m} - \frac{1}{n}\right|$$

であって [*40]，$m, n \to \infty$ とすると右辺が 0 に収束することからわかる．$\{x_n\}$
は収束列ではないことを背理法で示すため，$\{x_n\}$ がある $x_0 \in L^1C[-1,1]$ に収
束したとする．このとき，

$$d_{L^1C}(x_n, x_0) \geqq \int_{-1}^{0} |x_n(t) - x_0(t)|\, dt + \int_{1/n}^{1} |x_n(t) - x_0(t)|\, dt$$
$$= \int_{-1}^{0} |x_0(t)|\, dt + \int_{1/n}^{1} |1 - x_0(t)|\, dt$$

である．$n \to \infty$ とすると左辺は 0 に収束し，右辺は非負であるから

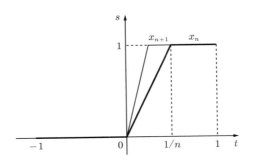

図 2.8 $y = x_n(t)$ $(n = 1, 2, \dots)$

[*39] $(C[-1,1], d_C)$ においては $\{x_n\}$ はコーシー列にならない（問題 2.16）．
[*40] x_m と x_n に囲まれた部分（三角形）の面積に等しい．

$$\int_{-1}^{0} |x_0(t)|\, dt = 0, \qquad \int_0^1 |1 - x_0(t)|\, dt = 0$$

を得る. x_0 は区間 $[-1, 0]$, $[0, 1]$ のそれぞれで連続だから, これより

$$x_0(t) = \begin{cases} 0 & (-1 \leqq t \leqq 0), \\ 1 & (0 \leqq t \leqq 1) \end{cases}$$

である. しかしこれは $t = 0$ で矛盾している. したがって, $\{x_n\}$ は $L^1 C[-1, 1]$ のいかなる元にも収束しない.

例題 2.28 完備距離空間 (X, d) の部分集合 A が閉集合であるためには, 距離空間 (A, d) が完備であることが必要十分であることを証明せよ.

[**解**] ($\Rightarrow$) $\{x_n\}$ を A のコーシー列とする. このとき $\{x_n\}$ は完備距離空間 X のコーシー列でもあるので, ある $x \in X$ に収束する. A は閉集合であるから $x \in A$ である. よって $\{x_n\}$ は A の収束列である.

($\Leftarrow$) $\{x_n\} \subset A$, $x_n \to x$ とする. $\{x_n\}$ は X の収束列だから A のコーシー列である (例題 2.23). よって, A の完備性により $\{x_n\}$ は A で収束するから $x \in A$ である. $\qquad \square$

2.4 バナッハの不動点定理

$X = (X, d)$ を距離空間とする. X から X への写像 T が**縮小写像**であるとは, ある定数 $r \in [0, 1)$ が存在して,

$$d(Tx, Ty) \leqq r d(x, y) \qquad (x, y \in X) \tag{2.17}$$

が成り立つことである. $d(x, y) \to 0$ のとき $d(Tx, Ty) \to 0$ となるから, 縮小写像は (一様) 連続である. また, $x_0 \in X$ が写像 T の**不動点**であるとは, $Tx_0 = x_0$ が成り立つことである (図 2.9).

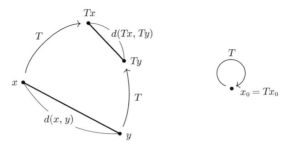

図 2.9 縮小写像と不動点

定理 2.29（バナッハの不動点定理，縮小写像の原理） $X = (X, d)$ を空でない完備距離空間とし，T を X から X への縮小写像とする．このとき，T の不動点が存在し，かつ一意である．

【証明】 不動点の存在性と一意性の両方を示す．一意性から示そう．

（一意性）T に二つの不動点 x_0, x_0' が存在したとする．このとき，$d(x_0, x_0') = d(Tx_0, Tx_0') \leqq r d(x_0, x_0')$ であるから $(1 - r) d(x_0, x_0') \leqq 0$ となる．$r \in [0, 1)$ だから $d(x_0, x_0') = 0$，すなわち $x_0 = x_0'$ である．ゆえに，T の不動点は x_0 のみである．

（存在性）$X \neq \emptyset$ なので X は少なくとも一つ元をもつから，任意の $x_1 \in X$ をとる．x_1 を初期値とする点列 $\{x_n\}_{n=1}^{\infty}$ を $x_{n+1} = Tx_n$ $(n = 1, 2, \ldots)$ で定める．

$\{x_n\}$ は X のコーシー列であることを示す．

$$d(x_k, x_{k+1}) = d(Tx_{k-1}, Tx_k) \leqq r d(x_{k-1}, x_k) \qquad (k = 2, 3, \ldots)$$

を繰り返すと

$$d(x_k, x_{k+1}) \leqq r^{k-1} d(x_1, x_2) \qquad (k = 1, 2, \ldots) \tag{2.18}$$

である．よって，$m < n$ のとき，

$$d(x_m, x_n) \leqq \sum_{k=0}^{n-m-1} d(x_{m+k}, x_{m+k+1}) \leqq \sum_{k=0}^{n-m-1} r^{m+k-1} d(x_1, x_2)$$

$$= \frac{r^{m-1} - r^{n-1}}{1-r} d(x_1, x_2) \leqq \frac{r^{m-1}}{1-r} d(x_1, x_2)$$

である. 同様に, $m > n$ のときは $d(x_m, x_n) \leqq \dfrac{r^{n-1}}{1-r} d(x_1, x_2)$ である. よって, 任意の m, n に対して

$$d(x_m, x_n) \leqq \frac{r^{m-1} + r^{n-1}}{1-r} d(x_1, x_2) \tag{2.19}$$

が成り立つ. $r \in [0, 1)$ だから, $m, n \to \infty$ のとき右辺は 0 に収束する. ゆえに $\lim\limits_{m,n\to\infty} d(x_m, x_n) = 0$ だから, $\{x_n\}$ は X のコーシー列であることがわかった.

X は完備であるから, コーシー列 $\{x_n\}$ は収束列である. よって $x_0 := \lim\limits_{n\to\infty} x_n$ $\in X$ が存在する. この x_0 は T の不動点である. 実際,

$$d(Tx_0, x_0) \leqq d(Tx_0, x_{n+1}) + d(x_{n+1}, x_0) \leqq r d(x_0, x_n) + d(x_{n+1}, x_0) \to 0$$

より $Tx_0 = x_0$ だからである [*41]. ■

➤**注意 2.30**　この証明では $r \geqq 0$ が 1 より真に小さいことが本質的である. $r = 1$ のとき T は**非拡大写像**とよばれ, 定理 2.29 とは別の不動点定理 (定理 5.51) が成り立つ.

定理 2.29 の証明によれば, 縮小写像 T の不動点 x_0 は, 任意の $x_1 \in X$ をとってきて $\{x_m\} = \{T^{m-1} x_1\}$ の極限として求められることがわかる [*42]. その収束について, 誤差 (x_m と x_0 の距離) は (2.19) で $n \to \infty$ として

$$d(x_m, x_0) \leqq \frac{r^{m-1}}{1-r} d(x_1, x_2)$$

と評価される. この不等式は $m \to \infty$ のとき, 誤差が遅くとも r^m と同程度の速さで 0 に収束することを示している.

➤**注意 2.31**　不等式 (2.19) は次のようにしても得られる.

$$d(x, y) \leqq d(x, Tx) + d(Tx, Ty) + d(Ty, y)$$

[*41] T の連続性から, $Tx_0 = T(\lim_{n\to\infty} x_n) = \lim_{n\to\infty} Tx_n = \lim_{n\to\infty} x_{n+1} = x_0$ といってもよい.

[*42] 点列 $\{x_m\}$ は x_1 の選び方によるが, 不動点の一意性により極限 $\lim_{m\to\infty} x_m$ は x_1 によらない.

$$\leqq d(x, Tx) + rd(x, y) + d(Ty, y)$$

であるから,

$$d(x, y) \leqq \frac{1}{1-r}(d(x, Tx) + d(Ty, y)) \tag{2.20}$$

が成り立つ. 特に $x = x_m$, $y = x_n$ とおくと, 任意の m, n に対して,

$$d(x_m, x_n) \leqq \frac{1}{1-r}(d(x_m, x_{m+1}) + d(x_{n+1}, x_n))$$

である. この不等式と (2.18) から (2.19) を得る. さらに一意性に関しても, 二つの不動点 x_0, x_0' に対して, (2.20) より

$$d(x_0, x_0') \leqq \frac{1}{1-r}(d(x_0, Tx_0) + d(Tx_0', x_0')) = 0$$

となって $x_0 = x_0'$ を得る. 不等式 (2.20) を用いたこの証明はパレ (2007) による [*43].

バナッハの不動点定理（定理 2.29）は様々な方程式の解の存在と一意性を保証するための強力な定理である. 例えば次の関数方程式の解の存在と一意性を示してみよう.

例題 2.32 関数方程式

$$x(t) = t + \frac{1}{2}\sin x(t) \qquad (t \in [-1, 1])$$

を満たす連続関数 x が存在して, かつ一意であることを証明せよ.

［**解**］ $X = C[-1, 1]$ とする. X は距離 $d_C(x, y) = \max_{t \in [-1,1]} |x(t) - y(t)|$ に関する完備距離空間である（例 2.25）. さらに写像 T を, 関数 $x \in X$ に対して,

$$(Tx)(t) = t + \frac{1}{2}\sin x(t)$$

で定義される関数 Tx を対応させるものとする. Tx は $[-1, 1]$ 上の連続関数であるから T は X から X への写像である.

T は縮小写像である. 実際, 平均値の定理により, 任意の $t \in [-1, 1]$ に対し

[*43] R.S. Palais, *A simple proof of the Banach contraction principle.* J. Fixed Point Theory Appl. **2** (2007), no. 2, 221–223.

て，$x(t)$ と $y(t)$ の間に $z(t) \in \mathbb{R}$ が存在して，

$$(Tx)(t) - (Ty)(t) = \frac{1}{2}(\sin x(t) - \sin y(t)) = \frac{1}{2}(\cos z(t))(x(t) - y(t))$$

と表せることから，

$$|(Tx)(t) - (Ty)(t)| \leqq \frac{1}{2}|x(t) - y(t)| \qquad (t \in [-1, 1]) \qquad (2.21)$$

が成り立つ．両辺の最大値をとると，

$$d_C(Tx, Ty) \leqq \frac{1}{2}d_C(x, y) \qquad (2.22)$$

を得る [*44]．

　よってバナッハの不動点定理（定理 2.29）により，$Tx = x$ となる $x \in X$ がただ一つ存在する．この x が $x(t) = t + \frac{1}{2}\sin x(t)$ $(t \in [-1, 1])$ を満たすただ一つの連続関数である． □

　次は，常微分方程式の初期値問題に対する解の存在と一意性を保証する定理を証明する．実数値関数 x に関する常微分方程式の初期値問題

$$\begin{cases} x'(t) = f(t, x(t)), \\ x(t_0) = x_0 \end{cases} \qquad (2.23)$$

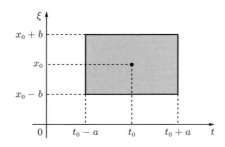

図 2.10　有界閉集合 D

[*44] (2.21) から (2.22) を導くには厳密には次のように行う．まず (2.21) の右辺の最大値をとると，$|(Tx)(t) - (Ty)(t)| \leqq \frac{1}{2}d_C(x, y)$ $(t \in [-1, 1])$ である．次に左辺の最大値をとって (2.22) を得る．

を考える．ここで，$t_0, x_0 \in \mathbb{R}$ であり，f は次の有界閉集合 D（図 2.10）で定義された関数とする：

$$D = \{(t, \xi) \in \mathbb{R}^2 \mid |t - t_0| \leqq a, \; |\xi - x_0| \leqq b\} \qquad (a, b > 0). \qquad (2.24)$$

定理 2.33（**初期値問題の解の存在と一意性の定理，ピカールの定理**）　D を (2.24) の集合とし，f を D 上の関数で次の (i)–(iii) を満たすとする．

(i) D で連続である．

(ii) D で有界である：$\exists M > 0 : |f(t, \xi)| \leqq M \; ((t, \xi) \in D)$.

(iii) D で（第 2 変数 ξ に関して）**リプシッツ条件**を満たす．すなわち，ある定数 $L > 0$ が存在して，任意の $(t, \xi_1), (t, \xi_2) \in D$ に対して

$$|f(t, \xi_1) - f(t, \xi_2)| \leqq L|\xi_1 - \xi_2| \qquad (2.25)$$

が成り立つ．

このとき，少なくとも $[t_0 - \delta, t_0 + \delta]$ においては (2.23) の解が存在し [*45]，しかも一意である．ここで δ は

$$\delta < \min\left\{a, \frac{b}{M}, \frac{1}{L}\right\} \qquad (2.26)$$

を満たす任意の正数である．さらに，この解は

$$x_1(t) \equiv x_0, \quad x_{m+1}(t) = x_0 + \int_{t_0}^{t} f(s, x_m(s))\, ds \quad (m = 1, 2, \ldots)$$

で定義される $\{x_m\} \subset C[x_0 - \delta, x_0 + \delta]$ の極限として得られる（**ピカールの逐次近似法**）．

【証明】　まず，関数 x が t_0 を含むある区間 I で微分可能でかつ初期値問題 (2.23) を満たすことは，x が I で連続でかつ次の積分方程式を満たすことと同値であることに注意する（問題 2.19）：

[*45] "少なくとも" というのは，$[t_0 - \delta, t_0 + \delta]$ を越えて解 x が存在することを否定してはいないからである．実際，点 $(t_0 + \delta, x(t_0 + \delta)) \in D$ を中心として，新たにこの定理を適用できるような有界閉集合 D' がとれれば，解 x を $[t_0 - \delta, t_0 + \delta + \delta']$ $(\delta' > 0)$ まで延長することができる．

$$x(t) = x_0 + \int_{t_0}^{t} f(s, x(s)) \, ds. \qquad (2.27)$$

さて，δ を (2.26) を満たす正数とするとき，

$$X = \{x \in C[t_0 - \delta, t_0 + \delta] \mid |t - t_0| \leqq \delta \text{ のとき } |x(t) - x_0| \leqq M\delta\} \qquad (2.28)$$

は距離空間 $C[t_0 - \delta, t_0 + \delta]$ の閉集合であるから，距離 $d_C(x, y) = \max\limits_{|t-t_0| \leqq \delta} |x(t) - y(t)|$ に関して完備な距離空間である（問題 2.21）．次に，$x \in X$ に対して，Tx を

$$(Tx)(t) = x_0 + \int_{t_0}^{t} f(s, x(s)) \, ds \qquad (t \in [t_0 - \delta, t_0 + \delta]) \qquad (2.29)$$

と定義すると，T は X から X への写像である．実際，$x \in X$ とすると，x, f の連続性から $Tx \in C[t_0 - \delta, t_0 + \delta]$ である．また $|t - t_0| \leqq \delta$ のとき，$t_0 \leqq s \leqq t$ において $|x(s) - x_0| \leqq M\delta < b$ なので $(s, x(s)) \in D$ であるから，

$$|(Tx)(t) - x_0| \leqq \left| \int_{t_0}^{t} f(s, x(s)) \, ds \right| \leqq M|t - t_0| \leqq M\delta$$

となって $Tx \in X$ となるからである．

さらに，T は縮小写像である．実際，$x, y \in X$ をとると，

$$|(Tx)(t) - (Ty)(t)| \leqq \left| \int_{t_0}^{t} (f(s, x(s)) - f(s, y(s))) \, ds \right|$$

$$\leqq L \left| \int_{t_0}^{t} |x(s) - y(s)| \, ds \right| \leqq L|t - t_0| d(x, y) \leqq L\delta \, d(x, y)$$

となるから，$d_C(Tx, Ty) \leqq L\delta \, d_C(x, y)$ である．$L\delta \in (0, 1)$ であるから，T は縮小写像である．

したがって，バナッハの不動点定理（定理 2.29）により，T の不動点 $x \in X$ が一意に存在する．すなわち，(2.27) を満たす連続関数 x が一意に存在することが示された．また，バナッハの不動点定理の証明によれば，この x は漸化式

$$x_{m+1}(t) = (Tx_m)(t) = x_0 + \int_{t_0}^{t} f(s, x_m(s)) \, ds$$

で定義される任意の点列 $\{x_m\} \subset X$ の極限として得られる．特に $x_1(t) \equiv x_0$ としてもよい． ■

➤**注意 2.34** 定理 2.33 の証明において，d_C の代わりに X の距離を

$$d(x,y) = \max_{|t-t_0| \leqq \delta} e^{-k|t-t_0|}|x(t)-y(t)| \qquad (k > L)$$

と定義した完備距離空間 $X' = (X,d)$ を考えれば，$\delta > 0$ の範囲 (2.26) は $\delta < \min\{a, b/M\}$ に改良できる（問題 2.22）．

例題 2.35 $\lambda \in \mathbb{R}$, $b \in \mathbb{R}^n$ とし，C を n 次行列とする．このとき，以下のことを証明せよ：$x \in \mathbb{R}^n$ の連立 1 次方程式

$$x - \lambda C x = b,$$

すなわち，

$$\begin{pmatrix} \xi_1 \\ \xi_2 \\ \vdots \\ \xi_n \end{pmatrix} - \lambda \begin{pmatrix} c_{11} & c_{12} & \cdots & c_{1n} \\ c_{21} & c_{22} & \cdots & c_{2n} \\ \vdots & \vdots & \ddots & \vdots \\ c_{n1} & c_{n2} & \cdots & c_{nn} \end{pmatrix} \begin{pmatrix} \xi_1 \\ \xi_2 \\ \vdots \\ \xi_n \end{pmatrix} = \begin{pmatrix} b_1 \\ b_2 \\ \vdots \\ b_n \end{pmatrix}$$

は，

$$|\lambda|M < 1 \qquad \left(M = \max_{1 \leqq j \leqq n} \sum_{k=1}^{n} |c_{jk}| \right) \tag{2.30}$$

のとき解をもち，かつ一意である．さらに，この解は

$$x_1 = b, \qquad x_{m+1} = \lambda C x_m + b \quad (m = 1, 2, \ldots)$$

で定義される $\{x_m\} \subset \mathbb{R}^n$ の極限として得られる．

[**解**] $\mathbb{R}^n$ に距離 $d(x,y) = \max_{1 \leqq k \leqq n} |\xi_k - \eta_k|$ を定義した完備距離空間 $(\mathbb{R}^n, d)$ を X で表す [*46]．さらに X 上の写像 T を

[*46] この X の完備性についてはのちに注意 3.16 で述べる．ここではいったんそのことを認めて完備性の有用性に注目してほしい．

$$Tx = \lambda Cx + b = \begin{pmatrix} \lambda \sum_{k=1}^{n} c_{1k}\xi_k + b_1 \\ \lambda \sum_{k=1}^{n} c_{2k}\xi_k + b_2 \\ \vdots \\ \lambda \sum_{k=1}^{n} c_{nk}\xi_k + b_n \end{pmatrix}$$

とすると，T は X から X への縮小写像である．実際，$x = (\xi_1, \ldots, \xi_n)$, $y = (\eta_1, \ldots, \eta_n) \in X$ に対して，

$$d(Tx, Ty) = \max_{1 \leqq j \leqq n} \left| \left(\lambda \sum_{k=1}^{n} c_{jk}\xi_k + b_j \right) - \left(\lambda \sum_{k=1}^{n} c_{jk}\eta_k + b_j \right) \right|$$

$$\leqq |\lambda| \max_{1 \leqq j \leqq n} \sum_{k=1}^{n} |c_{jk}||\xi_k - \eta_k| \leqq |\lambda| d(x,y) \max_{1 \leqq j \leqq n} \sum_{k=1}^{n} |c_{jk}| = |\lambda| M d(x,y)$$

が成り立ち，さらに (2.30) が仮定されているからである．したがって，バナッハの不動点定理（定理 2.29）により，T は一意な不動点 $x \in \mathbb{R}^n$ をもつ．また，バナッハの不動点定理の証明によれば，この x は漸化式 $x_{m+1} = Tx_m = \lambda Cx_m + b$ で定義される任意の点列 $\{x_m\} \subset \mathbb{R}^n$ の極限として得られる．特に $x_1 = b$ としてもよい． □

➤**注意 2.36**　通常の n 元 1 次連立方程式 $Ax = c$ は，$A = B - \lambda G$（B は正則行列）と表したとき，$x - \lambda Cx = b$（ただし $C = B^{-1}G$, $b = B^{-1}c$）と変形できる．よって例題 2.35 によれば，λ が適当な条件を満たせば，$x_{m+1} = \lambda Cx_m + b$ となる点列 $\{x_m\}$ の極限として解を求めることができる．数値解析におけるヤコビ反復法やガウス・ザイデル反復法はその一例である．

　次に，例題 2.35 の"無限次元版"にあたる積分方程式の問題を考える．

例題 2.37　$\lambda \in \mathbb{R}$ とし，関数 K, v はそれぞれ $[a,b] \times [a,b]$, $[a,b]$ で連続であるとする．このとき，以下のことを証明せよ：**フレドホルム積分方程式**[*47]

[*47] 厳密にはこれは第 2 種フレドホルム積分方程式とよばれるものである．これに対して $\int_a^b K(t,s)x(s)\,ds = v(t)$ を第 1 種フレドホルム積分方程式という．

$$x(t) - \lambda \int_a^b K(t,s)x(s)\,ds = v(t) \qquad (t \in [a,b])$$

は,

$$|\lambda|M < 1 \qquad \left(M = \max_{t \in [a,b]} \int_a^b |K(t,s)|\,ds \right) \tag{2.31}$$

のとき解 $x \in C[a,b]$ をもち,かつ一意である.さらに,この解は

$$x_1(t) = v(t), \qquad x_{m+1}(t) = \lambda \int_a^b K(t,s)x_m(s)\,ds + v(t)$$
$$(t \in [a,b],\ m = 1,2,\ldots)$$

で定義される $\{x_m\} \subset C[a,b]$ の極限として得られる.

想像力を働かせて,関数 x, v をそれぞれ "第 t 成分が $x(t), v(t)$ である(無限次元)縦ベクトル",関数 K を "第 (t,s) 成分が $K(t,s)$ である(無限次)行列" と思えば,フレドホルム積分方程式は例題 2.35 の方程式の無限次元版と考えられる.

[**解**] 完備距離空間 $(C[a,b], d_C)$ を X で表す.さらに X 上の写像 T を

$$(Tx)(t) = \lambda \int_a^b K(t,s)x(s)\,ds + v(t)$$

とすると,T は X から X への縮小写像である.実際,$x, y \in X$ に対して,

$$|(Tx)(t) - (Ty)(t)| = |\lambda| \left| \int_a^b K(t,s)(x(s) - y(s))\,ds \right|$$
$$\leqq |\lambda| \int_a^b |K(t,s)||x(s) - y(s)|\,ds \leqq |\lambda|Md(x,y),$$

すなわち,$d(Tx, Ty) \leqq |\lambda|Md(x,y)$ が成り立ち,さらに (2.31) が仮定されているからである.したがって,バナッハの不動点定理(定理 2.29)により,T は一意な不動点 $x \in X$ をもち,$Tx = x$ が成り立つ.また,バナッハの不動点定理の証明によれば,この x は

$$x_{m+1}(t) = (Tx_m)(t) = \lambda \int_a^b K(t,s)x_m(s)\,ds + v(t)$$

で定義される任意の点列 $\{x_m\} \subset X$ の極限として得られる．特に $x_1(t) = v(t)$ としてもよい． $\square$

2.5 ベールのカテゴリー定理

ベールのカテゴリー定理は完備距離空間が "やせていない" ことを示しており，線形作用素の理論における三つの基本原理のうちの二つである一様有界性の原理と開写像定理の証明に用いられる重要な定理である（4.7 節）．

> **定理 2.38（ベールのカテゴリー定理）** X を空でない完備距離空間とする．このとき，X が閉集合族 $\{X_n\}$ によって
>
> $$X = \bigcup_{n=1}^{\infty} X_n$$
>
> と表されたとすると，少なくとも一つの X_n は開球を含む [*48].

【証明】 X 全体は空でないので，必ず開球を含んでいることに注意する [*49]．どの X_n $(n = 1, 2, \ldots)$ も開球を含まないと仮定する．

X_1 は開球を含まないので，$X_1 \neq X$ である．よって，$X_1^c = X \setminus X_1$ は空でない開集合であるから，ある $x_1 \in X_1^c$ と $\varepsilon_1 \in (0, 1/2)$ が存在し，

$$B_1 := B(x_1, \varepsilon_1) \subset X_1^c$$

が成り立つ．次に X_2 は開球 $B(x_1, \varepsilon_1/2)$ を含まない．よって，$X_2^c \cap B(x_1, \varepsilon_1/2)$ は空でない開集合なので，ある $x_2 \in X_2^c \cap B(x_1, \varepsilon_1/2)$ と $\varepsilon_2 \in (0, \varepsilon_1/2)$ が存在し，

[*48] 距離空間の部分集合は，その閉包が内点を含まないとき**全疎**であるという．全疎集合のたかだか可算個の和集合として表せる集合を**第 1 類集合**，そうでない集合を**第 2 類集合**という．ベールのカテゴリー定理は，空でない完備距離空間は第 2 類集合であることを主張している．
[*49] "開球" の定義（2.3 節）に注意せよ．例えば $X = \{a\}$ の場合でも，開球 $B(a, r) = \{a\} \subset X$ $(r > 0$ は任意）が存在する．

$$B_2 := B(x_2, \varepsilon_2) \subset X_2^c \cap B(x_1, \varepsilon_1/2)$$

が成り立つ. 続けて, $n \geqq 3$ として $B_k = B(x_k, \varepsilon_k)$ $(k = 1, 2, \ldots, n-1)$ まで構成したとし, B_n を次のように構成する：X_n は開球 $B(x_{n-1}, \varepsilon_{n-1}/2)$ を含まない. よって, $X_n^c \cap B(x_{n-1}, \varepsilon_{n-1}/2)$ は空でない開集合であるから, ある $x_n \in X_n^c \cap B(x_{n-1}, \varepsilon_{n-1}/2)$ と $\varepsilon_n \in (0, \varepsilon_{n-1}/2)$ が存在し,

$$B_n := B(x_n, \varepsilon_n) \subset X_n^c \cap B(x_{n-1}, \varepsilon_{n-1}/2)$$

が成り立つ. こうして, 開球の列 $\{B_n\}$ $(B_n = B(x_n, \varepsilon_n))$ がとれて, $B_n \cap X_n = \emptyset$ であり, かつ $B_{n+1} \subset B(x_n, \varepsilon_n/2) \subset B_n$ $(n = 1, 2, \ldots)$ が成り立つ.

さて, X の距離関数を d で表す. $n > m$ のとき,

$$x_n \in B_n \subset B_{n-1} \subset \cdots \subset B_{m+1} \subset B(x_m, \varepsilon_m/2)$$

であるから,

$$d(x_m, x_n) < \frac{\varepsilon_m}{2} \qquad (m = 1, 2, \ldots) \tag{2.32}$$

である. $\varepsilon_m/2 < 1/2^{m+1} \to 0$ $(m \to \infty)$ なので, $\{x_n\}$ はコーシー列である. X は完備であるから, $\{x_n\}$ は収束列である. その極限を x とすれば, (2.32) において $n \to \infty$ とすると, $d(x_m, x) \leqq \varepsilon_m/2$ $(m = 1, 2, \ldots)$ を得る [*50]. これより, 任意の m に対して, $x \in B_m$ であるが, $B_m \subset X_m^c$ であったから $x \notin X_m$ である. したがって, $x \notin \bigcup_{m=1}^{\infty} X_m = X$ となって不合理である. ∎

章末問題 2

2.1 $x = (\xi_1, \xi_2, \ldots, \xi_n)$, $y = (\eta_1, \eta_2, \ldots, \eta_n) \in \mathbb{R}^n$ に対して, $d(x, y) = \max_{1 \leqq k \leqq n} |\xi_k - \eta_k|$ と定義すると, $(\mathbb{R}^n, d)$ は距離空間になることを証明せよ.

2.2 $L^1 C[a, b]$ は距離空間であることを証明せよ.

[*50] $|d(x_m, x_n) - d(x_m, x)| \leqq d(x_n, x)$ より $\lim_{n \to \infty} d(x_m, x_n) = d(x_m, x)$ である.

2.3 X を任意の集合とする. $x, y \in X$ に対して $d(x, y) = 1$ $(x \neq y)$, $= 0$ $(x = y)$ と定義すると, (X, d) は距離空間となることを証明せよ. この距離を**離散距離**といい, この距離空間を**離散距離空間**という.

2.4 複素数列全体の集合を s とする. $x = \{\xi_n\}$, $y = \{\eta_n\} \in s$ に対して $d(x, y) = \sum_{k=1}^{\infty} \dfrac{1}{2^k} \dfrac{|\xi_k - \eta_k|}{1 + |\xi_k - \eta_k|}$ とすると (s, d) は距離空間となることを証明せよ.

2.5 距離空間のある点列が収束すれば極限は一意であることを証明せよ.

2.6 距離空間 X の部分集合 A の閉包 $\overline{A}$ は, A を含む最小の閉集合であることを証明せよ.

2.7 距離空間の収束列は有界であることを証明せよ.

2.8 X を距離空間とする. G が X の開集合であるためには, その補集合 $X \setminus G$ が閉集合であることが必要十分である. これを証明せよ.

2.9 $C[a, b]$ は可分であることを証明せよ.

2.10 ℓ^∞ は可分ではないことを証明せよ.

2.11 距離空間 X において, 開球は開集合であること, および閉球は閉集合であることを証明せよ.

2.12 X, Y をそれぞれ距離空間とし, T を X から Y への写像とする. T が X で連続であるためには, Y の任意の開集合 G の T による逆像 $T^{-1}(G) = \{x \in X \mid Tx \in G\}$ が X の開集合であることが必要十分である. これを証明せよ.

2.13 $\mathbb{R}^n$ の有界閉集合はコンパクトであることを証明せよ.

2.14 距離空間において, コーシー列は有界であることを証明せよ.

2.15 問題 2.3 の離散距離空間は完備であることを証明せよ.

2.16 距離空間 $(C[-1, 1], d_C)$ において, (2.16) の $\{x_n\}$ はコーシー列ではないことを証明せよ.

2.17 $C[a, b]$ において, $x, y \in C[a, b]$ に対して $d_{L^2C}(x, y) = \sqrt{\displaystyle\int_a^b |x(t) - y(t)|^2 \, dt}$ と定義した距離空間 $(C[a, b], d_{L^2C})$ を $L^2C[a, b]$ で表す. $L^2C[a, b]$ は完備ではないことを証明せよ.

2.18　ℓ^∞ の部分集合 $M = \{x = \{\xi_k\} \in \ell^\infty \mid$ 高々有限個の k に対して $\xi_k \neq 0\}$ について，(M, d_{ℓ^∞}) は完備ではないことを証明せよ.

2.19　関数 x が t_0 を含むある区間 I で微分可能でかつ初期値問題 (2.23) を満たすためには，x が I で連続でかつ積分方程式 (2.27) を満たすことが必要十分であることを証明せよ.

2.20　$X = (X, d)$ を空でない完備距離空間とし，T を X から X への（縮小写像とは限らない）写像とする．このとき，ある $n \in \mathbb{N}$ に対して T^n が縮小写像であるならば，T の不動点が存在し，かつ一意であることを証明せよ.

2.21　例題 2.28 を用いて，(2.28) の X は完備距離空間であることを証明せよ.

2.22　(2.28) の X に距離 $d(x, y) = \max_{|t-t_0| \leqq \delta} e^{-k|t-t_0|} |x(t) - y(t)|$ $(k > L)$ を定義した完備距離空間 $X' = (X, d)$ において，(2.29) の写像 T は X' から X' への縮小写像であることを示し，(2.26) を $\delta < \min\{a, b/M\}$ に改良できることを証明せよ.

2.23　例題 2.35 の証明中の距離として d の代わりに $d_{\mathbb{R}^n}$ を用いて，解が存在するための十分条件を求めよ.

2.24　$\lambda \in \mathbb{R}$ とし，関数 K は三角形領域 $R = \{(t, s) \mid a \leqq t \leqq b,\ a \leqq s \leqq t\}$ で連続，v は $[a, b]$ で連続であるとする．このとき，**ボルテラ積分方程式**[*51] $x(t) - \lambda \int_a^t K(t, s)x(s)\, ds = v(t)$ $(t \in [a, b])$ は，任意の λ に対して解 $x \in C[a, b]$ をもち，かつ一意であることを証明せよ.

[*51] ボルテラ積分方程式の積分の上端は変数 t である．一方，フレドホルム積分方程式の積分の上端は定数 b である.

3 CHAPTER
ノルム空間とバナッハ空間

【この章の目標】

前章では一般の集合を距離の観点から $\mathbb{R}^2$ や $\mathbb{R}^3$ に似せることを目指し，距離空間を定義した．本章では $\mathbb{R}^2$ や $\mathbb{R}^3$ が備えている線形演算（和とスカラー倍）に注目し，一般の集合を線形演算の観点からそれらに似せた "線形空間" を考える．さらに線形空間の元に対して絶対値に相当する量（ノルム）を定義し，これを用いて2点間の距離を導入して距離空間（ノルム空間）にする．こうして線形演算という代数学的な演算，ノルム・距離という幾何学的な量，そして完備性という解析学的な性質が一堂に会す舞台がバナッハ空間である．

3.1 線形空間

■ 3.1.1 ── 線形空間の定義

X を集合とする．この時点では X は単に "もの" の集まりであるだけで，$x, y \in X$ に対して $x + y$ や $2x$ などは意味をもたない．まだ X には演算が何も定義されていないからである．X を $\mathbb{R}^2$ や $\mathbb{R}^3$ に似た空間にするために，"和" と "スカラー倍" とよばれる2種類の演算を定義する．

$\mathbb{K}$ を実数体 $\mathbb{R}$ または複素数体 $\mathbb{C}$ とする．$\mathbb{K}$ には四則演算と絶対値がすでに定義されていることに注意する．次の I, II が成り立つとき，X は $\mathbb{K}$ 上の**線形空間**，または $\mathbb{K}$ を**係数体**とする線形空間であるという．

> **I.** 任意の $x, y \in X$ に対して，x, y の**和**とよばれる "$x + y$" という X の元が定義されており[*1]，次の法則が成り立つ．

[*1] $x + y$ の $+$ は，複素数 $x + iy$ の $+$ と同じく x と y の組を表す記号である．

(L1) 任意の $x, y, z \in X$ に対して

$$(x + y) + z = x + (y + z) \qquad (結合法則)$$

(L2) 任意の $x, y \in X$ に対して

$$x + y = y + x \qquad (交換法則)$$

(L3) θ という X の特別な元が存在して，任意の $x \in X$ に対して

$$x + \theta = x \qquad (\textbf{零元}の存在)$$

(L4) 任意の $x \in X$ に対して，$\overline{x}$ という X の元が存在し，

$$x + \overline{x} = \theta \qquad (\textbf{逆元}の存在)$$

II. 任意の数 $\alpha \in \mathbb{K}$ と任意の $x \in X$ に対して，x の**スカラー倍**とよばれる "αx" という X の元が定義されており，次の法則が成り立つ．

(L5) 任意の $\alpha, \beta \in \mathbb{K}$, $x \in X$ に対して

$$(\alpha\beta)x = \alpha(\beta x) \qquad (結合法則)$$

(L6) 任意の $\alpha \in \mathbb{K}$, $x, y \in X$ に対して

$$\alpha(x + y) = \alpha x + \alpha y \qquad (分配法則)$$

(L7) 任意の $\alpha, \beta \in \mathbb{K}$, $x \in X$ に対して

$$(\alpha + \beta)x = \alpha x + \beta x \qquad (分配法則)^{*2}$$

(L8) $1 \in \mathbb{K}$ と任意の $x \in X$ に対して

$$1x = x$$

線形空間 X の元を X の**点**または**ベクトル**という ^{*3}．また，係数体 $\mathbb{K}$ の元

---

^{*2} 左辺の "$+$" は "$+$" ではないことに注意．(L7) の左辺の和 $\alpha + \beta$ と (L5) の左辺の積 $\alpha\beta$ は係数体 $\mathbb{K}$ の演算である．
^{*3} したがって線形空間は**ベクトル空間**ともよばれる．

をスカラーという．$\mathbb{K} = \mathbb{R}$ のとき X を**実線形空間**，$\mathbb{K} = \mathbb{C}$ のとき X を**複素線形空間**という．

　線形空間は空集合ではない．なぜなら (L3) により少なくとも零元 θ を元としてもつからである．したがって集合として最も小さい線形空間は $X = \{\theta\}$ である[*4]．

例題 3.1　線形空間 X において，次のことを証明せよ．
(1) 零元は X にただ一つだけ存在する．
(2) x の逆元は x に対してただ一つだけ存在する．

[解]　(1) X に二つの零元 θ, θ' が存在したとする．このとき，θ の性質 (L3) から $\theta' + \theta = \theta'$ が成り立ち，同じく θ' の性質から $\theta + \theta' = \theta$ が成り立つ．よって，(L2) より $\theta = \theta + \theta' = \theta' + \theta = \theta'$ となる．したがって，零元はただ一つである．

　(2) $x \in X$ を任意の元としたとき，x に二つの逆元 $\overline{x}$, $\overline{x}'$ が存在したとする．このとき，逆元の性質 (L4) から $x + \overline{x} = \theta$, $x + \overline{x}' = \theta$ が成り立つ．よって，(L3), (L1) より

$$\overline{x} = \overline{x} + \theta = \overline{x} + (x + \overline{x}') = (\overline{x} + x) + \overline{x}' = \theta + \overline{x}' = \overline{x}'$$

となる．したがって，x の逆元はただ一つである．　　　　　　　　□

　例題 3.1 により，線形空間 X の零元 θ, x の逆元 $\overline{x}$ はそれぞれ，その係数体 $\mathbb{K}$ における零元，逆元と同じ性質をもっている唯一の元であることがわかる．よって今後は $\mathbb{K}$ と同じ記号を用いてそれぞれ 0（または 0_X），$-x$ で表すことにする．また，X の和の記号 $+$ も $\mathbb{K}$ における $+$ と同じ性質をもっているので，今後は $+$ で表すことにする．

　線形空間においては，線形代数において $\mathbb{R}^2$ や $\mathbb{R}^3$ のベクトルに対して行っていた和とスカラー倍に関する通常の計算が (L1)–(L8) によって保証される．例えば，(L8), (L7) を順に用いると，$x + x = 1x + 1x = (1+1)x = 2x$ というような当然成り立ってほしい等式が保証される．また "移項" については次のよう

[*4]　一方，距離空間は空集合の場合もある．

な手続きで行える：$z + y = x$ が成り立っているとき，(L3), (L4), (L1) を順に用いると

$$z = z + 0 = z + (y + (-y)) = (z + y) + (-y) = x + (-y)$$

が成り立つ．$x + (-y)$ を $x - y$ で表すと，$z = x - y$ が結論される [*5]．今後このような手続きはいちいち述べないことにする．

■3.1.2 — 線形空間の例

線形空間の例を挙げる．どの例も何らかの集合に和とスカラー倍が定義されているという点で同じ構造をしていることに注意してほしい．

例 3.2 n 個の実数の組全体の集合 $\mathbb{R}^n$ において，$x = (\xi_1, \xi_2, \ldots, \xi_n)$, $y = (\eta_1, \eta_2, \ldots, \eta_n) \in \mathbb{R}^n$ に対して，$x + y$ という元を

$$x + y = (\xi_1 + \eta_1, \xi_2 + \eta_2, \ldots, \xi_n + \eta_n)$$

（右辺の + は $\mathbb{R}$ の和）とすると $x + y \in \mathbb{R}^n$ なので，これで和 $x + y$ を定義する．また，$x = (\xi_1, \xi_2, \ldots, \xi_n) \in \mathbb{R}^n$ と $\alpha \in \mathbb{R}$ に対して，αx という元を

$$\alpha x = (\alpha \xi_1, \alpha \xi_2, \ldots, \alpha \xi_n)$$

（右辺の各成分は $\mathbb{R}$ の積）とすると $\alpha x \in \mathbb{R}^n$ なので，これでスカラー倍 αx を定義する．このとき，この和とスカラー倍は (L1)–(L8) を満たす．このことを確認するには，各成分の演算が $\mathbb{R}$ のそれを用いて定義されているので，$\mathbb{R}$ の演算に関する既存の法則を用いればよい．実際に行うと以下のようになる [*6]．

$x = (\xi_1, \xi_2, \ldots, \xi_n)$ を $x = (\xi_k)_{k=1}^n$ などと略記する．

(L1) 任意の $x = (\xi_k)_{k=1}^n$, $y = (\eta_k)_{k=1}^n$, $z = (\zeta_k)_{k=1}^n$ に対して，$\mathbb{R}$ では $(\xi_k + \eta_k) + \zeta_k = \xi_k + (\eta_k + \zeta_k)$ $(k = 1, 2, \ldots, n)$ だから，$(x + y) + z = x + (y + z)$ である．

(L2) 任意の $x = (\xi_k)_{k=1}^n$, $y = (\eta_k)_{k=1}^n$ に対して，$\mathbb{R}$ では $\xi_k + \eta_k = \eta_k + \xi_k$ $(k = 1, 2, \ldots, n)$ だから，$x + y = y + x$ である．

[*5] 特に $x - x = 0$ である．
[*6] 退屈に思われる読者は飛ばしてもよい．

(L3) $0_{\mathbb{R}^n} = (0, 0, \ldots, 0)$ とすれば, 任意の $x = (\xi_k)_{k=1}^n$ に対して, $\mathbb{R}$ では $\xi_k + 0 = \xi_k$ $(k = 1, 2, \ldots, n)$ だから, $x + 0_{\mathbb{R}^n} = x$ である.

(L4) $x = (\xi_k)_{k=1}^n$ に対して, $-x = (-\xi_k)_{k=1}^n$ とすれば, $\mathbb{R}$ では $\xi_k + (-\xi_k) = 0$ $(k = 1, 2, \ldots, n)$ だから, $x + (-x) = 0_{\mathbb{R}^n}$ である.

(L5) 任意の $\alpha, \beta \in \mathbb{R}$, $x = (\xi_k)_{k=1}^n$ に対して, $\mathbb{R}$ では $(\alpha\beta)\xi_k = \alpha(\beta\xi_k)$ $(k = 1, 2, \ldots, n)$ だから, $(\alpha\beta)x = \alpha(\beta x)$ である.

(L6) 任意の $\alpha \in \mathbb{R}$, $x = (\xi_k)_{k=1}^n$, $y = (\eta_k)_{k=1}^n$ に対して, $\mathbb{R}$ では $\alpha(\xi_k + \eta_k) = \alpha\xi_k + \alpha\eta_k$ $(k = 1, 2, \ldots, n)$ だから, $\alpha(x + y) = \alpha x + \alpha y$ である.

(L7) 任意の $\alpha, \beta \in \mathbb{R}$, $x = (\xi_k)_{k=1}^n$ に対して, $\mathbb{R}$ では $(\alpha + \beta)\xi_k = \alpha\xi_k + \beta\xi_k$ $(k = 1, 2, \ldots, n)$ だから, $(\alpha + \beta)x = \alpha x + \beta x$ である.

(L8) 任意の $x = (\xi_k)_{k=1}^n$ に対して, $\mathbb{R}$ では $1\xi_k = \xi_k$ $(k = 1, 2, \ldots, n)$ だから, $1x = x$ である.

以上より, $\mathbb{R}^n$ は実線形空間である.

以下の例では (L1)–(L8) の検証をいちいち行わないが, 必要であれば例 3.2 で行ったように, 各成分ごとに既存の演算法則を用いて確認できる. "線形空間" という一つの抽象的な空間の性質を調べることで, これらの具体的な空間の性質を一挙に理解できるのである.

例 3.3 n 個の複素数の組全体の集合 $\mathbb{C}^n$ において, $x = (\xi_k)_{k=1}^n$, $y = (\eta_k)_{k=1}^n \in \mathbb{C}^n$ の和 $x + y$ を

$$x + y = (\xi_k + \eta_k)_{k=1}^n$$

と定義し, $x = (\xi_k)_{k=1}^n \in \mathbb{C}^n$ のスカラー倍 αx $(\alpha \in \mathbb{C})$ を

$$\alpha x = (\alpha\xi_k)_{k=1}^n$$

と定義すると, $\mathbb{C}^n$ は複素線形空間である. ただし, 零元は $0 = (0)_{k=1}^n$ であり, $x = (\xi_k)_{k=1}^n$ の逆元は $-x = (-\xi_k)_{k=1}^n$ である.

例 3.4 区間 $[a, b]$ 上で定義された実数値連続関数全体の集合 $C[a, b]$ において, $x, y \in C[a, b]$ に対して, $x + y$ という関数を

$$(x + y)(t) = x(t) + y(t) \qquad (t \in [a, b])$$

（右辺の + は $x(t), y(t) \in \mathbb{R}$ の和）と定義すると [*7]，二つの連続関数の和は連続関数だから $x + y \in C[a, b]$ となるので，これで和 $x + y$ を定義する．また，$x \in C[a, b]$, $\alpha \in \mathbb{R}$ に対して，αx という関数を

$$(\alpha x)(t) = \alpha x(t) \qquad (t \in [a, b])$$

（右辺は $\alpha \in \mathbb{R}$, $x(t) \in \mathbb{R}$ の積）と定義すると $\alpha x \in C[a, b]$ だから，これでスカラー倍 αx を定義する．このとき，この和とスカラー倍は (L1)–(L8) を満たすことがわかるので，$C[a, b]$ は実線形空間である．ただし，零元 0 は恒等的に 0 をとる関数，すなわち $\theta(t) = 0$ $(t \in [a, b])$ で定義される関数 θ であり，x の逆元 $-x$ は $(-x)(t) = -x(t)$ $(t \in [a, b])$ で定義される関数である．同様にして，複素数値連続関数全体の集合は複素線形空間となることがわかる．

例 3.5 実数 a, b を定数とし，$\mathbb{R}$ 上で定義された実数値の C^2 級関数で，$x''(t) + ax'(t) + bx(t) = 0$ $(t \in \mathbb{R})$ を満たす関数全体の集合を X とする．$x_1, x_2 \in X$ に対して，$x_1 + x_2$ という関数を

$$(x_1 + x_2)(t) = x_1(t) + x_2(t) \qquad (t \in \mathbb{R})$$

とすると，

$$\begin{aligned}
(x_1(t) &+ x_2(t))'' + a(x_1(t) + x_2(t))' + b(x_1(t) + x_2(t)) \\
&= x_1''(t) + ax_1'(t) + bx_1(t) + x_2''(t) + ax_2'(t) + bx_2(t) \\
&= 0 + 0 = 0
\end{aligned}$$

により $x_1 + x_2 \in X$ であるから，これで和 $x_1 + x_2$ を定義する．また，$x \in X$, $\alpha \in \mathbb{R}$ に対して，αx という関数を

$$(\alpha x)(t) = \alpha x(t) \qquad (t \in \mathbb{R})$$

とすると，

[*7] $x + y$ を，$t \in [a, b]$ に対して $x(t) + y(t) \in \mathbb{R}$ を対応させる関数として定義するということ．

$$(\alpha x(t))'' + a(\alpha x(t))' + b\alpha x(t) = \alpha(x''(t) + ax'(t) + bx(t)) = \alpha \cdot 0 = 0$$

により $\alpha x \in X$ であるから，これでスカラー倍 αx を定義する．このとき，この和とスカラー倍は (L1)–(L8) を満たすことがわかるので，X は実線形空間である．零元と逆元は例 3.4 と同様である．

例 3.6　数列空間 ℓ^p $(1 \leq p < \infty)$ において，$x = \{\xi_k\}$, $y = \{\eta_k\} \in \ell^p$ に対して，$x + y$ という数列を

$$x + y = \{\xi_k + \eta_k\}$$

と定義する．不等式 (1.6) により

$$\sum_{k=1}^{\infty} |\xi_k + \eta_k|^p \leq 2^{p-1} \left(\sum_{k=1}^{\infty} |\xi_k|^p + \sum_{k=1}^{\infty} |\eta_k|^p \right) < \infty$$

となって $x + y \in \ell^p$ であるから *8，これで和 $x + y$ を定義する．また，$x = \{\xi_k\}$, $\alpha \in \mathbb{R}$ に対して，αx という数列を

$$\alpha x = \{\alpha \xi_k\}$$

と定義する．

$$\sum_{k=1}^{\infty} |\alpha \xi_k|^p = |\alpha|^p \sum_{k=1}^{\infty} |\xi_k|^p < \infty$$

により $\alpha x \in \ell^p$ だから，これでスカラー倍 αx を定義する．これらの演算は (L1)–(L8) を満たすので，ℓ^p は線形空間である．ℓ^∞ も同じ演算について線形空間であることがわかる．零元は $0 = \{0, 0, \ldots\}$, $x = \{\xi_k\}$ の逆元は $-x = \{-\xi_k\}$ である．

■3.1.3 — 線形部分空間

X を線形空間とし，M を X の空でない部分集合とする．M の二つの元をとったとき，これらは X の元でもあるので和とスカラー倍が定義されているが，一般にはそれらが M に属している保証はない．それが保証されるとき，す

---

*8 あるいは不等式 (1.7) やミンコフスキーの不等式 (1.12) を用いてもよい．

なわち,

$$x, y \in M, \ \alpha \in \mathbb{K} \implies x + y, \ \alpha x \in M \tag{3.1}$$

であるとき, M は（X と同じ演算を受け継ぐことにより）それ自身が線形空間
となる. このとき, M は X の**線形部分空間**, または単に**部分空間**であるとい
う. なお, 条件 (3.1) は

$$x, y \in M, \ \alpha, \beta \in \mathbb{K} \implies \alpha x + \beta y \in M \tag{3.2}$$

であることと同値である（問題 3.4）. この条件は和とスカラー倍を同時に扱え
て便利である.

例 3.7 実線形空間 $\mathbb{R}^3$ の部分集合 $M = \{(\xi_1, \xi_2, \xi_3) \in \mathbb{R}^3 \mid \xi_1 + \xi_2 + \xi_3 = 0\}$
は $\mathbb{R}^3$ の部分空間である. 実際, $0 = (0, 0, 0) \in M$ だから M は空ではない. ま
た, $x = (\xi_1, \xi_2, \xi_3), \ y = (\eta_1, \eta_2, \eta_3) \in M, \ \alpha \in \mathbb{R}$ とすると, $x + y, \ \alpha x$ の成分
について

$$(\xi_1 + \eta_1) + (\xi_2 + \eta_2) + (\xi_3 + \eta_3)$$
$$= (\xi_1 + \xi_2 + \xi_3) + (\eta_1 + \eta_2 + \eta_3) = 0 + 0 = 0$$
$$\alpha\xi_1 + \alpha\xi_2 + \alpha\xi_3 = \alpha(\xi_1 + \xi_2 + \xi_3) = \alpha \cdot 0 = 0$$

が成り立つから, $x + y, \ \alpha x \in M$ である（図 3.1）.

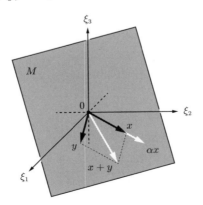

図 3.1 $\mathbb{R}^3$ の部分空間 M

例 3.8　収束する実数列全体の集合を c とする．c は ℓ^∞ の部分空間である．実際，収束列は有界だから $c \subset \ell^\infty$ である．さらに，$x, y \in c$, $\alpha, \beta \in \mathbb{R}$ とすると，$x = \{\xi_k\}$, $y = \{\eta_k\}$ は収束するので $\alpha x + \beta y = \{\alpha \xi_k + \beta \eta_k\}$ も収束するから，$\alpha x + \beta y \in c$ であって (3.2) が成り立つ．

例 3.9　$M = \left\{ x \in C[-1,1] \ \middle| \ \displaystyle\int_{-1}^{1} x(t)\,dt = 0 \right\}$ は $C[-1,1]$ の部分空間である．一方，$N = \left\{ x \in C[-1,1] \ \middle| \ \displaystyle\int_{-1}^{1} x(t)^3\,dt = 0 \right\}$ は $C[-1,1]$ の部分空間ではない．実際，例えば $x(t) = t$, $y(t) = |t| - 1/2$ とすれば，$x, y \in N$ であるが $x + y \notin N$ である（問題 3.3）．

> **例題 3.10**　X を線形空間とし，X_1, X_2 を X の部分空間とする．このとき，$X_1 \cup X_2$ が X の部分空間であるためには，$X_1 \subset X_2$ または $X_2 \subset X_1$ であることが必要十分である．これを証明せよ．

［解］　（$\Rightarrow$）背理法で示す．いま，$X_1 \cup X_2$ は部分空間であるが，$X_1 \not\subset X_2$ かつ $X_2 \not\subset X_1$ であるとしよう．このとき，$x_1 \notin X_2$ であるような $x_1 \in X_1$ と，$x_2 \notin X_1$ であるような $x_2 \in X_2$ が存在する．x_1, x_2 は部分空間 $X_1 \cup X_2$ の元であるから，特に $x_1 + x_2 \in X_1 \cup X_2$ である．しかしこれは起こり得ない．実際，$x_1 + x_2 \in X_1$ であるとすると $x_2 = (x_1 + x_2) - x_1 \in X_1$ となって $x_2 \notin X_1$ に反するし，$x_1 + x_2 \in X_2$ であるとすると $x_1 = (x_1 + x_2) - x_2 \in X_2$ となって $x_1 \notin X_2$ に反するからである．ゆえに，$X_1 \subset X_2$ または $X_2 \subset X_1$ でなくてはならない．

（$\Leftarrow$）$X_1 \subset X_2$ または $X_2 \subset X_1$ ならば，$X_1 \cup X_2$ は X_1 または X_2 と一致するから明らかである．　　　　　　　　□

■ 3.1.4 ── 一次結合と次元

X を線形空間とし，$\mathbb{K}$ を X の係数体とする．X に定義されている和とスカラー倍を "有限回" 繰り返して得られるようなベクトル $\alpha_1 x_1 + \alpha_2 x_2 + \cdots + \alpha_n x_n$

を, $x_1, x_2, \ldots, x_n$ の**一次結合**という[*9]. また, $x_1, x_2, \ldots, x_n$ の一次結合全体の集合

$$\operatorname{span}\{x_1, \ldots, x_n\} = \{\alpha_1 x_1 + \alpha_2 x_2 + \cdots + \alpha_n x_n \mid \alpha_1, \alpha_2, \ldots, \alpha_n \in \mathbb{K}\}$$

は X の線形部分空間となり, これを $x_1, x_2, \ldots, x_n$ によって**張られる線形部分空間**(または**生成される線形部分空間**)という. より一般に, M を X の空でない部分集合とするとき, M の "有限個" の元の一次結合全体の集合

$$\operatorname{span} M = \left\{ \sum_{k=1}^{n} \alpha_k x_k \ \middle|\ n \in \mathbb{N},\ \alpha_k \in \mathbb{K},\ x_k \in M\ (k = 1, 2, \ldots, n) \right\}$$

は X の線形部分空間となり, これを M によって張られる線形部分空間(または M から生成される線形部分空間)という.

ベクトル $x_1, x_2, \ldots, x_n$ の一次結合による X の零元 0 の表し方が一通りしかないとき, すなわち,

$$\alpha_1 x_1 + \alpha_2 x_2 + \cdots + \alpha_n x_n = 0 \implies \alpha_1 = \alpha_2 = \cdots = \alpha_n = 0$$

であるとき[*10], $x_1, x_2, \ldots, x_n$ は**一次独立**であるといい, 一次独立でないときを**一次従属**であるという[*11]. より一般に, M を X の空でない部分集合とするとき, M の任意の "有限個" の元が一次独立であるならば, M は一次独立であるといい, 一次独立でないときを一次従属であるという. X において, 任意の自然数 n に対して n 個の一次独立な元が存在するとき, X は**無限次元**であるといい, そうでないとき X は**有限次元**であるという. X が有限次元で 0 以外の元をもつならば, 次の条件を満たす自然数 n が存在する:X の中に一次独立な n 個の元が存在し, かつ X のいかなる $(n+1)$ 個の元も一次従属である. このとき X は **n 次元**であるという. 零元 0 だけからなる線形空間 $X = \{0\}$ は **0 次元**であるという.

例題 3.11 X を n 次元線形空間とする. このとき, X の一次独立な n 個

[*9] **線形結合**ともいう. あとに出る一次独立, 一次従属もそれぞれ**線形独立**, **線形従属**ともいう.
[*10] $x_1, x_2, \ldots, x_n$ をそれぞれどう伸縮させてもバランスはとれない, ということ.
[*11] したがって, $x_1, x_2, \ldots, x_n$ の中に 0 があれば, 必ず一次従属である.

の元 $x_1, x_2, \ldots, x_n$ が存在し，任意の $x \in X$ は

$$x = \alpha_1 x_1 + \alpha_2 x_2 + \cdots + \alpha_n x_n = \sum_{k=1}^{n} \alpha_k x_k \tag{3.3}$$

という形で表すことができ，さらに係数 $\alpha_1, \alpha_2, \ldots, \alpha_n \in \mathbb{K}$ の選び方は x に対して一意であることを証明せよ．

線形代数で学んだように，この $\{x_k\}_{k=1}^{n}$ を X の**基底**とよぶ．

[**解**] X は n 次元線形空間なので一次独立な $x_1, x_2, \ldots, x_n$ が存在する．任意に $x \in X$ をとる．このとき，$(n+1)$ 個のベクトル $x_1, x_2, \ldots, x_n, x$ は一次従属なので，あるスカラーの組 $(a_1, a_2, \ldots, a_n, a_{n+1}) \neq (0, 0, \ldots, 0, 0)$ が存在し，

$$a_1 x_1 + a_2 x_2 + \cdots + a_n x_n + a_{n+1} x = 0 \tag{3.4}$$

とできる．ここで $a_{n+1} = 0$ とすると，(3.4) と $x_1, x_2, \ldots, x_n$ が一次独立であることから $(a_1, a_2, \ldots, a_n) = (0, 0, \ldots, 0)$ となってしまい $(a_1, a_2, \ldots, a_n, a_{n+1}) \neq (0, 0, \ldots, 0, 0)$ に反するので，$a_{n+1} \neq 0$ である．よって，(3.4) の両辺を a_{n+1} で割って $-\dfrac{a_k}{a_{n+1}} = \alpha_k$ とおくと，$x = \alpha_1 x_1 + \alpha_2 x_2 + \cdots + \alpha_n x_n$ と表される．

次に係数の一意性を示す．

$$x = \alpha_1 x_1 + \alpha_2 x_2 + \cdots + \alpha_n x_n = \beta_1 x_1 + \beta_2 x_2 + \cdots + \beta_n x_n$$

と表せたとする．このとき，

$$(\alpha_1 - \beta_1) x_1 + (\alpha_2 - \beta_2) x_2 + \cdots + (\alpha_n - \beta_n) x_n = 0$$

である．$x_1, x_2, \ldots, x_n$ は一次独立なので，$\alpha_k - \beta_k = 0$，すなわち $\alpha_k = \beta_k$ $(k = 1, 2, \ldots, n)$ である．したがって，係数の選び方は一意的である． $\square$

X が無限次元の線形空間であるとき，(3.3) で $n \to \infty$ とした "$x = \displaystyle\sum_{k=1}^{\infty} \alpha_k x_k$" という形で表すことを考えるには，極限の概念，したがって距離の概念が必要である．次節において線形演算の他に距離関数も備えた "ノルム空間" を定義する．

3.2 ノルム空間

■ 3.2.1 ── ノルム空間の定義

X を線形空間とし，$\mathbb{K}$ を X の係数体とする．まず，$\mathbb{R}^2$ や $\mathbb{R}^3$ のベクトルの長さ（$\mathbb{R}$ ならば絶対値）に相当する量を X に定義する．

任意の $x \in X$ に対して，次の性質 (N1)–(N4) を満たす実数 $\|x\|$ が与えられているとき，$\|x\|$ を x の**ノルム**という [*12]．

(N1) $\|x\| \geqq 0$

(N2) $\|x\| = 0 \Longleftrightarrow x = 0$

(N3) $\|\alpha x\| = |\alpha| \|x\| \quad (\alpha \in \mathbb{K})$

(N4) $\|x + y\| \leqq \|x\| + \|y\|$ （**三角不等式**）

ノルムが定義された線形空間を**ノルム空間**という．特に $\mathbb{K} = \mathbb{R}$ のとき**実ノルム空間**，$\mathbb{K} = \mathbb{C}$ のとき**複素ノルム空間**という．ノルム空間 X に定義されているノルムが $\|\cdot\|$ であることを明示したいとき $(X, \|\cdot\|)$ で表す．また，ノルム $\|\cdot\|$ が空間 X のノルムであることを明示したいとき $\|\cdot\|_X$ で表す．

ノルムは距離と似て非なる概念である．距離 $d(x, y)$ は $(x, y) \in X \times X$ に対して決まるが，ノルムは $x \in X$ に対して決まる．また，距離は X の構造に依存せず定義されるが，ノルムは (N2) で零元，(N3) でスカラー倍，(N4) で和に関係し X の線形構造に強く依存する．

■ 3.2.2 ── ノルム空間の位相

X をノルム空間とする．X のノルム $\|\cdot\|$ を用いて，$d : X \times X \to \mathbb{R}$ を

$$d(x, y) = \|x - y\| \tag{3.5}$$

と定義すると d は距離関数になり，したがって (X, d) は距離空間になる（2.1節）．実際，(D1) は (N1) より明らか．(D2) は (N2) より，

$$d(x, y) = 0 \iff \|x - y\| = 0 \iff x - y = 0 \iff x = y$$

[*12] (N1) は (N3) と (N4) から，(N2) の "$\Longleftarrow$" は (N3) から導けるが，便宜上仮定しておくことが多い．

である．(D3) は (N3) より，

$$d(y,x) = \|y - x\| = \|x - y\| = d(x,y)$$

である．(D4) は (N4) より，

$$d(x,y) = \|x - y\| = \|x - z + z - y\|$$
$$\leqq \|x - z\| + \|z - y\| = d(x,z) + d(z,y)$$

と示せるからである．距離 (3.5) を**ノルムから導かれた距離**という．よって，ノルム空間は（ノルムから導かれた距離に関して）距離空間である．ゆえにノルム空間では 2.3 節で与えた距離空間における位相的な概念をすべてそのまま考えることができる．念のためにノルム空間における定義としてそれらを再確認しておく[*13]．

X をノルム空間とし，$x_0 \in X$ とする．X の点列 $\{x_n\} \subset X$ は $\lim_{n \to \infty} \|x_n - x_0\| = 0$ を満たすとき，x_0 に**収束**するといい，x_0 を**極限**という．

$A \subset X$ が X の**閉集合**であるとは，$\{x_n\} \subset A$ が $x_0 \in X$ に収束するならば $x_0 \in A$ となることである：

$$\forall\{x_n\} \subset A \ \forall x_0 \in X \left[\lim_{n \to \infty} \|x_n - x_0\| = 0 \Longrightarrow x_0 \in A \right].$$

$A \subset X$ の X における**閉包**とは，A の点列の極限全体の集合であり，$\overline{A}^X$（あるいは単に $\overline{A}$）で表す：

$$\overline{A}^X = \{x \in X \mid \exists\{x_n\} \subset A : \lim_{n \to \infty} \|x_n - x\| = 0\}.$$

$A \subset X$ が X で**稠密**であるとは，$\overline{A}^X = X$ であること，すなわち，任意の $x \in X$ が A の点列の極限として表せることである：

$$\forall x \in X \ \exists\{x_n\} \subset A : \lim_{n \to \infty} \|x_n - x\| = 0.$$

$a \in X$ を中心とする半径 $r > 0$ の**開球**とは，$B(a,r) = \{x \in X \mid \|x - a\| < r\}$ のことである．特に，半径として小さい数 $\varepsilon > 0$ を想定するとき，$B(a,\varepsilon)$ のことを a の ε **近傍**という．また集合 $\{x \in X \mid \|x - a\| \leqq r\}$ のことを，a を中心

[*13] $d(x,y)$ を $\|x - y\|$ に書き換えるだけである．

とする半径 r の**閉球**という.

$A \subset X$ が**有界**であるとは,原点 0 から任意の $x \in A$ までの距離が一定数以下となることである [*14]:

$$\exists M \geqq 0 : \forall x \in A \ \|x\| \leqq M.$$

特に点列 $\{x_n\} \subset X$ が有界であるとは,

$$\exists M \geqq 0 : \forall n \in \mathbb{N} \ \|x_n\| \leqq M$$

ということである.これらは A や $\{x_n\}$ が原点中心の閉球に含まれることと同じである.

可分,**内点**,**開集合**についても距離空間の場合と同じである.

X をノルム空間とし,M をその線形部分空間とする.M は X と同じノルムに関してそれ自身がノルム空間となる.特に,X の閉集合であるような線形部分空間 M を**閉線形部分空間**,または単に**閉部分空間**であるという.

さて,ノルムから導かれた距離 (3.5) は次の特殊な性質をもつ:

$$d(x + a, y + a) = d(x, y) \quad (\text{平行移動不変性}),$$
$$d(\alpha x, \alpha y) = |\alpha| d(x, y) \quad (\text{斉次性}).$$

実際,

$$d(x + a, y + a) = \|(x + a) - (y + a)\| = \|x - y\| = d(x, y),$$
$$d(\alpha x, \alpha y) = \|\alpha x - \alpha y\| = |\alpha| \|x - y\| = |\alpha| d(x, y)$$

である.したがって,線形空間に距離関数を定義した場合,それが平行移動不変性または斉次性を満たさないのであれば(例えば問題 2.4 の距離 d),それはあるノルムから導かれた距離にはなり得ない.その意味で,ノルム空間は特殊な距離空間である.

例題 3.12 X をノルム空間とする.このとき,次のことを証明せよ.

[*14] ノルム空間は線形空間であるので零元 0 が存在する.$\|x - a\| \leqq \|x\| + \|a\|$ であるから,有界集合の定義 (2.2) の a を特に 0 としても一般性を失わない.

> (1) $|\,\|x\| - \|y\|\,| \leqq \|x - y\|$ である.
>
> (2) ノルム $\|\cdot\|$ は X 上の連続関数である. すなわち, 任意の $x_0 \in X$ と任意の点列 $\{x_n\} \subset X$ に対して,
>
> $$x_n \to x_0 \implies \|x_n\| \to \|x_0\|$$
>
> である.

(1) の不等式は絶対値が満たす性質 (1.2) と同じなので同様に示せばよい.

[解] (1) (N4) により $\|x\| = \|x - y + y\| \leqq \|x - y\| + \|y\|$ だから, $\|x\| - \|y\| \leqq \|x - y\|$ である. さらに x と y を入れ替えれば (N3) より $\|y\| - \|x\| \leqq \|y - x\| = \|x - y\|$ である. したがって, $|\,\|x\| - \|y\|\,| \leqq \|x - y\|$ を得る.

(2) 任意の $x_0 \in X$ をとる. $x_n \to x_0$ (すなわち $\|x_n - x_0\| \to 0$) とすると, (1) の不等式により $|\,\|x_n\| - \|x_0\|\,| \leqq \|x_n - x_0\| \to 0$ $(n \to \infty)$ である. したがって, $\|x_n\| \to \|x_0\|$ である. □

例題 3.13 X をノルム空間とし, $\mathbb{K}$ を X の係数体とする. このとき, X の和とスカラー倍は連続であること, すなわち, 任意の $x_0, y_0 \in X$, $\alpha_0 \in \mathbb{K}$ および $\{x_n\}, \{y_n\} \subset X$, $\{\alpha_n\} \subset \mathbb{K}$ に対して, 次のことを証明せよ.

(1) $x_n \to x_0$, $y_n \to y_0 \implies x_n + y_n \to x_0 + y_0$.

(2) $\alpha_n \to \alpha_0$, $x_n \to x_0 \implies \alpha_n x_n \to \alpha_0 x_0$.

[解] (1) $x_n \to x_0$, $y_n \to y_0$ とする. このとき,

$$\begin{aligned}
\|(x_n + y_n) - (x_0 + y_0)\| &= \|x_n - x_0 + y_n - y_0\| \\
&\leqq \|x_n - x_0\| + \|y_n - y_0\| \to 0
\end{aligned}$$

である. したがって, $x_n + y_n \to x_0 + y_0$ である.

(2) $\alpha_n \to \alpha_0$, $x_n \to x_0$ とする. このとき,

$$\begin{aligned}
&\|\alpha_n x_n - \alpha_0 x_0\| \\
&= \|(\alpha_n - \alpha_0)(x_n - x_0) + (\alpha_n - \alpha_0)x_0 + \alpha_0(x_n - x_0)\|
\end{aligned}$$

$$\leqq \|(\alpha_n - \alpha_0)(x_n - x_0)\| + \|(\alpha_n - \alpha_0)x_0\| + \|\alpha_0(x_n - x_0)\|$$

$$= |\alpha_n - \alpha_0|\|x_n - x_0\| + |\alpha_n - \alpha_0|\|x_0\| + |\alpha_0|\|x_n - x_0\|$$

$$\to 0 \cdot 0 + 0 \cdot \|x_0\| + |\alpha_0| \cdot 0 = 0$$

である ^{*15}. したがって, $\alpha_n x_n \to \alpha_0 x_0$ である. □

3.3 バナッハ空間

3.3.1 — バナッハ空間の定義

X をノルム空間とする. 2.3.4 項で距離空間について述べたのと同様に, $\{x_n\} \subset X$ がノルム空間 X の**コーシー列**であるとは, $\lim_{m,n\to\infty} \|x_m - x_n\| = 0$, すなわち

$$\forall \varepsilon > 0 \; \exists N \in \mathbb{N} : \; \forall m, n \in \mathbb{N} \; [m, n \geqq N \Longrightarrow \|x_m - x_n\| < \varepsilon]$$

となることである. X の任意のコーシー列が収束列であるとき, X は**完備**であるという. 完備なノルム空間を**バナッハ空間**という. 特に $\mathbb{K} = \mathbb{R}$ のとき**実バナッハ空間**, $\mathbb{K} = \mathbb{C}$ のとき**複素バナッハ空間**という.

3.3.2 — バナッハ空間の例

前章の例 2.25 において, $\mathbb{R}^n$, $\mathbb{C}^n$, ℓ^p, $C[a,b]$ が完備であることをいったん認め, まだ証明していなかった. 本項でその証明を行う.

例 3.2 でみたように, $\mathbb{R}^n$ は実線形空間である. さらに

$$\|x\|_{\mathbb{R}^n} = \sqrt{\sum_{k=1}^{n} |\xi_k|^2} \qquad (x = (\xi_1, \xi_2, \ldots, \xi_n) \in \mathbb{R}^n)$$

と定義すると, $\mathbb{R}^n$ はノルム空間である. 実際, (N1)–(N3) は容易にわかるし, (N4) はミンコフスキーの不等式 (1.14) で $p = 2$ とすれば得られる. よって, $x = (\xi_1, \xi_2, \ldots, \xi_n)$, $y = (\eta_1, \eta_2, \ldots, \eta_n) \in \mathbb{R}^n$ に対して

---

*15 例題 3.12 の (2) の性質を用いて, $\|\alpha_n x_n - \alpha_0 x_0\| \leqq |\alpha_n - \alpha_0|\|x_n\| + |\alpha_0|\|x_n - x_0\| \to 0 \cdot \|x_0\| + |\alpha_0| \cdot 0 = 0$ といってもよい.

$$d(x, y) = \|x - y\|_{\mathbb{R}^n} = \sqrt{\sum_{k=1}^{n} |\xi_k - \eta_k|^2}$$

と定義すれば，$\mathbb{R}^n$ は距離空間である．この距離空間は例題 2.1 の $(\mathbb{R}^n, d_{\mathbb{R}^n})$ と同じものである．さらに次の定理が成り立つ．

定理 3.14　ノルム空間 $\mathbb{R}^n = (\mathbb{R}^n, \|\cdot\|_{\mathbb{R}^n})$ は完備，したがってバナッハ空間である．

【証明】　証明中で n を別の記号として用いたいので，ここでは $\mathbb{R}^n$ を $\mathbb{R}^d$ で表すことにする．2.3.4 項で述べたように，本書では $\mathbb{R} = \mathbb{R}^1$ の完備性を既知としているので，$\mathbb{R}^d$ $(d = 2, 3, \ldots)$ の完備性を示す．

$\{x_n\}$ を $\mathbb{R}^d$ のコーシー列とする．$x_n = (\xi_1^{(n)}, \xi_2^{(n)}, \ldots, \xi_d^{(n)})$ $(n = 1, 2, \ldots)$ と表すと，これは

$$\|x_m - x_n\|_{\mathbb{R}^d} = \sqrt{\sum_{k=1}^{d} |\xi_k^{(m)} - \xi_k^{(n)}|^2} \to 0 \qquad (m, n \to \infty)$$

ということである．一般に $|a_k| \leqq \sqrt{\sum |a_k|^2}$ だから，各 $k = 1, 2, \ldots, d$ に対して $|\xi_k^{(m)} - \xi_k^{(n)}| \to 0$ $(m, n \to \infty)$ である．これは k を止めたとき，数列 $\{\xi_k^{(n)}\}_{n=1}^{\infty}$ が $\mathbb{R}$ のコーシー列であることを意味する．$\mathbb{R}$ は完備だから，各 $k = 1, 2, \ldots, d$ に対して $\xi_k := \lim_{n \to \infty} \xi_k^{(n)} \in \mathbb{R}$ が存在する．そこで

$$x := (\xi_1, \xi_2, \ldots, \xi_d) \tag{3.6}$$

と定義する．

$x \in \mathbb{R}^d$ は明らかだから，あとは $\|x_n - x\|_{\mathbb{R}^d} \to 0$ $(n \to \infty)$ を示せばよい．有限和と極限は順序交換できるので，

$$\lim_{n \to \infty} \|x_n - x\|_{\mathbb{R}^d}^2 = \lim_{n \to \infty} \sum_{k=1}^{d} |\xi_k^{(n)} - \xi_k|^2 = \sum_{k=1}^{d} \lim_{n \to \infty} |\xi_k^{(n)} - \xi_k|^2 = 0$$

である．したがって，$\|x_n - x\|_{\mathbb{R}^d} \to 0$ $(n \to \infty)$ である．■

上記の証明では，$\{x_n\}$ の第 k 成分に注目した列 $\{\xi_k^{(n)}\}_{n=1}^{\infty}$ が $\mathbb{R}$（完備！）のコー

シー列であることに着目した（図 3.2）．まったく同様に，$(\mathbb{C}^n, \|\cdot\|_{\mathbb{C}^n})$ $(n \geqq 2)$ が完備であることを $\mathbb{C}$ の完備性から証明できる．

$$x_1 = (\xi_1^{(1)}, \xi_2^{(1)}, ..., \xi_k^{(1)}, ..., \xi_d^{(1)})$$
$$x_2 = (\xi_1^{(2)}, \xi_2^{(2)}, ..., \xi_k^{(2)}, ..., \xi_d^{(2)})$$
$$\vdots \quad \vdots \quad \vdots \quad \vdots \quad \vdots$$
$$x_n = (\xi_1^{(n)}, \xi_2^{(n)}, ..., \xi_k^{(n)}, ..., \xi_d^{(n)})$$
$$\vdots \quad \vdots \quad \vdots \quad \vdots \quad \vdots$$
$$\downarrow \quad \downarrow \quad \downarrow \quad \downarrow$$
$$x := (\xi_1, \quad \xi_2, \quad ..., \quad \xi_k, \quad ..., \quad \xi_d)$$

図 3.2 $x = (\xi_1, \xi_2, \ldots, \xi_d)$ のつくり方

$1 \leqq p < \infty$ とする．例 3.6 でみたように ℓ^p は線形空間である．さらに，$x = \{\xi_k\} \in \ell^p$ に対して

$$\|x\|_{\ell^p} = \left(\sum_{k=1}^{\infty} |\xi_k|^p\right)^{1/p}$$

と定義すると，ℓ^p はノルム空間である．実際，(N1)–(N3) は明らか．(N4) はミンコフスキーの不等式 (1.12) そのものである．さらにこのノルムから導かれた距離は

$$d(x,y) = \|x-y\|_{\ell^p} = \left(\sum_{k=1}^{\infty} |\xi_k - \eta_k|^p\right)^{1/p} = d_{\ell^p}(x,y)$$

であるから，ノルム空間 ℓ^p は距離空間として例題 2.4 の (ℓ^p, d_{ℓ^p}) と一致する．

ℓ^∞ も線形空間であり，$x = \{\xi_k\} \in \ell^\infty$ に対して

$$\|x\|_{\ell^\infty} = \sup_{k \in \mathbb{N}} |\xi_k|$$

と定義するとノルム空間である．さらにこのノルムから導かれた距離は

$$d(x,y) = \|x-y\|_{\ell^\infty} = \sup_{k \in \mathbb{N}} |\xi_k - \eta_k| = d_{\ell^\infty}(x,y)$$

であるから，ノルム空間 ℓ^∞ は距離空間として例題 2.5 の $(\ell^\infty, d_{\ell^\infty})$ と一致す

る．なお例題 2.6 から直ちに従うことだが，ある $p \geqq 1$ で $x = \{\xi_k\} \in \ell^p$ ならば，任意の $q \in [p, \infty]$ に対して $x \in \ell^q$ であり，かつ $\lim_{q \to \infty} \|x\|_{\ell^q} = \|x\|_{\ell^\infty}$ が成り立つ．この意味で，有界数列全体を ℓ^∞ という記号で表すのは自然であろう．

　ℓ^p $(1 \leqq p \leqq \infty)$ は完備であることを示す．証明の基本的な方針は $\mathbb{R}^n$ の場合と同じである．ただし，ℓ^p の場合は極限 (3.6) に相当するものが数列となり，これが ℓ^p の元になることは自明ではない．そこで極限のもう少し慎重な議論が必要になる．

定理 3.15　ノルム空間 $\ell^p = (\ell^p, \|\cdot\|_{\ell^p})$ $(1 \leqq p \leqq \infty)$ は完備，したがってバナッハ空間である．

【証明】 ℓ^∞ については問題（問題 3.11）とし，ここでは ℓ^p $(1 \leqq p < \infty)$ について証明する．

　$\{x_n\}$ を ℓ^p $(1 \leqq p < \infty)$ のコーシー列とする．$x_n = \{\xi_1^{(n)}, \xi_2^{(n)}, \ldots, \xi_k^{(n)}, \ldots\}$ $(n = 1, 2, \ldots)$ と表すと，これは

$$\|x_m - x_n\|_{\ell^p} = \left(\sum_{k=1}^{\infty} |\xi_k^{(m)} - \xi_k^{(n)}|^p \right)^{1/p} \to 0 \quad (m, n \to \infty),$$

すなわち

$$\forall \varepsilon > 0 \; \exists N \in \mathbb{N} : \forall m, n \in \mathbb{N} \left[m, n \geqq N \Longrightarrow \left(\sum_{k=1}^{\infty} |\xi_k^{(m)} - \xi_k^{(n)}|^p \right)^{1/p} < \varepsilon \right]$$

$$(3.7)$$

ということである．一般に $|a_k| \leqq (\sum |a_k|^p)^{1/p}$ だから，$m, n \geqq N$ ならば $|\xi_k^{(m)} - \xi_k^{(n)}| < \varepsilon$ $(k = 1, 2, \ldots)$ である．よって k を止めたとき，数列 $\{\xi_k^{(n)}\}_{n=1}^{\infty}$ は $\mathbb{R}$ のコーシー列である．$\mathbb{R}$ は完備だったから，各 $k = 1, 2, \ldots$ に対して $\xi_k := \lim_{n \to \infty} \xi_k^{(n)} \in \mathbb{R}$ が存在する．そこで $x := \{\xi_1, \xi_2, \ldots, \xi_k, \ldots\}$ と定義する．

　次に $x \in \ell^p$, $\|x_n - x\|_{\ell^p} \to 0$ $(n \to \infty)$ を示す．(3.7) より，

$$m, n \geqq N \implies \left(\sum_{k=1}^{K} |\xi_k^{(m)} - \xi_k^{(n)}|^p \right)^{1/p} < \varepsilon \quad (K = 1, 2, \ldots)$$

である. $m \to \infty$ とすると,

$$n \geqq N \implies \left(\sum_{k=1}^{K} |\xi_k - \xi_k^{(n)}|^p \right)^{1/p} \leqq \varepsilon \qquad (K = 1, 2, \ldots)$$

である. 左辺の和は K に関して上に有界な単調増加数列だから, $K \to \infty$ とすると収束して,

$$n \geqq N \implies \left(\sum_{k=1}^{\infty} |\xi_k - \xi_k^{(n)}|^p \right)^{1/p} \leqq \varepsilon \tag{3.8}$$

である. これより特に $x - x_N \in \ell^p$ である. したがって $x = (x - x_N) + x_N \in \ell^p$ である. そして (3.8) は $\|x - x_n\|_{\ell^p} \to 0 \ (n \to \infty)$ を意味する. ∎

➤**注意 3.16** $\mathbb{R}^n$ の元 $x = (\xi_1, \xi_2, \ldots, \xi_n)$ に対して, **p ノルム**

$$\|x\|_p = \begin{cases} \left(\sum_{k=1}^{n} |\xi_k|^p \right)^{1/p} & (1 \leqq p < \infty), \\ \max_{1 \leqq k \leqq n} |\xi_k| & (p = \infty) \end{cases}$$

を定義したノルム空間 $(\mathbb{R}^n, \|\cdot\|_p)$ $(1 \leqq p \leqq \infty)$ が完備であることが, 定理 3.14 の証明と同様にしてわかる. 通常, $\mathbb{R}^n$ のノルムは $\|\cdot\|_{\mathbb{R}^n} (= \|\cdot\|_2)$ が用いられるが, $\|\cdot\|_p$ を用いた方が便利なこともある.

例 3.4 でみたように, $C[a,b]$ は線形空間である. $x \in C[a,b]$ に対して

$$\|x\|_C = \max_{t \in [a,b]} |x(t)|$$

と定義すると, $\|\cdot\|_C$ は (N1)–(N4) を満たすことが容易にわかるのでノルムである. このノルムは x の**最大値ノルム**とよばれる. よって $C[a,b]$ はノルム空間である. また, このノルムから導かれた距離は

$$d(x, y) = \|x - y\|_C = \max_{t \in [a,b]} |x(t) - y(t)| = d_C(x, y)$$

であるから, ノルム空間 $C[a,b]$ は距離空間として例題 2.8 の $(C[a,b], d_C)$ と一致する.

さらに, 次の定理が成り立つ.

> **定理 3.17**　ノルム空間 $C[a,b] = (C[a,b], \|\cdot\|_C)$ は完備，したがってバナッハ空間である．

　証明の方針は $\mathbb{R}^n$ や ℓ^p の場合と同様である．関数列 $\{x_n\}$ において，"第 t 成分"（t における値）の数列 $\{x_n(t)\}_{n=1}^\infty \subset \mathbb{R}$ に注目し，$\mathbb{R}$ の完備性を使って極限 $x(t) \in \mathbb{R}$ を捕まえる．この x が $C[a,b]$ に属していることの確認が必要である．

【証明】　$\{x_n\}$ を $C[a,b]$ のコーシー列とする．これは，

$$\|x_m - x_n\|_C = \max_{t\in[a,b]} |x_m(t) - x_n(t)| \to 0 \qquad (m, n \to \infty),$$

すなわち

$$\forall \varepsilon > 0\ \exists N \in \mathbb{N}:\ \forall m, n \in \mathbb{N}$$
$$\left[m, n \geqq N \Longrightarrow \max_{t\in[a,b]} |x_m(t) - x_n(t)| < \varepsilon \right] \tag{3.9}$$

ということである．一般に $|f(t)| \leqq \max |f(t)|$ だから，$m, n \geqq N$ ならば

$$|x_m(t) - x_n(t)| < \varepsilon \qquad (t \in [a,b]) \tag{3.10}$$

である．よって t を止めたとき，数列 $\{x_n(t)\}_{n=1}^\infty$ は $\mathbb{R}$ のコーシー列である．$\mathbb{R}$ は完備だったから，各 $t \in [a,b]$ に対して $x(t) := \lim_{n\to\infty} x_n(t) \in \mathbb{R}$ が存在する．こうして $[a,b]$ から $\mathbb{R}$ への関数 x が得られた．

　次に $x \in C[a,b]$ かつ $\|x_n - x\|_C \to 0$ であることを示す．(3.10) において，$m \to \infty$ とすると，

$$n \geqq N \Longrightarrow |x(t) - x_n(t)| \leqq \varepsilon \quad (t \in [a,b]) \tag{3.11}$$

である．これは連続関数列 $\{x_n\}$ が $[a,b]$ 上で x に一様収束することを意味する．よって $x \in C[a,b]$ であり（例題 2.9），$\|x_n - x\|_C \to 0$ である．∎

➤**注意 3.18**　$C[a,b]$ には通常，ノルムとして最大値ノルム $\|\cdot\|_C$ を採用する．一般に別のノルム，例えば $\|x\| = \int_a^b |x(t)|\,dt$ などを採用した空間 $L^1 C[a,b]$ が完備にならないことは，2.3.4 項ですでにみたとおりである．

➤**注意 3.19** 定理 3.17 では，$C[a,b]$ の関数の終集合である $\mathbb{R}$ の完備性を利用して極限関数を構成した（他の空間でも同様であった）．この考え方は次のように一般化される．区間 $[a,b]$ からノルム空間 X への連続な（ベクトル値）関数全体の集合を $C([a,b];X)$ と表す [*16]．任意の $x \in C([a,b];X)$ に対して，$\|x\| = \max\limits_{t \in [a,b]} \|x(t)\|_X$ と定義するとこれはノルムになり，$C([a,b];X)$ はノルム空間となる．特に X が完備であれば $C([a,b];X)$ も完備となりバナッハ空間になることが，定理 3.17 とまったく同様に証明できる．このようなベクトル値関数の空間は，偏微分方程式を関数解析的に扱う際によく用いられる [*17]．

有界閉区間 $[a,b]$ 上で連続微分可能な関数全体の集合を $C^1[a,b]$ で表す．$C^1[a,b]$ は $C[a,b]$ の部分空間であるが閉部分空間ではない（問題 3.12）．したがって例題 2.28 により，ノルム $\|\cdot\|_C$ に関しては完備ではない．そこで $C^1[a,b]$ のノルムとして，導関数の情報まで組み込んだ

$$\|x\|_{C^1} = \|x\|_C + \|x'\|_C \qquad (x \in C^1[a,b]) \tag{3.12}$$

を採用する．このようにノルムを定義すると，例えば $\|x_n - x\|_{C^1} \to 0$ のときは，$\|x_n - x\|_C \to 0$, $\|x_n' - x'\|_C \to 0$ となって $\{x_n\}$ が x に一様収束するだけでなく $\{x_n'\}$ も x' に一様収束する．その意味で，$C^1[a,b]$ における収束は $C[a,b]$ における収束よりも "強い" といえる．

このとき，次が成り立つ．例題の形で述べておこう．

例題 3.20 ノルム空間 $C^1[a,b] = (C^1[a,b], \|\cdot\|_{C^1})$ は完備，したがってバナッハ空間であることを証明せよ．

[**解**] $\{x_n\}$ を $C^1[a,b]$ のコーシー列とする．このとき，

$$\|x_m - x_n\|_{C^1} = \|x_m - x_n\|_C + \|x_m' - x_n'\|_C \to 0 \qquad (m, n \to \infty),$$

すなわち，$\|x_m - x_n\|_C$, $\|x_m' - x_n'\|_C \to 0$ である．よって，$\{x_n\}, \{x_n'\}$ は

[*16] $[a,b]$ からノルム空間 X への（ベクトル値）関数 x が連続であるとは，任意の $t_0 \in [a,b]$ に対して，$|t - t_0| \to 0$ ならば $\|x(t) - x(t_0)\|_X \to 0$ であることをいう．特に，$C([a,b];\mathbb{R}) = C[a,b]$ である．

[*17] 例えば，参考文献 [7] の第 7 章，[13] の第 VII 章を参照のこと．

$C[a,b]$ のコーシー列である．定理 3.17 より $C[a,b]$ は完備であるから，$x := \lim_{n\to\infty} x_n$，$y := \lim_{n\to\infty} x_n'$ が存在する [*18]．

次に $x \in C^1[a,b]$ かつ $\|x_n - x\|_{C^1} \to 0$ であることを示す．連続微分可能な関数の列 $\{x_n\}$ が x に（一様）収束し，$\{x_n'\}$ は y に一様収束するから，x も連続微分可能であり $x' = y$ である（例題 2.10）．よって，$x \in C^1[a,b]$ であり，

$$\|x_n - x\|_{C^1} = \|x_n - x\|_C + \|x_n' - x'\|_C = \|x_n - x\|_C + \|x_n' - y\|_C \to 0$$

が示せた．　　　　　　　　　　　　　　　　　　　　　　　　　　　　□

➤**注意 3.21**　ノルム空間 X の部分空間 M に定義されるノルムは必ずしも X のノルムだけではない．例題 3.20 のように，それが完備になるように新たに M のノルム $\|\cdot\|_M$ を定義し，ノルム空間 $M = (M, \|\cdot\|_M)$ を考える場合もある．ただし特に断りのない限りは，ノルム空間 X の部分空間 M というときは，M には X のノルムが定義されているものとする．

$C^1[a,b]$ と同様に，有界閉区間 $[a,b]$ 上で m 回連続微分可能な関数全体の集合を $C^m[a,b]$ で表す．$C^m[a,b]$ のノルムとして，

$$\|x\|_{C^m} = \sum_{k=0}^m \|x^{(k)}\|_C \qquad (x \in C^m[a,b])$$

を採用する．ただし，$x^{(0)} := x$ とし，$C^0[a,b] := C[a,b]$ とする．このとき，$C^m[a,b] = (C^m[a,b], \|\cdot\|_{C^m})$ $(m = 0, 1, 2, \ldots)$ はバナッハ空間である．証明は問題としておこう（問題 3.13）．特に断りのない限り，$C^m[a,b]$ をノルム空間とみるときは $(C^m[a,b], \|\cdot\|_{C^m})$ のこととする．

3.4　次元とコンパクト性

3.4.1 — 級　　数

X をノルム空間とする．ノルム空間は線形空間であるので，$x_k \in X$ $(k = 1, 2, \ldots, n)$ に対してその和 $s_n = \sum_{k=1}^n x_k = x_1 + x_2 + \cdots + x_n$ を考えられる．

[*18] この時点ではまだ $y = x'$ とはいえないことに注意せよ．

このとき，$\{s_n\}$ は X の点列である．さらに X はそのノルムから導かれる距離に関して距離空間であるので，$\{s_n\}$ の極限 $\lim_{n\to\infty} s_n$ を考えることができる．これがある $s \in X$ に収束するとき，$\sum_{k=1}^{\infty} x_k$ は**収束**する[19]といい，$\sum_{k=1}^{\infty} x_k = s$ と表す．すなわち，ノルム空間 X において，$\sum_{k=1}^{\infty} x_k$ とは $\lim_{n\to\infty} \left\| \sum_{k=1}^{n} x_k - s \right\|_X = 0$ となる $s \in X$ のことである．

➤**注意 3.22** $\sum_{k=1}^{\infty} x_k$ が収束するならば $\lim_{n\to\infty} x_n = 0$ である．実際，$x_n = s_n - s_{n-1} \to s - s = 0 \ (n \to \infty)$ だからである．

　もし $\{x_k\} \subset X$ に対して，実数列 $\{\|x_k\|\}$ の無限級数 $\sum_{k=1}^{\infty} \|x_k\|$ が収束するならば，$\sum_{k=1}^{\infty} x_k$ は**絶対収束**するという．次の例題でみるように，X が完備ならば絶対収束する級数は収束する．$\sum_{k=1}^{\infty} \|x_k\|$ は正項級数なので，その収束を調べるには正項級数に関する数々の収束判定法を利用できる[20]．

> **例題 3.23** ノルム空間 X の級数について，次のことを証明せよ．
> (1) X が完備，すなわちバナッハ空間ならば，絶対収束する級数は収束する．
> (2) 絶対収束する任意の級数が収束するならば，X は完備，したがってバナッハ空間である．

[**解**] (1) X の絶対収束する級数を $\sum_{k=1}^{\infty} x_k$ とし，$\sum_{k=1}^{\infty} \|x_k\| = S$ としよう．

第 n 部分和を $s_n = \sum_{k=1}^{n} x_k$ とし，これが収束することを示せばよい．$m > n$ のとき，

---

[19] 点列 $\{x_n\}$ に対しては「$\lim_{n\to\infty} x_n$ は収束する」とはいわず「$\{x_n\}$ は収束する」というが，級数のときは「$\sum_{k=1}^{\infty} x_k$ は収束する」ともいうし「$\{s_n\}$ は収束する」ともいう．

[20] 例えばダランベールの収束判定法やコーシーの収束判定法など．例えば参考文献 [22] の第 V 章 §2 や [23] の 2.3.3 項を参照のこと．

$$\|s_m - s_n\| = \left\| \sum_{k=n+1}^{m} x_k \right\| \leqq \sum_{k=n+1}^{m} \|x_k\|$$

$$= \sum_{k=1}^{m} \|x_k\| - \sum_{k=1}^{n} \|x_k\| \to S - S = 0 \qquad (n \to \infty)$$

だから，$\{s_n\}$ は X のコーシー列である（厳密には定理 1.3 の証明のように行う）．X は完備だから，$\{s_n\}$ は収束列である．

(2) $\{x_n\}$ を X のコーシー列とする．$\varepsilon = 1/2$ に対して，ある $n_1 \in \mathbb{N}$ が存在し

$$m, n \geqq n_1 \implies \|x_m - x_n\| < \frac{1}{2}$$

である．特に $n = n_1$ とすれば

$$m \geqq n_1 \implies \|x_m - x_{n_1}\| < \frac{1}{2}$$

である．次に $\varepsilon = 1/2^2$ に対し，$n_2 \in \mathbb{N}$ を，$n_2 > n_1$ かつ

$$m, n \geqq n_2 \implies \|x_m - x_n\| < \frac{1}{2^2}$$

となるように選ぶ．$n = n_2$ とすれば

$$m \geqq n_2 \implies \|x_m - x_{n_2}\| < \frac{1}{2^2}$$

である．これを続けて，$n_1 < n_2 < \cdots < n_k < \cdots$ かつ

$$m \geqq n_k \implies \|x_m - x_{n_k}\| < \frac{1}{2^k} \qquad (k = 1, 2, 3, \ldots) \qquad (3.13)$$

となる自然数列 $\{n_k\}$ を選ぶ．特に $m = n_{k+1} \ (> n_k)$ とすると次の不等式を得る：

$$\|x_{n_{k+1}} - x_{n_k}\| < \frac{1}{2^k} \qquad (k = 1, 2, \ldots). \qquad (3.14)$$

こうして選んだ部分列 $\{x_{n_k}\} \subset \{x_n\}$ は $k \to \infty$ のとき収束する．実際，

$$x_{n_k} = x_{n_1} + \sum_{j=1}^{k-1} (x_{n_{j+1}} - x_{n_j}) \qquad (k = 2, 3, \ldots)$$

と表したとき，右辺の級数は (3.14) より

$$\|x_{n_1}\| + \sum_{j=1}^{\infty} \|x_{n_{j+1}} - x_{n_j}\| \le \|x_{n_1}\| + \sum_{j=1}^{\infty} \frac{1}{2^j} = \|x_{n_1}\| + 1$$

を満たし絶対収束するので, 仮定により収束するからである. そこで $\lim_{k \to \infty} x_{n_k} = x$ とすれば, (3.13) より, $m \ge n_k$ のとき

$$\|x_m - x\| \le \|x_m - x_{n_k}\| + \|x_{n_k} - x\| < \frac{1}{2^k} + \|x_{n_k} - x\|$$

である. よって, 各 $k \in \mathbb{N}$ に対して, 両辺の m に関する上極限をとると [*21],

$$\limsup_{m \to \infty} \|x_m - x\| \le \frac{1}{2^k} + \|x_{n_k} - x\|$$

である. さらに $k \to \infty$ とすれば右辺は 0 に収束するので, $\lim_{m \to \infty} \|x_m - x\| = 0$ を得る [*22]. したがって, $\{x_n\}$ は x に収束する. $\qquad\square$

➤注意 3.24 $\mathbb{R}$ や $\mathbb{C}$ は完備であるから, 例題 3.23 の (1) によって, $\mathbb{R}$ や $\mathbb{C}$ の絶対収束する級数は収束する. これはすでに定理 1.3 で示した性質である.

■3.4.2 — ノルム空間の基底

例題 3.11 において, n 次元線形空間にはちょうど n 個の一次独立な元 (基底) が存在し, 任意のベクトルはその一次結合で一意的に表されることをみた. これと同様に, (無限次元の) ノルム空間は線形演算と距離が定義されているので, 任意の点を一次結合の極限 [*23] で表せるかどうかの議論が可能である. ノルム空間 X の点列 $\{e_n\}_{n=1}^{\infty} \subset X$ が**シャウダー基底**, または単に**基底**であるとは, 任意の $x \in X$ に対して, ある $\{\alpha_n\}_{n=1}^{\infty} \subset \mathbb{K}$ ($\mathbb{K}$ は X の係数体) が一意に存在し, $x = \sum_{k=1}^{\infty} \alpha_k e_k$ と表せること, すなわち, $\left\| x - \sum_{k=1}^{n} \alpha_k e_k \right\|_X \to 0 \ (n \to \infty)$ であることをいう.

[*21] 極限ではなく上極限をとったのは, この時点では左辺の極限が存在するかが不明だからである.

[*22] $0 \le \liminf_{m \to \infty} \|x_m - x\| \le \limsup_{m \to \infty} \|x_m - x\| = 0$ となるので, $\lim_{m \to \infty} \|x_m - x\|$ が存在して 0 である.

[*23] "一次結合" は有限個のベクトルに対する用語であった (3.1.4 項). (ノルム空間ではない) 線形空間では無限個のベクトルの和 (級数) を考えることができなかったのである.

> **例題 3.25** 数列空間 ℓ^p $(1 \leqq p < \infty)$ はシャウダー基底をもつことを証明せよ.

[**解**]　$e_n = \{0, \ldots, 0, 1, 0, \ldots\}$ (第 n 項は 1 で他は 0) とすると, $e_n \in \ell^p$ $(n = 1, 2, \ldots)$ である. $\{e_n\}$ は ℓ^p のシャウダー基底であることを示す.

任意の $x = \{\xi_k\} \in \ell^p$ に対して, $\sum_{k=1}^{n} \xi_k e_k = \{\xi_1, \xi_2, \ldots, \xi_n, 0, 0, \ldots\}$ だから,

$$\left\| x - \sum_{k=1}^{n} \xi_k e_k \right\|_{\ell^p}^p = \|\{0, 0, \ldots, 0, \xi_{n+1}, \xi_{n+2}, \ldots\}\|_{\ell^p}^p$$

$$= \sum_{k=n+1}^{\infty} |\xi_k|^p = \|x\|_{\ell^p}^p - \sum_{k=1}^{n} |\xi_k|^p \to 0 \quad (n \to \infty)$$

である. よって, $x = \sum_{k=1}^{\infty} \xi_k e_k$ である.

次に一意性を示す. もし, ある $\{\alpha_n\}$ を用いて $x = \sum_{k=1}^{\infty} \xi_k e_k = \sum_{k=1}^{\infty} \alpha_k e_k$ と表せたとすると, $0 = \sum_{k=1}^{\infty} (\xi_k - \alpha_k) e_k$, すなわち, $\{0, 0, \ldots\} = \{\xi_1 - \alpha_1, \xi_2 - \alpha_2, \ldots\}$ となるので, $\xi_k = \alpha_k$ $(k = 1, 2, \ldots)$ である. □

係数体 $\mathbb{K}$ ($\mathbb{R}$ または $\mathbb{C}$) は可分であるから, シャウダー基底をもつノルム空間は可分である (問題 3.16). よって例題 3.25 より, ℓ^p $(1 \leqq p < \infty)$ は可分である. また, ℓ^∞ は可分ではない (問題 2.10) のでシャウダー基底をもたない. しかし逆に, 可分なノルム空間がシャウダー基底をもつとは限らない. 実際, 可分なノルム空間でシャウダー基底をもたないものが, 1973 年にエンフロによって構成されている.

■3.4.3 ── 有限次元空間の位相

次の補題は, 小さいベクトルを一次独立なベクトルの一次結合で表すと, それらの係数もある程度小さくなることを意味する. 本項と次項で重要である.

> **補題 3.26** X をノルム空間とし, $x_1, x_2, \ldots, x_n$ を X の一次独立なベクトルとする. このとき, ある $c > 0$ が存在して, 任意のスカラー $\alpha_1, \alpha_2, \ldots, \alpha_n$

に対して,

$$\left\| \sum_{k=1}^{n} \alpha_k x_k \right\| \geqq c \sum_{k=1}^{n} |\alpha_k|$$

が成り立つ.

【証明】 $\alpha = \sum_{k=1}^{n} |\alpha_k|$ とする. $\alpha = 0$ のときは,示すべき不等式は右辺が 0 であるから(任意の実数 c に対して)成り立つ. よって $\alpha > 0$ の場合を考えればよい. このとき,$\beta_k = \alpha_k/\alpha \ (k = 1, 2, \ldots, n)$ とおくと,示すべき不等式は

$$\left\| \sum_{k=1}^{n} \beta_k x_k \right\| \geqq c \tag{3.15}$$

と表せる. ここで,$\beta_k \ (k = 1, 2, \ldots, n)$ は $\sum_{k=1}^{n} |\beta_k| = 1$ を満たす任意のスカラーである.

そこで,ある $c > 0$ が存在し,$\sum_{k=1}^{n} |\beta_k| = 1$ を満たす任意の $\{\beta_k\}_{k=1}^{n}$ に対して (3.15) が成り立つことを背理法で示す. これを否定したとき,任意の $m \in \mathbb{N}$ に対して,ある $\beta_1^{(m)}, \beta_2^{(m)}, \ldots, \beta_n^{(m)}$ が存在し,$y_m = \sum_{k=1}^{n} \beta_k^{(m)} x_k$ が

$$\|y_m\| < \frac{1}{m}, \qquad \sum_{k=1}^{n} |\beta_k^{(m)}| = 1 \tag{3.16}$$

を満たす. (3.16) の第 2 式より,各 $k = 1, 2, \ldots, n$ に対して,$|\beta_k^{(m)}| \leqq 1 \ (m = 1, 2, \ldots)$ であるから数列 $\{\beta_k^{(m)}\}_{m=1}^{\infty}$ は有界である. よって,ボルツァノ・ワイエルシュトラスの定理(定理 2.19)により,x_1 の係数の列 $\{\beta_1^{(m)}\}$ の収束部分列が存在する. その極限を β_1 とし,その収束部分列に対応した $\{y_m\}$ の部分列を $\{y_{1,m}\}$ とする. 同様にして,$\{y_{1,m}\}$ の x_2 の係数の列($\{\beta_2^{(m)}\}$ の部分列)の収束部分列が存在する. その極限を β_2 とし,その収束部分列に対応した $\{y_{1,m}\}$ の部分列を $\{y_{2,m}\}$ とする. これを n まで繰り返すと,$\{y_m\}$ の部分列 $\{y_{n,m}\}_{m=1}^{\infty}$ で

$$y_{n,m} = \sum_{k=1}^{n} \gamma_k^{(m)} x_k, \qquad \sum_{k=1}^{n} |\gamma_k^{(m)}| = 1 \tag{3.17}$$

を満たし，かつ $\gamma_k^{(m)} \to \beta_k$ $(k=1,2,\ldots,n)$ であるものが取り出せる．また，(3.16) の第 1 式より $\|y_{n,m}\| < 1/m$ だから $y_{n,m} \to 0$ $(m \to \infty)$ である．よって，(3.17) において $m \to \infty$ とすると，

$$0 = \sum_{k=1}^{n} \beta_k x_k, \qquad \sum_{k=1}^{n} |\beta_k| = 1$$

である．$x_1, x_2, \ldots, x_n$ は一次独立だから第 1 式より $\beta_k = 0$ $(k=1,2,\ldots,n)$ となるが，これは第 2 式に矛盾する． ∎

定理 3.27 X をノルム空間とする．このとき，X の有限次元部分空間 X_0 は完備である．特に，X が有限次元であるならば X は完備である．

【証明】 $\{x_n\}$ を X_0 のコーシー列とする．X_0 は有限次元であるから，その次元を d とすると，基底 $e_1, e_2, \ldots, e_d$ がとれる．このとき，$x_n = \sum_{k=1}^{d} \alpha_k^{(n)} e_k$ と表せる．$\{x_n\}$ はコーシー列だから，補題 3.26 から，

$$0 \leftarrow \|x_m - x_n\| = \left\| \sum_{k=1}^{d} (\alpha_k^{(m)} - \alpha_k^{(n)}) e_k \right\| \geq c \sum_{k=1}^{d} |\alpha_k^{(m)} - \alpha_k^{(n)}| \quad (m,n \to \infty)$$

である．よって，各 $k=1,2,\ldots,d$ に対して，$|\alpha_k^{(m)} - \alpha_k^{(n)}| \to 0$ $(m,n \to \infty)$ である．これは各 $k=1,2,\ldots,d$ に対して，数列 $\{\alpha_k^{(n)}\}_{n=1}^{\infty}$ がコーシー列であることを意味する．ゆえに，あるスカラー α_k が存在し $\alpha_k^{(n)} \to \alpha_k$ $(n \to \infty)$ である．そこで，$x = \sum_{k=1}^{d} \alpha_k e_k$ とおく．このとき，明らかに $x \in X_0$ である．また，

$$\|x_n - x\| = \left\| \sum_{k=1}^{d} (\alpha_k^{(n)} - \alpha_k) e_k \right\| \leq \sum_{k=1}^{d} |\alpha_k^{(n)} - \alpha_k| \|e_k\| \to 0 \quad (n \to \infty)$$

であるから，$\lim_{n \to \infty} \|x_n - x\| = 0$ である． ∎

線形空間 X に二つのノルム $\|\cdot\|_1, \|\cdot\|_2$ を定義したノルム空間をそれぞれ

X_1, X_2 とする．これらは集合としては同じだがノルム空間としては異なるものである．いま，ある正の定数 a が存在して，この二つのノルムの間に

$$a\|x\|_2 \leqq \|x\|_1 \qquad (x \in X) \tag{3.18}$$

という大小関係が成り立つとしよう．このとき，X_1 で $x_n \to x_0$ ならば，

$$a\|x_n - x_0\|_2 \leqq \|x_n - x_0\|_1 \to 0 \qquad (n \to \infty)$$

であるから X_2 でも $x_n \to x_0$ である．また，A を X_2 の開集合とすると，A は X_1 の開集合でもある．実際，(3.18) より $B_{X_1}(x_0, a\varepsilon/2) \subset B_{X_2}(x_0, \varepsilon)$ なので，X_2 における A の内点は X_1 における A の内点にもなるからである．したがって，(3.18) が成り立つとき，X_1 は X_2 よりも多くの開集合を有しているといえる．このことを一般に，X_1 は X_2 よりも**位相が強い**，または X_2 は X_1 よりも**位相が弱い**という．例えば，開集合が少ないほど，裏を返せばコンパクト集合が多いといえるので，同じ集合でも位相が弱い空間で考えた方がコンパクトになりやすい*24．また X, Y をノルム空間とし，写像 $T : X \to Y$ の連続性を考えるとき，X の位相が強いほど，そして Y の位相が弱いほど T は連続になりやすい．これは連続の定義（と問題 2.12）を考えればわかるであろう．

　では，二つのノルムが**同値**，すなわち，ある正の定数 a, b が存在して，この二つのノルムの間に

$$a\|x\|_2 \leqq \|x\|_1 \leqq b\|x\|_2 \qquad (x \in X)$$

という関係が成り立っているときはどうであろうか*25．このときは X_1, X_2 の位相の強弱は同程度といえる．実際に例えば，X_1 で $x_n \to x_0$ であることと，X_2 で $x_n \to x_0$ であることは同値である．また，A が X_1 の開集合であることと，A が X_2 の開集合であることは同値である．これは，X_2 の $\varepsilon/(2b)$ 近傍は X_1 の ε 近傍に含まれ，X_1 の $a\varepsilon/2$ 近傍は X_2 の ε 近傍に含まれるので，ある

---

*24 のちに学ぶように，ヒルベルト空間の有界点列は強収束するとは限らないが弱収束する部分列を含む（定理 5.48）のはその一例である．

*25 この関係は一見，$\|\cdot\|_1$ が $\|\cdot\|_2$ に支配されているようにみえるかもしれないが，変形すると $c\|x\|_1 \leqq \|x\|_2 \leqq d\|x\|_1$ $(c = 1/b,\ d = 1/a)$ とも表せる．よって二つのノルムに主従関係はなく対等である．

点が X_1 における A の内点であることと X_2 における A の内点であることが同値だからである.

次の定理は, 有限次元の線形空間のノルムはどの二つも同値, したがって, 本質的に一つしかないことを主張する.

定理 3.28 線形空間 X が有限次元ならば, X の任意の二つのノルムは同値である.

【証明】 X の任意の二つのノルムを $\|\cdot\|_1, \|\cdot\|_2$ とする. 任意の $x \in X$ をとる. X は有限次元であるから, 次元を d として基底 $e_1, e_2, \ldots, e_d$ をとれ, $x = \sum_{k=1}^{d} \alpha_k e_k$ と表せる. 補題 3.26 より, ある $c_2 > 0$ が存在して, $\|x\|_2 \geqq c_2 \sum_{k=1}^{d} |\alpha_k|$ が成り立つ. 一方,

$$\|x\|_1 \leqq \sum_{k=1}^{d} |\alpha_k| \|e_k\|_1 \leqq m_1 \sum_{k=1}^{d} |\alpha_k| \qquad (m_1 = \max_{1 \leqq k \leqq d} \|e_k\|_1)$$

が成り立つ. よって, $\|x\|_1 \leqq \dfrac{m_1}{c_2} \|x\|_2$ である. 同様にして, ある $c_1 > 0$ と $m_2 = \max\limits_{1 \leqq k \leqq d} \|e_k\|_2$ が存在して, $\|x\|_2 \leqq \dfrac{m_2}{c_1} \|x\|_1$ が示せる. したがって,

$$\frac{c_1}{m_2} \|x\|_2 \leqq \|x\|_1 \leqq \frac{m_1}{c_2} \|x\|_2$$

が得られる. ∎

この定理によって, 有限次元の線形空間においては, 点列の収束や発散を議論する際にそのノルムを自由に選んでよいことがわかる. 例えば $\mathbb{R}^n$ においては $\|\cdot\|_{\mathbb{R}^n}$ の代わりに, 注意 3.16 で述べた $\|\cdot\|_p$ を用いた方が議論しやすいことがある.

■3.4.4 — 有限次元性とコンパクト性

距離空間においては, コンパクト集合は有界閉集合である (例題 2.17). $\mathbb{R}^n$ においてはこの逆も成り立つのであった. すなわち $\mathbb{R}^n$ の有界閉集合はコンパクトである (問題 2.13). しかし一般の距離空間において, 有界閉集合は必ずし

もコンパクトではないのであった（例 2.20，例 2.21）.

　このことは一般の距離空間ではなくノルム空間に限定すれば，次元によって明確に整理できる [*26]．まずノルム空間が有限次元の場合は，$\mathbb{R}^n$ でみたように集合がコンパクトであることと有界閉集合であることは同値になる．

> **定理 3.29**　X を有限次元のノルム空間とする．このとき，X の部分集合 M がコンパクトであるためには，M が有界閉集合であることが必要十分である．

【証明】　コンパクト集合が有界閉集合であることは例題 2.17 で示したので，ここでは逆を示す．

　M を有限次元ノルム空間 X の有界閉集合であるとする．X の次元を d とし，基底を $e_1, e_2, \ldots, e_d$ とする．M の任意の点列 $\{x_n\}$ をとる．このとき，各 $x_n \ (n = 1, 2, \ldots)$ は $x_n = \sum_{k=1}^{d} \alpha_k^{(n)} e_k$ と表せる．M は有界だから，ある定数 $C > 0$ が存在して $\|x_n\| \leqq C \ (n = 1, 2, \ldots)$ である．さらに補題 3.26 により，ある定数 $c > 0$ が存在して

$$C \geqq \|x_n\| = \left\| \sum_{k=1}^{d} \alpha_k^{(n)} e_k \right\| \geqq c \sum_{k=1}^{d} |\alpha_k^{(n)}|$$

である．よって，各 $k = 1, 2, \ldots, d$ に対して数列 $\{\alpha_k^{(n)}\}_{n=1}^{\infty}$ は有界である．ここで補題 3.26 の証明と同様にして，ボルツァノ・ワイエルシュトラスの定理（定理 2.19）により，$\{x_n\}$ の部分列 $\{x_{d,n}\}_{n=1}^{\infty}$ で

$$x_{d,n} = \sum_{k=1}^{d} \gamma_k^{(n)} x_k, \qquad \gamma_k^{(n)} \to \gamma_k \quad (k = 1, 2, \ldots, d) \tag{3.19}$$

を満たすものが取り出せる．この $\{x_{d,n}\}_{n=1}^{\infty}$ は $n \to \infty$ のとき $x = \sum_{k=1}^{d} \gamma_k x_k$ に収束する．M は閉集合だったから $x \in M$ である．M の任意の点列 $\{x_n\}$ が M の元 x に収束する部分列 $\{x_{d,n}\}_{n=1}^{\infty}$ をもつので，M はコンパクトである．　∎

　定理 3.29 で，ボルツァノ・ワイエルシュトラスの定理（定理 2.19）に対応す

[*26] ノルム空間では距離だけでなく，線形演算や次元を考えることができる．

る部分を系としておく.

> **系 3.30**　X を有限次元のノルム空間とする. このとき, X の有界な点列は, X で収束する部分列を含む.

　さて定理 3.29 によって, ノルム空間が有限次元ならば, 任意の有界閉集合はコンパクトであることがわかった. 実はこの逆が成り立つ. すなわち, 任意の有界閉集合がコンパクトであるようなノルム空間は, 有限次元なのである. これを証明するために, まず F. リース[*27] による次の定理を準備する.

> **定理 3.31（リースの補題）**　X をノルム空間とし, M を X の閉部分空間で $M \neq X$ となるものとする. このとき, 任意の $\theta \in (0, 1)$ に対して, ある $x_\theta \in X \setminus M$ が存在し,
>
> $$\|x_\theta\| = 1, \qquad \|x_\theta - y\| \geqq \theta \quad (y \in M)$$
>
> が成り立つ.

$X = \mathbb{R}^2$ の場合の定理のイメージは図 3.3 のようである.

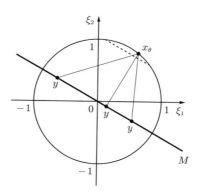

図 3.3　リースの補題のイメージ（$X = \mathbb{R}^2$ の場合）

【証明】　$X \setminus M \neq \emptyset$ であるから, ある $x_0 \in X \setminus M$ が存在する. この x_0 と M と

[*27] Frigyes Riesz（1880–1956）. 弟の Marcel Riesz（1886–1969）も数学者.

の距離を $d = \inf\limits_{y \in M} \|x_0 - y\|$ で表す. $d = 0$ とすると, $\|x_0 - y_n\| \to 0 \ (n \to \infty)$ となる $\{y_n\} \subset M$ が存在し, M が閉集合であることから $x_0 \in M$ となって $x_0 \in X \setminus M$ に反するから, $d > 0$ である.

任意の $\theta \in (0,1)$ をとる. d の定義から,

$$d \leqq \|x_0 - y_0\| \leqq \frac{d}{\theta} \tag{3.20}$$

を満たす $y_0 \in M$ が存在する. $d > 0$ だから $\|x_0 - y_0\| > 0$ なので,

$$x_\theta = c(x_0 - y_0), \qquad c = \frac{1}{\|x_0 - y_0\|}$$

という x_θ を考えられる. $\|x_\theta\| = 1$ は明らか. 次に, 任意の $y \in M$ をとる. このとき, $\|x_\theta - y\| = \|c(x_0 - y_0) - y\| = c\|x_0 - y_1\|$ である. ただし, $y_1 = y_0 + c^{-1}y \in M$ である. よって, 再び d の定義と (3.20) から,

$$\|x_\theta - y\| \geqq cd = \frac{d}{\|x_0 - y_0\|} \geqq \theta$$

を得る. これが任意の $y \in M$ に対して成り立つから, $x_\theta \in X \setminus M$ である. ∎

定理 3.32 X をノルム空間とする. X の単位球面 $\{x \in X \mid \|x\| = 1\}$ がコンパクトであるならば, X は有限次元である.

【証明】 X が無限次元であるとする. このとき, 0 でない $x \in X$ が存在するので $x_1 = x/\|x\|$ とおく. $\|x_1\| = 1$ であり, x_1 によって張られる X の部分空間を X_1 とする. X_1 は X の 1 次元の閉部分空間であり, X は無限次元だから $X_1 \neq X$ である. よって, リースの補題 (定理 3.31) から, ある $x_2 \in X \setminus X_1$ が存在して

$$\|x_2\| = 1, \qquad \|x_2 - x_1\| \geqq \frac{1}{2}$$

が成り立つ. 次に, x_1, x_2 によって張られる X の部分空間を X_2 とする. X_2 は X の 2 次元の閉部分空間であり, $X_2 \neq X$ である. よって, 再びリースの補題から, ある $x_3 \in X \setminus X_2$ が存在して

$$\|x_3\| = 1, \qquad \|x_3 - x_1\| \geqq \frac{1}{2}, \qquad \|x_3 - x_2\| \geqq \frac{1}{2}$$

が成り立つ. これを続けて, X の点列 $\{x_n\}$ で

$$\|x_n\| = 1, \tag{3.21}$$

$$\|x_m - x_n\| \geqq \frac{1}{2} \qquad (m \neq n) \tag{3.22}$$

を満たすものをつくれる [*28].

　さて, (3.21) より $\{x_n\}$ は単位球面 $\{x \in X \mid \|x\| = 1\}$ の点列である. いま, X の単位球面はコンパクトであるから, $\{x_n\}$ から収束部分列を抜き出せる. しかし, 収束列ならばコーシー列であるが, それは (3.22) と矛盾する. 以上により X は有限次元である. ∎

　定理 3.32 の対偶「ノルム空間 X が無限次元ならば, X の単位球面はコンパクトではない」の実例が例 2.20 で与えられている.

章末問題 3

3.1　線形空間 X において, $0x = 0_X$ であることを証明せよ.

3.2　線形空間 X において, $(-1)x = -x$ を証明せよ.

3.3　例 3.9 の x, y について, $x, y \in N$ かつ $x + y \notin N$ であることを証明せよ.

3.4　(3.1) と (3.2) が同値であることを証明せよ.

3.5　X を線形空間とし, M を X の空でない部分集合とする. このとき, $\mathrm{span}\, M$ は X の部分空間になることを証明せよ.

3.6　$C[a, b]$ は無限次元であることを証明せよ.

3.7　$x = (\xi_1, \xi_2) \in \mathbb{R}^2$ に対して $\|x\| = (\sqrt{|\xi_1|} + \sqrt{|\xi_2|})^2$ と定義すると, $\|\cdot\|$ は $\mathbb{R}^2$ のノルムではないことを証明せよ.

[*28] $x_1, x_2, \ldots, x_{n-1} \in X_{n-1}$, $x_n \in X_n \setminus X_{n-1}$, $X_1 \subsetneqq X_2 \subsetneqq \cdots \subsetneqq X_n \subsetneqq X$ $(n = 2, 3, \ldots)$ である.

3.8 X をノルム空間とし，$\{x_n\} \subset X$ とする．$\{x_n\}$ の任意の部分列が同一の極限 $x_0 \in X$ に収束する部分列を含むならば，$\{x_n\}$ 自身も x_0 に収束することを証明せよ．

3.9 $\{x_n\}$ がノルム空間 X のコーシー列であるとき，$\{\|x_n\|\}$ は $\mathbb{R}$ の収束列であることを証明せよ．

3.10 ノルム空間の閉集合ではない部分空間の例を挙げよ．

3.11 $\ell^\infty = (\ell^\infty, \|\cdot\|_{\ell^\infty})$ は完備，したがってバナッハ空間であることを証明せよ．

3.12 $C[a,b]$ の部分空間 $C^1[a,b]$ は閉部分空間ではないことを証明せよ．

3.13 ノルム空間 $C^m[a,b] = (C^m[a,b], \|\cdot\|_{C^m})$ は完備，したがってバナッハ空間であることを証明せよ．

3.14 ノルム空間 X の点列 $\{x_n\}$ について，$\displaystyle\lim_{n\to\infty} x_n = x_0$ ならば $\displaystyle\lim_{n\to\infty} \frac{1}{n} \sum_{k=1}^{n} x_k = x_0$ であることを証明せよ．

3.15 ノルム空間 X が完備でないときは，絶対収束する級数が収束するとは限らない．反例を挙げよ．

3.16 シャウダー基底をもつノルム空間 X は可分であることを証明せよ．

3.17 注意 3.16 で定義したノルム $\|\cdot\|_p$ について，$\|\cdot\|_1$ と $\|\cdot\|_2$ は同値であることを定理 3.28 によらず直接証明せよ．

3.18 $C^1[a,b] = (C^1[a,b], \|\cdot\|_{C^1})$ の有界な点列は，$C[a,b]$ で収束する部分列を含むことを証明せよ．

3.19 リースの補題（定理 3.31）において，M にさらに $\dim M < \infty$ を仮定すると，$\theta = 1$ に対しても x_θ が存在することを証明せよ．

4 CHAPTER

線形作用素と線形汎関数

【この章の目標】

　二つのノルム空間 X, Y の間の写像を考えるとき，特に重要なのは X, Y の線形演算を保存する "線形作用素" である．線形作用素は有界性（有界集合を有界集合に写す）と連続性（近い2点を近い2点に写す）とが同値になるという著しい性質をもつ．さらに，有界（または連続）な線形作用素 T に対して，ノルムの比 $\dfrac{\|Tx\|_Y}{\|x\|_X}$ に注目して T のノルムを定義すると，そのような T 全体の集合はノルム空間を形成する．特に有界な線形汎関数全体の集合は共役空間とよばれ，バナッハ空間を形成する．

4.1 線形作用素

■ 4.1.1 —— 線形作用素の定義

　X, Y を線形空間とする．X の部分集合 D の各元 x に対して，Y のある元 Tx を対応させる写像 T を D から Y への**作用素**といい [*1]，$T : D \to Y$ で表す．D を T の**定義域**といい $D(T)$ で表し [*2]，集合 $\{Tx \mid x \in D(T)\}\ (\subset Y)$ を T の**値域**といい $R(T)$ で表す．

　二つの作用素 T_1, T_2 が**等しい**とは，$D(T_1) = D(T_2)$ であって，かつ $T_1 x = T_2 x\ (x \in D(T_1) = D(T_2))$ であることをいう．特に，定義域が異なる二つの作用素は別のものとみなす．

　線形空間（の部分集合）から線形空間への作用素のうち特に重要なのは，そ

[*1] 誤解の恐れがない限り，$T(x)$ とは書かず Tx と書く．また D が X の部分集合であることを強調して「$D \subset X$ から Y への作用素」と書くこともある．

[*2] 「X から Y への作用素 $(T : X \to Y)$」と書くとき，本書では $D(T) = X$ の意味であるが，本によっては $D(T) \subset X$ の意味のこともあるので注意すること．

れぞれの空間に定義されている演算を保存する次のようなものである.

定義 4.1　X, Y を同じ係数体 $\mathbb{K}$ 上の線形空間とする.　$D(T) \subset X$ から Y への作用素 T が**線形作用素**であるとは,　T が次の (i)–(iii) を満たすことである.

(i)　$D(T)$ は X の線形部分空間である.

(ii)　$T(x + y) = Tx + Ty$　$(x, y \in D(T))$.

(iii)　$T(\alpha x) = \alpha Tx$　$(\alpha \in \mathbb{K},\ x \in D(T))$.

➤**注意 4.2**　X, Y の係数体が同じであることから,　(iii) の $\alpha x \in X$ と $\alpha Tx \in Y$ がともに定義される.　また (i) は $x + y,\ \alpha x \in D(T)$ を保証しており,　(ii) (iii) の左辺が定義される.

　条件 (iii) において $\alpha = 0$ とおけば,　$T0 = 0$ である.　また,　(i) を仮定するとき,　「(ii) かつ (iii)」は

$$T(\alpha x + \beta y) = \alpha Tx + \beta Ty \qquad (\alpha, \beta \in \mathbb{K},\ x, y \in D(T)) \tag{4.1}$$

と同値である（問題 4.1）.

　本書では便宜上,　線形作用素の定義域は $\{0\}$ ではないことを仮定する.　すなわち,　T **を線形作用素とするとき,**

$$D(T) \neq \{0\} \tag{4.2}$$

を仮定しておく.　このとき,　$x \neq 0$ となる $x \in D(T)$ や,　$\|x\| = 1$ となる $x \in D(T)$ が必ず存在することに注意する [*3].

> **例題 4.3**　X, Y を線形空間とし,　T を $D(T) \subset X$ から Y への線形作用素とする.　このとき,　次のことを証明せよ.
>
> (1)　$R(T)$ は Y の部分空間である.
>
> (2)　$\dim D(T) = n$ ならば $\dim R(T) \leqq n$ である.

[*3] 定義 4.1 の (i) により $D(T)$ は線形空間だから空ではなく,　さらに (4.2) が仮定されているので 0 以外の $z \in D(T)$ が存在する.　また $x = z/\|z\|$ とおけば $x \in D(T)$,　$\|x\| = 1$ である.　なお (4.2) を仮定しない場合は,　$D(T) = \{0\}$ のときは $T0 = 0$ より $T = 0$ と考えればよい.　しかしこのようなつまらない場合をいちいち考えるのは煩わしいので本書では (4.2) を仮定しておくことにする.

> (3) $N(T) = \{x \in D(T) \mid Tx = 0\}$ は X の部分空間である.

[**解**]　(1) $\alpha, \beta \in \mathbb{K}$（$X, Y$ の係数体 [*4]），$y_1, y_2 \in R(T)$ とする．このとき，$y_1 = Tx_1,\ y_2 = Tx_2\ (x_1, x_2 \in D(T))$ と表せる．$D(T)$ は X の部分空間だから $\alpha x_1 + \beta x_2 \in D(T)$ であり，さらに $T(\alpha x_1 + \beta x_2) = \alpha Tx_1 + \beta Tx_2 = \alpha y_1 + \beta y_2$ である．よって，$\alpha y_1 + \beta y_2 \in R(T)$ である.

　(2) $R(T)$ の任意の $n+1$ 個の元 $y_1, y_2, \ldots, y_{n+1}$ をとる．これらが一次従属であることを示せばよい．各 $y_k\ (1 \le k \le n+1)$ は $y_k = Tx_k\ (x_k \in D(T))$ と表される．$\dim D(T) = n$ であるから，$\{x_1, x_2, \ldots, x_{n+1}\}$ は一次従属である．よって，$\mathbb{K}^{n+1}$ のある元 $(\alpha_1, \alpha_2, \ldots, \alpha_{n+1}) \ne (0, 0, \ldots, 0)$ が存在し，$\sum_{k=1}^{n+1} a_k x_k = 0$ である．ゆえに，

$$0 = T0 = T\left(\sum_{k=1}^{n+1} a_k x_k\right) = \sum_{k=1}^{n+1} a_k Tx_k = \sum_{k=1}^{n+1} a_k y_k$$

である．これは $y_1, y_2, \ldots, y_{n+1}$ が一次従属であることを示している.

　(3) $\alpha, \beta \in \mathbb{K}$, $x_1, x_2 \in N(T)$ とする．このとき，$Tx_1 = 0,\ Tx_2 = 0$ である．よって，$T(\alpha x_1 + \beta x_2) = \alpha Tx_1 + \beta Tx_2 = \alpha 0 + \beta 0 = 0$ である．ゆえに，$\alpha x_1 + \beta x_2 \in N(T)$ である．　　　□

■4.1.2 — 線形作用素の例

例 4.4 （**恒等作用素**）　線形空間 X において各元 x に x 自身を対応させる作用素 $I : X \to X$，すなわち $Ix = x$ を恒等作用素という．恒等作用素は線形作用素である：

$$I(\alpha x + \beta y) = \alpha x + \beta y = \alpha Ix + \beta Iy.$$

例 4.5 （**零作用素**）　線形空間 X の各元 x に線形空間 Y の零元 0 を対応させる作用素 $\theta : X \to Y$，すなわち $\theta x = 0$ を零作用素という．零作用素 θ を記号 0 で表すことが多い．零作用素は線形作用素である：

[*4] 線形作用素を考えているので，定義 4.1 より X と Y は同じ係数体をもち，それを $\mathbb{K}$ とする．以下，このことはいちいち断らない.

$$\theta(\alpha x + \beta y) = 0 = \alpha 0 + \beta 0 = \alpha \theta x + \beta \theta y.$$

例 4.6（**微分作用素**）　$X = C[a,b]$ とし，$D = C^1[a,b]$ とすると，D は X の部分空間である．$x \in D$ に対して，$(Tx)(t) = x'(t)$ $(t \in [a,b])$ と定義すると，$T : D \to X$ は線形作用素である：任意の $t \in [a,b]$ に対して

$$(T(\alpha x + \beta y))(t) = (\alpha x(t) + \beta y(t))'$$
$$= \alpha x'(t) + \beta y'(t) = \alpha (Tx)(t) + \beta (Ty)(t) = (\alpha Tx + \beta Ty)(t)$$

が成り立つから $T(\alpha x + \beta y) = \alpha Tx + \beta Ty$ である．

例 4.7（**積分作用素**）　$X = C[a,b]$ とする．$x \in X$ に対して，$(Tx)(t) = \int_a^t x(s)\,ds$ $(t \in [a,b])$ と定義すると，$T : X \to X$ は線形作用素である：任意の $t \in [a,b]$ に対して

$$(T(\alpha x + \beta y))(t) = \int_a^t (\alpha x(s) + \beta y(s))\,ds = \alpha \int_a^t x(s)\,ds + \beta \int_a^t y(s)\,ds$$
$$= \alpha (Tx)(t) + \beta (Ty)(t) = (\alpha Tx + \beta Ty)(t)$$

が成り立つから $T(\alpha x + \beta y) = \alpha Tx + \beta Ty$ である．

例 4.8（**掛け算作用素**）　$X = C[a,b]$ とする．$x \in X$ に対して，$(Tx)(t) = tx(t)$ $(t \in [a,b])$ と定義すると，$T : X \to X$ は線形作用素である：任意の $t \in [a,b]$ に対して

$$(T(\alpha x + \beta y))(t) = t(\alpha x(t) + \beta y(t)) = \alpha tx(t) + \beta ty(t)$$
$$= \alpha (Tx)(t) + \beta (Ty)(t) = (\alpha Tx + \beta Ty)(t)$$

が成り立つから $T(\alpha x + \beta y) = \alpha Tx + \beta Ty$ である．

例 4.9（内積）　$a = (a_1, a_2, \ldots, a_n) \in \mathbb{R}^n$ を固定し，$x = (\xi_1, \xi_2, \ldots, \xi_n) \in \mathbb{R}^n$ に対して，$Tx = \sum_{k=1}^n a_k \xi_k$ と定義すると，$T : \mathbb{R}^n \to \mathbb{R}$ は線形作用素である：

$$T(\alpha x + \beta y) = \sum_{k=1}^n a_k(\alpha \xi_k + \beta \eta_k) = \alpha \sum_{k=1}^n a_k \xi_k + \beta \sum_{k=1}^n a_k \eta_k = \alpha Tx + \beta Ty.$$

例 4.10 （行列）　$A = (a_{ij})$ を $m \times n$ 行列とし，$x = {}^t(\xi_1, \xi_2, \ldots, \xi_n) \in \mathbb{R}^n$
に対して，

$$
Tx = Ax = \begin{pmatrix} a_{11} & a_{12} & \cdots & a_{1n} \\ a_{21} & a_{22} & \cdots & a_{2n} \\ \vdots & \vdots & \ddots & \vdots \\ a_{m1} & a_{m2} & \cdots & a_{mn} \end{pmatrix} \begin{pmatrix} \xi_1 \\ \xi_2 \\ \vdots \\ \xi_n \end{pmatrix}
$$

と定義すると [*5]，$T : \mathbb{R}^n \to \mathbb{R}^m$ は線形作用素である：

$$
T(\alpha x + \beta y) = A(\alpha x + \beta y) = \alpha Ax + \beta Ay = \alpha Tx + \beta Ty.
$$

4.2　有界線形作用素

■4.2.1 —— 有界線形作用素の定義

　X, Y をノルム空間とする．X, Y のノルムを用いて線形作用素に有界性と連
続性を定義する．

定義 4.11　T を $D(T) \subset X$ から Y への線形作用素とする．T が**有界**である
とは，ある定数 $c \geqq 0$ が存在し，任意の $x \in D(T)$ に対して

$$
\|Tx\|_Y \leqq c\|x\|_X \tag{4.3}
$$

が成り立つことである．

　この定義において，T は $D(T) \subset X$ から Y への作用素であるから，$x \in X$ であり
$Tx \in Y$ であることは自明である．よって，(4.3) は添え字を省略し $\|Tx\| \leqq c\|x\|$
と表しても，左辺は Y のノルムで右辺は X のノルムであることは明白である．
今後は誤解の恐れがないときはノルムの添え字を省略する．
　T を有界線形作用素とする．このとき (4.3) より，ある定数 $c \geqq 0$ が存在し

[*5] "$Tx = Ax$" は，T が「ベクトル x にベクトル Ax を対応させる作用素」であるという意
味である．この T を行列 A で定義される線形作用素という．T と A は作用素と行列という
相異なる概念であるから，例えば "$(T - A)x = 0$" などとは変形できない．

$$\frac{\|Tx\|}{\|x\|} \leqq c \quad (x \in D(T) \setminus \{0\})$$

が成り立つ．よって，左辺の上限が存在するのでそれを $\|T\|$ で表す：

$$\|T\| = \sup_{\substack{x \in D(T) \\ x \neq 0}} \frac{\|Tx\|}{\|x\|} \quad (\leqq c)^{*6}. \tag{4.4}$$

この $\|T\|$ を T の**作用素ノルム**，または単にノルムとよぶ．これが実際にノルムであることの証明は 4.2.3 項へあと回しにし，いまはノルムであることを認めて先に進むことにする．$\|T\|$ の定義 (4.4) より，明らかに

$$\|Tx\| \leqq \|T\|\|x\| \quad (x \in D(T))$$

が成り立つ．

> **例題 4.12** T を $D(T) \subset X$ から Y への有界線形作用素とする．このとき，
> $$\|T\| = \sup_{\substack{x \in D(T) \\ \|x\|=1}} \|Tx\| = \sup_{\substack{x \in D(T) \\ \|x\|\leqq 1}} \|Tx\|$$
> が成り立つ ^{*7} ことを証明せよ．

[解] 以下，上限をとるときは $x \in D(T)$ とする．$M = \sup_{\|x\|=1} \|Tx\|$ とおく．このとき，

$$\|T\| = \sup_{x \neq 0} \frac{\|Tx\|}{\|x\|} = \sup_{x \neq 0} \left\| T\left(\frac{x}{\|x\|}\right) \right\| = M$$

である．さらに，

$$M \leqq \sup_{\|x\|\leqq 1} \|Tx\| \leqq \sup_{\|x\|\leqq 1} \|T\|\|x\| = \|T\|$$

である．この二つの式をつなげると，

---

*6 仮定 (4.2) により 0 でない $x \in D(T)$ が存在するので，右辺の上限は well-defined である．
*7 仮定 (4.2) により $\|x\|=1$ となる $x \in D(T)$ が存在するので，各辺の上限は well-defined である．

$$\|T\| = M \leqq \sup_{\|x\| \leqq 1} \|Tx\| \leqq \|T\|$$

である．したがって，

$$\|T\| = M = \sup_{\|x\| \leqq 1} \|Tx\|$$

が成り立つ． □

➤**注意 4.13** 上の式変形からわかるように，線形作用素 T が有界であることを，「ある $c \geqq 0$ が存在して，$\|Tx\| \leqq c \, (\|x\| \leqq 1)$ である」ことと定義してもよい．

有界線形作用素の例を挙げる．

例 4.14 ノルム空間 $X \, (\neq \{0\})$ 上の恒等作用素 $I : X \to X$ は $\|Ix\| = \|x\|$ を満たすから有界であり，

$$\|I\| = \sup_{\substack{x \in X \\ x \neq 0}} \frac{\|Ix\|}{\|x\|} = \sup_{\substack{x \in X \\ x \neq 0}} 1 = 1$$

である．

例 4.15 ノルム空間 $X \, (\neq \{0\})$ からノルム空間 Y への零作用素 $\theta : X \to Y$ は $\|\theta x\| = 0 = 0\|x\|$ を満たすから有界であり，

$$\|\theta\| = \sup_{\substack{x \in X \\ x \neq 0}} \frac{\|\theta x\|}{\|x\|} = \sup_{\substack{x \in X \\ x \neq 0}} 0 = 0$$

である．

例 4.16 例 4.10 の線形作用素 $T : \mathbb{R}^n \to \mathbb{R}^m$ は，$x = {}^t(\xi_1, \xi_2, \ldots, \xi_n)$ に対して，

$$Tx = \begin{pmatrix} \eta_1 \\ \eta_2 \\ \vdots \\ \eta_m \end{pmatrix}, \qquad \eta_j = \sum_{k=1}^{n} a_{jk} \xi_k \quad (j = 1, 2, \ldots, m)$$

と表せる. T が有界であることは, シュワルツの不等式 (1.11) を用いて,

$$\|Tx\|^2 = \sum_{j=1}^{m} \eta_j^2 = \sum_{j=1}^{m} \left(\sum_{k=1}^{n} a_{jk}\xi_k \right)^2$$
$$\leqq \sum_{j=1}^{m} \left(\sum_{k=1}^{n} a_{jk}^2 \right) \left(\sum_{k=1}^{n} \xi_k^2 \right) = \|x\|^2 \sum_{j=1}^{m} \left(\sum_{k=1}^{n} a_{jk}^2 \right),$$

すなわち,

$$\|Tx\| \leqq c\|x\|, \qquad c = \sqrt{\sum_{j=1}^{m} \sum_{k=1}^{n} a_{jk}^2}$$

を満たすことからわかる[*8].

次は有界ではない線形作用素の例である.

例 4.17 $X = C[0,1]$ とし, $D = C^1[0,1] = (C^1[0,1], \|\cdot\|_C)$ を X の部分空間とする[*9]. このとき, 例 4.6 の微分作用素 $T : D \to X$ は有界ではない. 実際, 例えば $x_n(t) = t^n$ $(n = 1, 2, \ldots)$ とし, 関数列 $\{x_n\} \subset D$ を考える.

$$\|x_n\|_C = \max_{t \in [0,1]} |x_n(t)| = \max_{t \in [0,1]} |t^n| = 1$$

であり, また $(Tx)(t) = x_n'(t) = nt^{n-1}$ より,

$$\|Tx_n\|_C = \max_{t \in [0,1]} |nt^{n-1}| = n$$

である. よって, もし T が有界であるとすると, ある定数 $c \geqq 0$ が存在し,

$$n = \|Tx_n\|_C \leqq c\|x_n\|_C = c \qquad (n = 1, 2, \ldots)$$

が成り立つが, これは n が大きいとき明らかに不合理である.

[*8] したがって, $\|T\| \leqq c$ である. 作用素ノルム $\|T\|$ は行列 A の**スペクトルノルム**とよばれ, A^*A (A^* は A の随伴行列) の最大固有値の平方根に等しい. また c は行列 A の**フロベニウスノルム**とよばれ, A^*A の固有値の総和 (トレース) の平方根に等しい. 詳しくは例えば, 山本哲朗『数値解析入門 (増補版)』(サイエンス社) を参照のこと.
[*9] D のノルムが ($\|\cdot\|_{C^1}$ ではなく) $\|\cdot\|_C$ であることに注意. もし D の代わりに $D' = (C^1[0,1], \|\cdot\|_{C^1})$ を定義域とする場合は, $\|\cdot\|_{C^1}$ の定義 (3.12) から明らかに $\|Tx\|_C \leqq \|x\|_{C^1}$ だから $T : D' \to X$ は有界である.

例題4.18 $X = C[a,b]$ とし，関数 $k : [a,b] \times [a,b] \to \mathbb{R}$ を連続とする．このとき，$x \in X$ に対して，

$$(Tx)(t) = \int_a^b k(t,s)x(s)\,ds \qquad (t \in [a,b])$$

と定義すると，$T : X \to X$ は有界線形作用素であることを証明せよ．

[解] $I = [a,b]$ とし，$x \in X$ とする．このとき，$k(\cdot,\cdot)x(\cdot)$ は $I \times I$ において連続であるから Tx は I で連続[*10]，すなわち $Tx \in X$ である．また，線形作用素であることは，例4.7と同様にしてわかる．

次に有界であることを示す．$|k(\cdot,\cdot)|$ は有界閉集合 $I \times I$ 上の連続関数であるから最大値 k_0 をもつ[*11]．よって，

$$|(Tx)(t)| \leqq \int_a^b |k(t,s)||x(s)|\,ds \leqq k_0 \int_a^b |x(s)|\,ds \leqq k_0(b-a)\|x\|_C$$

が成り立つ．左辺の最大値をとって，$\|Tx\|_C \leqq k_0(b-a)\|x\|_C$ を得る． $\square$

■ 4.2.2 ── 有界性と連続性

ノルム空間上の作用素は距離空間上の写像であるから，その連続性は定義2.14で定義される．すなわち，X, Y をノルム空間とするとき，$D(T) \subset X$ から Y への作用素 T が $x_0 \in D(T)$ で**連続**であるとは，

$$\forall \varepsilon > 0 \; \exists \delta > 0 : \forall x \in D(T)\; [\|x - x_0\|_X < \delta \Longrightarrow \|Tx - Tx_0\|_Y < \varepsilon] \quad (4.5)$$

であることをいう[*12]．T が $D(T)$ のすべての点で連続であるとき，T は連続であるという．

(4.5) は例題2.15でみたように，点列の収束を用いた

$$\forall \{x_n\} \subset D(T)\; [\|x_n - x_0\|_X \to 0 \Longrightarrow \|Tx_n - Tx_0\|_Y \to 0]$$

と同値である．応用上はこちらを用いると便利な場合が多い．

[*10] 例えば参考文献 [22] の第IV章定理14.1を参照のこと．
[*11] 例題2.18，あるいは参考文献 [22] の第I章定理7.3や [23] の定理3.27を参照のこと．
[*12] 定義2.14において，$d_X(x,y) = \|x-y\|_X$，$d_Y(x,y) = \|x-y\|_Y$ ということ．

　作用素の有界性と連続性は異なる性質であるが，次にみるように，線形作用
素についてはこの二つが同値になる．

定理 4.19　X, Y をノルム空間とし，T を $D(T) \subset X$ から Y への線形作
用素とする．このとき，次の (i)–(iii) は同値である：
(i) T は $D(T)$ のある点で連続である．
(ii) T は連続である．
(iii) T は有界である．

【証明】　(i) $\Rightarrow$ (ii)　T がある $a \in D(T)$ で連続であるとする．$x_0 \in D(T)$ を任
意の点，$\{x_n\} \subset D(T)$ を点列とし，$x_n \to x_0$ とする．このとき，$x_n' = x_n - x_0 + a$
とおくと $x_n' \to a$ である．T は a で連続であるから $Tx_n' \to Ta$ である．よって，

$$Tx_n - Tx_0 = T(x_n - x_0) = T(x_n' - a) = Tx_n' - Ta \to 0,$$

すなわち，$Tx_n \to Tx_0$ である．したがって，T は連続である．

　(ii) $\Rightarrow$ (iii)　背理法で示す．T が有界ではないとする．このとき，任意の自
然数 n に対して，ある $x_n \in D(T)$ が存在し，$\|Tx_n\| > n\|x_n\|$ である．この不
等式から $x_n \neq 0$ $(n = 1, 2, \ldots)$ であるから $x_n' = x_n/(n\|x_n\|)$ $(n = 1, 2, \ldots)$ と
おけて，

$$\|Tx_n'\| > 1 \qquad (n = 1, 2, \ldots) \tag{4.6}$$

が得られる．一方，$\|x_n'\| = 1/n \to 0$ だから $x_n' \to 0$ なので，T の連続性から
$\|Tx_n'\| = \|Tx_n' - T0\| \to 0$ $(n \to \infty)$ である．これは (4.6) と矛盾する．

　(iii) $\Rightarrow$ (i)　T が 0 で連続であることを示せばよい．$x_n \to 0$ とすると，有
界性より $\|Tx_n\| \leq c\|x_n\| \to 0$ だから，$Tx_n \to 0 = T0$ である． ■

　次の例題は，Y が完備であれば，有界線形作用素 $T : D(T) \to Y$ は有界性（ま
たは連続性）を保ったまま定義域 $D(T)$ をその閉包 $\overline{D(T)}$ にまで拡張できるこ
とを保証する．証明ではこれまで学んだ様々な事柄を用いるので，理解の確認
にもなるであろう．

> **例題 4.20** X をノルム空間，Y をバナッハ空間とし，T を $D(T) \subset X$ から Y への有界線形作用素とする．このとき，次を満たす有界線形作用素 $\overline{T} : \overline{D(T)} \to Y$ がただ一つ存在することを証明せよ：
>
> $$\overline{T}x = Tx \quad (x \in D(T)), \qquad \|\overline{T}\| = \|T\|.$$

Y の完備性がどのように用いられるかに注意する．

[解] 任意の $x \in \overline{D(T)}$ をとる．このとき，$x_n \to x$ となる $\{x_n\} \subset D(T)$ がとれる．T は有界線形作用素であるから，

$$\|Tx_m - Tx_n\| = \|T(x_m - x_n)\| \leqq \|T\|\|x_m - x_n\|$$

が成り立つ．$\{x_n\}$ は収束列だから X のコーシー列でもあるので，$m, n \to \infty$ ならば右辺は 0 に収束する．よって左辺も 0 に収束するので，$\{Tx_n\}$ は Y のコーシー列である．Y は完備であるから $\{Tx_n\}$ の極限 $\lim_{n\to\infty} Tx_n \in Y$ が存在する．この極限は $\{x_n\}$ のとり方によらず x だけで決まる *13．そこで，最初にとった $x \in \overline{D(T)}$ に対して，この極限を対応させる作用素を $\overline{T}$ とする：

$$\overline{T}x = \lim_{n\to\infty} Tx_n \qquad (x \in \overline{D(T)}). \tag{4.7}$$

$\overline{T}$ は線形である．実際，$\alpha, \beta \in \mathbb{K}$（$X, Y$ の係数体），$x_1, x_2 \in \overline{D(T)}$ とし，$\overline{T}x_1 = \lim_{n\to\infty} Tx_n^{(1)}$，$\overline{T}x_2 = \lim_{n\to\infty} Tx_n^{(2)}$（$\{x_n^{(1)}\}, \{x_n^{(2)}\} \subset D(T)$）とすると，

$$\alpha\overline{T}x_1 + \beta\overline{T}x_2 = \alpha \lim_{n\to\infty} Tx_n^{(1)} + \beta \lim_{n\to\infty} Tx_n^{(2)} = \lim_{n\to\infty} T(\alpha x_n^{(1)} + \beta x_n^{(2)})$$

である．さらに右辺は，$\alpha x_n^{(1)} + \beta x_n^{(2)} \to \alpha x_1 + \beta x_2 \in \overline{D(T)}$ であるから，$\overline{T}$ の定義により $\overline{T}(\alpha x_1 + \beta x_2)$ となるからである．

また，$\overline{T}x = Tx$ $(x \in D(T))$ であるのは，$x \in D(T)$ のときは $x_n = x$ $(n = 1, 2, \ldots)$ ととれることから明らかである．

次に $\overline{T}$ が有界であることを示す．任意の $x \in \overline{D(T)}$ をとり，$x_n \to x$ となる

---

*13 x に収束する $\{x_n\}$ のとり方は一般には無数にあるが，$\{x_n\}$ のとり方によらず $\lim_{n\to\infty} Tx_n$ は一意的であることを示す必要がある．これは問題としておく（問題 4.4）．

$\{x_n\} \subset D(T)$ をとる. T は有界であるから, $\|Tx_n\| \leqq \|T\|\|x_n\|$ $(n = 1, 2, \ldots)$ である. $n \to \infty$ とすれば $\|\overline{T}x\| \leqq \|T\|\|x\|$ $(n = 1, 2, \ldots)$ を得るから, $\overline{T}$ は有界であって $\|\overline{T}\| \leqq \|T\|$ である. さらに,

$$\|\overline{T}\| = \sup_{\substack{x \in \overline{D(T)} \\ x \neq 0}} \frac{\|\overline{T}x\|}{\|x\|} \geqq \sup_{\substack{x \in D(T) \\ x \neq 0}} \frac{\|\overline{T}x\|}{\|x\|} = \sup_{\substack{x \in D(T) \\ x \neq 0}} \frac{\|Tx\|}{\|x\|} = \|T\|$$

であるから $\|\overline{T}\| \geqq \|T\|$ である. よって, $\|\overline{T}\| = \|T\|$ である.

最後に, $\overline{T}$ の一意性を示す. $\overline{T}$ と同様に $\tilde{T}x = Tx (= \overline{T}x)$ $(x \in D(T))$ となる有界線形作用素 $\tilde{T} : \overline{D(T)} \to Y$ が存在したとする. 任意の $x \in \overline{D(T)}$ をとり, $x_n \to x$ となる $\{x_n\} \subset D(T)$ をとる. $\tilde{T}x_n = \overline{T}x_n$ の両辺において $n \to \infty$ とすれば, $\tilde{T}x = \overline{T}x$ $(x \in \overline{D(T)})$ を得る. これは $\tilde{T} = \overline{T}$ であることを意味する.

$\square$

■ 4.2.3 —— 有界線形作用素の空間

X, Y をノルム空間とし, ともに $\mathbb{K}$ を係数体とする. X から Y への有界線形作用素全体の集合を $B(X, Y)$ で表す（定義域が X 全体であるものに限っていることに注意）[*14]. 任意の $S, T \in B(X, Y)$ に対して, 和 $S + T$ とスカラー倍 αT $(\alpha \in \mathbb{K})$ を,

$$(S + T)x = Sx + Tx \quad (x \in X), \qquad (\alpha T)x = \alpha Tx \quad (x \in X)$$

と定義する. この和とスカラー倍に関して, $B(X, Y)$ は線形空間となる. このとき, $B(X, Y)$ の零元は例 4.5 の零作用素 0 である.

ところで, $T \in B(X, Y)$ に対しては, (4.4) によって作用素ノルム $\|T\| = \sup_{\substack{x \in X \\ x \neq 0}} \frac{\|Tx\|}{\|x\|}$ を定義してあったが, これが実際にノルムになることはまだ確認していなかった. このことを確認しよう. 作用素ノルム $\|\cdot\|$ が (N1)–(N4) を満たし, $B(X, Y)$ 上のノルムになる [*15] ことは次のようにしてわかる.

(N1) $\|T\|$ の定義から明らか.

[*14] このとき, 仮定 (4.2) は $X \neq \{0\}$ を意味する.
[*15] 作用素に対して和とスカラー倍を定義したので, (N3) (N4) が意味をもつ.

(N2) $\|T\| = 0$ とする．このとき，任意の $x \in X$ に対して $\|Tx\| \leqq \|T\| \|x\| = 0$，よって $\|Tx\| = 0$ である．これより $Tx = 0$ $(x \in X)$ であるから $T = 0$ である．逆は例 4.15 でみたとおりである．

(N3) $\alpha \in \mathbb{K}$ のとき，

$$\|\alpha T\| = \sup_{\substack{x \in X \\ x \neq 0}} \frac{\|\alpha Tx\|}{\|x\|} = |\alpha| \sup_{\substack{x \in X \\ x \neq 0}} \frac{\|Tx\|}{\|x\|} = |\alpha| \|T\|.$$

(N4) $S, T \in B(X, Y)$ のとき，

$$\|S + T\| = \sup_{\substack{x \in X \\ x \neq 0}} \frac{\|Sx + Tx\|}{\|x\|} \leqq \sup_{\substack{x \in X \\ x \neq 0}} \frac{\|Sx\| + \|Tx\|}{\|x\|}$$

$$\leqq \sup_{\substack{x \in X \\ x \neq 0}} \frac{\|Sx\|}{\|x\|} + \sup_{\substack{x \in X \\ x \neq 0}} \frac{\|Tx\|}{\|x\|} = \|S\| + \|T\|.$$

したがって，$B(X, Y)$ はノルム空間である．

Y が完備であれば，それが遺伝して $B(X, Y)$ も完備になることを主張するのが次の定理である．

定理 4.21　X をノルム空間とし，Y をバナッハ空間とする．このとき，$B(X, Y)$ はバナッハ空間である．

【証明】　$B(X, Y)$ はノルム空間であるから，あとは完備であることを示せばよい．

$\{T_n\} \subset B(X, Y)$ をコーシー列とする：

$$\forall \varepsilon > 0 \ \exists N \in \mathbb{N} : \forall m, n \in \mathbb{N} \ [m, n \geqq N \implies \|T_m - T_n\| < \varepsilon].$$

よって，$m, n \geqq N$ ならば，各 $x \in X$ に対して，

$$\|T_m x - T_n x\| = \|(T_m - T_n)x\| \leqq \|T_m - T_n\| \|x\| \leqq \varepsilon \|x\| \tag{4.8}$$

だから[*16] $\{T_n x\}$ は Y のコーシー列である．Y は完備だから，極限 $\displaystyle \lim_{n \to \infty} T_n x \in Y$ が存在する．この極限は x に対して一意に決まるので，その対応を T で表す：

[*16] 最後の不等号の等号は $x = 0$ のときに成り立つ．

$$Tx = \lim_{n \to \infty} T_n x.$$

$T \in B(X, Y)$ かつ $\|T_n - T\| \to 0$ を示す. まず, $\alpha, \beta \in \mathbb{K}$, $x_1, x_2 \in X$ のとき,

$$T(\alpha x_1 + \beta x_2) = \lim_{n \to \infty} (\alpha T_n x_1 + \beta T_n x_2) = \alpha T x_1 + \beta T x_2$$

であるから T は線形作用素である. (4.8) で $m \to \infty$ とすると, $n \geqq N$ のとき,

$$\|Tx - T_n x\| \leqq \varepsilon \|x\| \qquad (x \in X) \tag{4.9}$$

である. これより特に $T - T_N \in B(X, Y)$ であるから, $T = (T - T_N) + T_N \in B(X, Y)$ である. そして, (4.9) から $\|T - T_n\| \leqq \varepsilon$ $(n \geqq N)$ であり, これは $\|T_n - T\| \to 0$ であることを示している. ∎

　X をノルム空間とし, $B(X, X)$ を $B(X)$ で表す. 任意の $S, T \in B(X)$ に対して, 積 ST を

$$(ST)x = S(Tx) \qquad (x \in X)$$

と定義する. このとき, $\|(ST)x\| \leqq \|S\| \|Tx\| \leqq \|S\| \|T\| \|x\|$ より $ST \in B(X)$ であり

$$\|ST\| \leqq \|S\| \|T\| \tag{4.10}$$

が成り立つ. また, T^n $(n = 0, 1, 2, \ldots)$ を

$$T^0 = I, \qquad T^n = T T^{n-1} \quad (n = 1, 2, \ldots)$$

により定義する. ここで, I は X の恒等作用素である. このとき, $T^n \in B(X)$ であり, $\|T^n\| \leqq \|T\|^n$ が成り立つ. 定理 4.21 より, X がバナッハ空間ならば, $B(X)$ もバナッハ空間である [*17].

[*17] $B(X)$ のように, 積が定義されており (4.10) が成り立つようなバナッハ空間は**バナッハ環**とよばれる. バナッハ環については例えば, 荷見守助・長 宗雄・瀬戸道生『関数解析入門−線型作用素のスペクトル』(内田老鶴圃) を参照のこと.

4.3　逆作用素

X, Y を線形空間とし，T を $D(T) \subset X$ から Y への作用素とする．T が**上へ
の作用素**（または**全射**）であるとは，$R(T) = Y$，すなわち，任意の $y \in Y$ に
対して，ある $x \in D(T)$ が存在し，$Tx = y$ が成り立つことである：

$$\forall y \in Y \; \exists x \in D(T) : Tx = y.$$

また，T が**一対一**（または**単射**）であるとは，相異なる任意の $x_1, x_2 \in D(T)$
を相異なる Tx_1, Tx_2 に写すこと，すなわち

$$\forall x_1, x_2 \in D(T) \; [x_1 \neq x_2 \Longrightarrow Tx_1 \neq Tx_2],$$

あるいは対偶の形で述べた：

$$\forall x_1, x_2 \in D(T) \; [Tx_1 = Tx_2 \Longrightarrow x_1 = x_2]$$

が成り立つことである．T が上への一対一な作用素であるとき，T は**一対一対
応**（または**全単射**）であるという．

作用素 $T : D(T) \to Y$ が単射であるとき，$T : D(T) \to R(T)$ は全単射であ
る．よって，任意の $y \in R(T)$ に対して，$y = Tx$ となる $x \in D(T)$ が一意に定
まる．y に対してこの x を対応させる作用素を，T の**逆作用素**といい，T^{-1} で
表す：

$$T^{-1} : R(T) \to D(T), \qquad y \mapsto x.$$

この T^{-1} は全単射である *18．特に $T : X \to Y$ が全単射であるとき，$T^{-1} :$
$Y \to X$ も全単射になり，X の元と Y の元は一対一に対応する．

次の例題で，線形作用素の逆作用素に関する性質を調べよう．

> **例題 4.22**　X, Y を線形空間とし，T を $D(T) \subset X$ から Y への線形作用
> 素とする．このとき，次のことを証明せよ．

---

*18 $R(T^{-1}) = D(T)$ だから全射である．$T^{-1} : R(T) \to X$ とみなす場合は $D(T) = X$ でな
い限り T^{-1} は全射ではない．

(1) 逆作用素 $T^{-1} : R(T) \to D(T)$ が存在するためには，$[Tx = 0 \Longrightarrow x = 0]$ であることが必要十分である.

(2) T^{-1} が存在するならば，T^{-1} は線形作用素である.

(3) $\dim D(T) = n$ であり，かつ T^{-1} が存在するならば，$\dim R(T) = n$ である.

[**解**] (1) ($\Rightarrow$) $T^{-1} : R(T) \to D(T)$ が存在したとする.$Tx = 0$ としよう.このとき，$Tx = 0 = T0$ であるから，両辺に T^{-1} を施すと $x = 0$ を得る.

($\Leftarrow$) $[Tx = 0 \Longrightarrow x = 0]$ であるとする.このとき，T は単射である.実際，$Tx_1 = Tx_2 \, (x_1, x_2 \in D(T))$ とすると，$T(x_1 - x_2) = Tx_1 - Tx_2 = 0$ であるから $x_1 - x_2 = 0$, すなわち $x_1 = x_2$ を得るからである.よって，$T^{-1} : R(T) \to D(T)$ が存在する.

(2) $T^{-1} : R(T) \to D(T)$ が存在したとする.$\alpha, \beta \in \mathbb{K}$（$X, Y$ の係数体），$y_1, y_2 \in R(T)$ をとる.$y_1 = Tx_1$, $y_2 = Tx_2 \, (x_1, x_2 \in D(T))$ と表せるから，

$$\alpha y_1 + \beta y_2 = \alpha Tx_1 + \beta Tx_2 = T(\alpha x_1 + \beta x_2)$$

である.これと $x_1 = T^{-1}y_1$, $x_2 = T^{-1}y_2$ から，

$$T^{-1}(\alpha y_1 + \beta y_2) = \alpha x_1 + \beta x_2 = \alpha T^{-1}y_1 + T^{-1}y_2$$

であるから，T^{-1} は線形作用素である.

(3) 例題 4.3 (2) により，$\dim R(T) \leqq n$ である.また，線形作用素 $T^{-1} : R(T) \to D(T)$ に再び例題 4.3 (2) を適用すると，$n \leqq \dim R(T)$ である.よって $\dim R(T) = n$ である. $\square$

次の例題は，恒等作用素 I にある意味で近い有界線形作用素は全単射になることを述べている.証明は $B(X)$ の完備性（定理 4.21）のよい応用例である.

例題 4.23 X をバナッハ空間とし，$T \in B(X)$ は $\|I - T\| < 1$ を満たすとする.このとき，次のことを証明せよ：T^{-1} が存在して，$T^{-1} \in B(X)$ であり，

$$T^{-1} = \sum_{n=0}^{\infty} (I-T)^n \qquad \textbf{(C. ノイマンの級数)}^{*19}$$

と表される. さらに,

$$\|T^{-1}\| \leq \frac{1}{1-\|I-T\|} \tag{4.11}$$

が成り立つ.

[解] $S_n = \sum_{k=0}^{n} (I-T)^k \ (n = 1, 2, \ldots)$ とおく. このとき, $\{S_n\}$ は $B(X)$ の

コーシー列である. 実際, S_n は $I-T \in B(X)$ の積の有限和だから $S_n \in B(X)$

であり, $\|I-T\| < 1$ なので, $m > n$ のとき,

$$\|S_m - S_n\| = \left\| \sum_{k=n+1}^{m} (I-T)^k \right\|$$

$$\leq \sum_{k=n+1}^{m} \|I-T\|^k = \frac{\|I-T\|^{n+1} - \|I-T\|^{m+1}}{1-\|I-T\|} \to 0 \quad (m, n \to \infty)$$

だからである. 定理 4.21 により $B(X)$ は完備であるから, $\{S_n\}$ はある $S \in B(X)$

に収束する.

$S = T^{-1}$ であることを示す.

$$TS_n = (I - (I-T))S_n = S_n - (I-T)S_n$$

$$= \sum_{k=0}^{n} (I-T)^k - \sum_{k=1}^{n+1} (I-T)^k = I - (I-T)^{n+1}$$

であるから,

$$\|TS_n - I\| = \|(I-T)^{n+1}\| \leq \|I-T\|^{n+1} \to 0 \qquad (n \to \infty)$$

となるので $TS_n \to I$ である. 一方で,

---

*19 形式的には, 作用素 I, T, T^{-1} をそれぞれ関数 1, t, $1/t$ とみなすと, C. ノイマンの級
数は次のべき級数展開に対応している : $|1-t| < 1$ のとき,

$$t^{-1} = \frac{1}{1-(1-t)} = 1 + (1-t) + (1-t)^2 + \cdots = \sum_{n=0}^{\infty} (1-t)^n.$$

$$\|TS_n - TS\| \leqq \|T\|\|S_n - S\| \to 0 \qquad (n \to \infty)$$

となるので $TS_n \to TS$ である．よって，極限の一意性から $TS = I$ である．同様にして，$ST = I$ が得られる．ゆえに $S = T^{-1}$ であることがわかる（問題 4.7）．さらに，$S = \lim_{n\to\infty} S_n = \sum_{k=0}^{\infty} (I - T)^k$ であり，かつ

$$\|S\| = \lim_{n\to\infty} \|S_n\| \leqq \sum_{k=0}^{\infty} \|I - T\|^k = \frac{1}{1 - \|I - T\|}$$

となって (4.11) を得る． □

4.4 線形汎関数

■ 4.4.1 — 線形汎関数の定義

実数または複素数の値をとる作用素のことを**汎関数**という [20]．例えば，ノルム空間 X 上のノルム $f(x) = \|x\|$ は汎関数である．また，例 2.21 の積分で定義された写像 T は $C[0,1]$ の部分集合上で定義された汎関数である．

> **定義 4.24** X を係数体 $\mathbb{K}$ 上の線形空間とする．汎関数 f が $D(f) \subset X$ から $\mathbb{K}$ への線形作用素であるとき，f は $D(f) \subset X$ で定義された**線形汎関数**であるという [21]．

線形作用素の場合と同様に，汎関数が線形であることは，$D(f)$ が X の線形部分空間であり，かつ

$$f(\alpha x + \beta y) = \alpha f(x) + \beta f(y) \qquad (\alpha, \beta \in \mathbb{K},\ x, y \in D(f))$$

が成り立つことと同値である．

---

[20] "汎関数" に対応する英語は "functional" である．"関数解析" に対応する英語は "functional analysis" であるが，"汎関数解析" の方が名実ともに合っているかもしれない．

[21] 汎関数は f や g などのアルファベットの小文字で表されることが多い．$f(x)$ の括弧は通常省略しない．また有界な線形汎関数は，それ全体の空間（共役空間）を X^* で表すため，x^* などで表すことも多い．

■ 4.4.2 — 有界性と連続性

　ノルム空間 X 上の線形汎関数は係数体 $\mathbb{K}$ に値をとる線形作用素のことであるから，ノルム空間における有界性と連続性やノルムは 4.2 節ですでに定義されている．念のために汎関数に対する定義として改めて述べておこう．その際に $\|\cdot\|_{\mathbb{K}} = |\cdot|$（絶対値）とすることに注意する．

定義 4.25　X をノルム空間とし，f を $D(f) \subset X$ で定義された線形汎関数とする．f が**有界**であるとは，ある定数 $c \geqq 0$ が存在し，任意の $x \in D(f)$ に対して，

$$|f(x)| \leqq c\|x\|_X \tag{4.12}$$

が成り立つことである [*22].

　X をノルム空間として，f を $D(f) \subset X$ で定義された有界線形汎関数とする．有界線形作用素のときと同様に，

$$\|f\| = \sup_{\substack{x \in D(f) \\ x \neq 0}} \frac{|f(x)|}{\|x\|} \quad (\leqq c) \tag{4.13}$$

と定義し，この $\|f\|$ を f の**汎関数ノルム**，または単にノルムとよぶ．線形作用素のときに (4.2) を仮定したのと同様に，**f を線形汎関数とするとき**，

$$D(f) \neq \{0\}$$

と仮定しておく．定義より明らかに

$$|f(x)| \leqq \|f\|\|x\| \quad (x \in D(f))$$

であり，さらに，

$$\|f\| = \sup_{\substack{x \in D(f) \\ \|x\|=1}} |f(x)| = \sup_{\substack{x \in D(f) \\ \|x\| \leqq 1}} |f(x)|$$

[*22] 微分積分では関数 $f : D(f) \to \mathbb{R}$ が有界であるとは，ある $c \geqq 0$ が存在し，任意の $x \in D(f)$ に対して $|f(x)| \leqq c$ となることであった．線形汎関数の有界性 (4.12) や線形作用素の有界性 (4.3) はこれと異なることに注意せよ．

が成り立つことは線形作用素でみたとおりである（例題 4.12）.

$D(f) \subset X$ で定義された汎関数 f が $x_0 \in D(f)$ で**連続**であるとは,

$$\forall \varepsilon > 0 \; \exists \delta > 0 : \; \forall x \in D(f) \; [\|x - x_0\|_X < \delta \Longrightarrow |f(x) - f(x_0)| < \varepsilon] \quad (4.14)$$

であることをいう*23. f が $D(f)$ のすべての点で連続であるとき, f は連続であるという. (4.14) は点列の収束を用いた,

$$\forall \{x_n\} \subset D(f) \; [\|x_n - x_0\|_X \to 0 \Longrightarrow |f(x_n) - f(x_0)| \to 0]$$

と同値である.

線形汎関数は線形作用素であるので定理 4.19 が成り立つ. 改めて定理として述べておこう.

定理 4.26 X をノルム空間とし, f を $D(f) \subset X$ で定義された線形汎関数とする. このとき, 次の (i)–(iii) は同値である:

(i) f は $D(f)$ のある点で連続である.

(ii) f は連続である.

(iii) f は有界である.

■ 4.4.3 ── 有界線形汎関数の例

例 4.27 （内積） $a = (\alpha_1, \alpha_2, \ldots, \alpha_n) \in \mathbb{R}^n$ を固定し, $f : \mathbb{R}^n \to \mathbb{R}$ を

$$f(x) = \sum_{k=1}^{n} \alpha_k \xi_k \qquad (x = (\xi_1, \xi_2, \ldots, \xi_n) \in \mathbb{R}^n)$$

と定義する. f は $\mathbb{R}^n$ で定義された有界線形汎関数である. 実際, 線形性は例 4.9 でみた. 有界性はシュワルツの不等式 (1.11) により,

$$|f(x)| \leq \sum_{k=1}^{n} |\alpha_k \xi_k| \leq \sqrt{\sum_{k=1}^{n} |\alpha_k|^2} \sqrt{\sum_{k=1}^{n} |\xi_k|^2} = \|a\| \|x\|$$

からわかる. f の汎関数ノルムを求めよう. 上の不等式により $\|f\| \leq \|a\|$ であ

---

*23 (4.5) において, $\|\cdot\|_Y = \|\cdot\|_{\mathbb{K}} = |\cdot|$（絶対値）ということ.

る．よって，$a = 0$ のときは $\|f\| = 0 = \|a\|$ である．$a \neq 0$ のときは，$\|f\|$ の定義で特に $x = a \in \mathbb{R}^n$ のときを考えると $\|f\| \geqq \dfrac{|f(a)|}{\|a\|} = \dfrac{\|a\|^2}{\|a\|} = \|a\|$ であるから，$\|f\| = \|a\|$ である．ゆえに，いずれにしても $\|f\| = \|a\|$ である．

例 4.28（定積分）　$X = C[a,b]$ とし，$f : X \to \mathbb{R}$ を

$$f(x) = \int_a^b x(t)\,dt \qquad (x \in X)$$

と定義する．f は X で定義された有界線形汎関数である．実際，線形性は例 4.7 でみたとおりである．また有界性は，任意の $x \in X$ に対して

$$|f(x)| \leqq \int_a^b |x(t)|\,dt \leqq \max_{t \in [0,1]} |x(t)| \int_a^b dt = (b-a)\|x\|$$

である．$\|f\|$ を求めよう．上の不等式から $\|f\| \leqq b-a$ である．一方，$\|f\|$ の定義で特に $x = x_0 \in X$（ただし，$x_0(t) \equiv 1$）ととれば，

$$\|f\| \geqq \frac{|f(x_0)|}{\|x_0\|} = \frac{\left|\int_a^b 1\,dt\right|}{1} = b-a$$

である．よって，$\|f\| = b-a$ である．

　例 4.27 の有界線形汎関数は，$a \in \mathbb{R}^n$ を固定し，$x \in \mathbb{R}^n$ に対して a との内積を対応させる汎関数であった．同様にして，$a = \{\alpha_k\} \in \ell^2$ を固定し，$x = \{\xi_k\} \in \ell^2$ に対して $\sum_{k=1}^{\infty} \alpha_k \xi_k$[*24]を対応させる線形汎関数が有界であることがわかる（シュワルツの不等式は (1.11) の代わりに (1.10) を用いる）．次の例題でさらなる一般化を考えてみよう．

例題 4.29　定数 $p, q > 1$ は $1/p + 1/q = 1$ を満たすとし，$a = \{\alpha_k\} \in \ell^q$ を固定する．汎関数 $f : \ell^p \to \mathbb{R}$ を

$$f(x) = \sum_{k=1}^{\infty} \alpha_k \xi_k \qquad (x = \{\xi_k\} \in \ell^p)$$

[*24] 第5章において，$\mathbb{R}^n$ と同様に，ℓ^2 にこの量で内積を定義する（例 5.14）．

で定義する．次のことを証明せよ．

(1) f は ℓ^p で定義された有界線形汎関数である．

(2) $\|f\| = \|a\|_{\ell^q}$ である．

[**解**] (1) 線形性は級数の線形性から直ちに従う．f の ℓ^p における有界性は，ヘルダーの不等式 (1.9) により，

$$|f(x)| \leqq \sum_{k=1}^{\infty} |\alpha_k \xi_k| \leqq \left(\sum_{k=1}^{\infty} |\alpha_k|^q \right)^{1/q} \left(\sum_{k=1}^{\infty} |\xi_k|^p \right)^{1/p} = \|a\|_{\ell^q} \|x\|_{\ell^p} \quad (4.15)$$

となることからわかる．

(2) 不等式 (4.15) により $\|f\| \leqq \|a\|_{\ell^q}$ である．よって，$a = 0$ のときは $\|f\| = 0 = \|a\|_{\ell^q}$ である．$a \neq 0$ のときは，$b = \{\beta_k\}$ を，

$$\beta_k = \begin{cases} |\alpha_k|^{q-2} \alpha_k & (\alpha_k \neq 0), \\ 0 & (\alpha_k = 0) \end{cases}$$

とする．このとき $b \neq 0$ であり，かつ

$$\sum_{k=1}^{\infty} |\beta_k|^p = \sum_{k=1}^{\infty} |\alpha_k|^{(q-1)p} = \sum_{k=1}^{\infty} |\alpha_k|^q < \infty$$

だから $b \in \ell^p$ である．そこで，$\|f\|$ の定義で特に $x = b$ のときを考えると，

$$\|f\| \geqq \frac{|f(b)|}{\|b\|_{\ell^p}} = \frac{\displaystyle\sum_{k=1}^{\infty} |\alpha_k|^q}{\left(\displaystyle\sum_{k=1}^{\infty} |\alpha_k|^q \right)^{1/p}} = \left(\sum_{k=1}^{\infty} |\alpha_k|^q \right)^{1/q} = \|a\|_{\ell^q}$$

であるから $\|f\| = \|a\|_{\ell^q}$ である．ゆえに，いずれにせよ $\|f\| = \|a\|_{\ell^q}$ である． $\square$

4.5 共役空間

■4.5.1 — 共役空間の定義と例

X をノルム空間とし，$\mathbb{K}$ をその係数体とする．X 全体で定義された有界線形

汎関数全体の集合 $B(X, \mathbb{K})$ を X の**共役空間**といい，X^* で表す．作用素の場合に 4.2.3 項でみたように，X^* は汎関数ノルムに関してノルム空間である．特に $\mathbb{K} = \mathbb{R}, \mathbb{C}$ は完備であるから，定理 4.21 によって $X^* = B(X, \mathbb{K})$ はバナッハ空間であることがわかる．こうして次の定理を得る．

> **定理 4.30** ノルム空間 X の共役空間 X^* は完備，したがってバナッハ空間である．

X, Y をノルム空間とする．X から Y への全単射であるような線形作用素 T が存在し，かつ T は**等長**，すなわち，$\|Tx\|_Y = \|x\|_X \ (x \in X)$ を満たすとき，X と Y はノルム空間として**同型**であるといい，$X \cong Y$ で表す．ノルム空間 X, Y が同型であるとき，X における和 $x + y$，スカラー倍 αx，ノルム $\|x\|$（距離 $\|x - y\|$）はそれぞれ，Y における $Tx + Ty$，αTx，$\|Tx\|$（$\|Tx - Ty\|$）に対応する．このとき X と Y は，元の表現を x とするか Tx とするかの違いだけであって，ノルム空間としては本質的に同じであると考えてよい[*25]．

さて，ノルム空間 X に対して X^* を考えるとき，その共役空間 X^* が既知の空間 Y と同型であることがわかれば X^* のことがわかったといってよいであろう．以下，主な空間の共役空間について例を挙げる．

例 4.31 $((\mathbb{R}^n)^* \cong \mathbb{R}^n)$ 任意の $f \in (\mathbb{R}^n)^*$ をとる．$e_k = (0, \dots, 0, 1, 0, \dots, 0) \ (k = 1, 2, \dots, n)$（第 k 成分が 1 で他は 0）とおくと，任意の $x = (\xi_1, \xi_2, \dots, \xi_n) \in \mathbb{R}^n$ は $x = \sum_{k=1}^{n} \xi_k e_k$ と表せる．よって，$f(x) = \sum_{k=1}^{n} \xi_k \alpha_k \ (\alpha_k = f(e_k))$ である．こうして，$f \in (\mathbb{R}^n)^*$ をある $a := (\alpha_1, \alpha_2, \dots, \alpha_n) \in \mathbb{R}^n$ を用いて具体的に表すことができた．そこで，$f \in (\mathbb{R}^n)^*$ に対してこの $a \in \mathbb{R}^n$ を対応させる作用素を T とする．容易にわかるように $T : (\mathbb{R}^n)^* \to \mathbb{R}^n$ は線形作用素である．

T は全射であることを示す．任意の $a = (\alpha_1, \alpha_2, \dots, \alpha_n) \in \mathbb{R}^n$ をとる．このとき，

$$f(x) = \sum_{k=1}^{n} \alpha_k \xi_k \qquad (x = (\xi_1, \xi_2, \dots, \xi_n) \in \mathbb{R}^n) \tag{4.16}$$

[*25] そのため同型であることを $X = Y$ で表す本も多いが，本書では誤解を避けるため $X \cong Y$ を用いる．なお等長であれば単射であるから，実際は全射かつ等長であればよい．

という，$\mathbb{R}^n$ で定義された線形汎関数 f を考える．シュワルツの不等式 (1.11) により，

$$|f(x)| \leqq \sum_{k=1}^{n} |\alpha_k \xi_k| \leqq \sqrt{\sum_{k=1}^{n} |\alpha_k|^2} \sqrt{\sum_{k=1}^{n} |\xi_k|^2} = \|a\| \|x\| \tag{4.17}$$

であるから $f \in (\mathbb{R}^n)^*$ である．$f(e_k) = \alpha_k$ なので $Tf = a$ であるから，T は全射である．

T は等長（したがって単射）であることを示す．任意の $f \in (\mathbb{R}^n)^*$ をとる．このとき，f は $Tf = a = (\alpha_1, \alpha_2, \ldots, \alpha_n) = (f(e_1), f(e_2), \ldots, f(e_n)) \in \mathbb{R}^n$ を用いて (4.16) のように表される．この f に対しても (4.17) が成り立つので，$\|f\| \leqq \|a\|$ である．よって，$a = 0$ のときは $\|f\| = 0 = \|a\|$ である．$a \neq 0$ のときは，$\|f\|$ の定義で特に $x = a$ ととれば，$\|f\| \geqq \dfrac{|f(a)|}{\|a\|} = \dfrac{\|a\|^2}{\|a\|} = \|a\|$ であるから，$\|f\| = \|a\|$ である．ゆえに，いずれにしても，$\|f\| = \|a\| = \|Tf\|$ である．

以上より，$(\mathbb{R}^n)^*$ から $\mathbb{R}^n$ への線形作用素 $T : f \mapsto a$ は全単射かつ等長であるから，$(\mathbb{R}^n)^* \cong \mathbb{R}^n$ が示された．$(\mathbb{C}^n)^* \cong \mathbb{C}^n$ も同様にして示せる．

例 4.32 $((\ell^1)^* \cong \ell^\infty)$　任意の $f \in (\ell^1)^*$ をとる．ℓ^1 のシャウダー基底を $e_k = \{0, \ldots, 0, 1, 0, \ldots\}$ $(k = 1, 2, \ldots)$（第 k 項が 1 で他は 0）とする（例題 3.25）．このとき，任意の $x = \{\xi_k\} \in \ell^1$ は $x = \sum_{k=1}^{\infty} \xi_k e_k$ と表せる．よって，f の連続性と線形性から $f(x) = \sum_{k=1}^{\infty} \xi_k \alpha_k$ $(\alpha_k = f(e_k))$ である．ここで，任意の $k = 1, 2, \ldots$ に対して

$$|\alpha_k| = |f(e_k)| \leqq \|f\| \|e_k\|_{\ell^1} = \|f\| \tag{4.18}$$

であるので，$a := \{\alpha_1, \alpha_2, \ldots\} \in \ell^\infty$ である．こうして，$f \in (\ell^1)^*$ をある $a \in \ell^\infty$ を用いて具体的に表すことができた．そこで，$f \in (\ell^1)^*$ に対してこの $a \in \ell^\infty$ を対応させる作用素を T とすれば，$T : (\ell^1)^* \to \ell^\infty$ は線形作用素である．

T は全射であることを示す．任意の $a = \{\alpha_1, \alpha_2, \ldots\} \in \ell^\infty$ をとる．このとき，

$$f(x) = \sum_{k=1}^{\infty} \alpha_k \xi_k \qquad (x = \{\xi_1, \xi_2, \ldots\} \in \ell^1) \qquad (4.19)$$

という，ℓ^1 で定義された汎関数 f を考える．

$$|f(x)| \leqq \sum_{k=1}^{\infty} |\alpha_k \xi_k| \leqq \sup_{k \geqq 1} |\alpha_k| \sum_{k=1}^{\infty} |\xi_k| = \|a\| \|x\| \qquad (4.20)$$

であるから $f \in (\ell^1)^*$ である．$f(e_k) = \alpha_k$ なので $Tf = a$ であるから，T は全射である．

T は等長（したがって単射）であることを示す．任意の $f \in (\ell^1)^*$ をとる．このとき，f は $Tf = a = \{\alpha_k\} = \{f(e_k)\} \in \ell^\infty$ を用いて (4.19) のように表される．この f に対しても (4.20) が成り立つので，$\|f\| \leqq \|a\|$ である．また，(4.18) より $\|a\| \leqq \|f\|$ である．したがって，$\|f\| = \|a\| = \|Tf\|$ である [*26]．

以上より，$(\ell^1)^*$ から ℓ^∞ への線形作用素 $T : f \mapsto a$ は全単射かつ等長であるから，$(\ell^1)^* \cong \ell^\infty$ が示された．

例 4.33 $((\ell^p)^* \cong \ell^q \ (1 < p < \infty, \ 1/p + 1/q = 1))$ 任意の $f \in (\ell^p)^*$ をとる．ℓ^p のシャウダー基底を $e_k = \{0, \ldots, 0, 1, 0, \ldots\} \ (k = 1, 2, \ldots)$（第 k 項が 1 で他は 0）とする（例題 3.25）．このとき，任意の $x = \{\xi_k\} \in \ell^p$ は $x = \sum_{k=1}^{\infty} \xi_k e_k$ と表せる．よって，$f(x) = \sum_{k=1}^{\infty} \xi_k \alpha_k \ (\alpha_k = f(e_k))$ である．

$a := \{\alpha_1, \alpha_2, \ldots\} \in \ell^q$ を示す．$a = 0$ ならば $a \in \ell^q$ であるから $a \neq 0$ とする．任意の $n \in \mathbb{N}$ に対して，$x_n = \{\xi_k^{(n)}\}_{k=1}^{\infty}$ を

$$\xi_k^{(n)} = \begin{cases} |\alpha_k|^{q-2} \alpha_k & (k = 1, 2, \ldots, n \ \text{かつ} \ \alpha_k \neq 0), \\ 0 & (k > n \ \text{または} \ \alpha_k = 0) \end{cases}$$

とする．このとき，$f(x_n) = \sum_{k=1}^{n} |\alpha_k|^q$ である．一方，$(q-1)p = q$ より，

$$|f(x_n)| \leqq \|f\| \|x_n\| = \|f\| \left(\sum_{k=1}^{\infty} |\xi_k^{(n)}|^p \right)^{1/p} = \|f\| \left(\sum_{k=1}^{n} |\alpha_k|^q \right)^{1/p}$$

[*26] 問題 4.10 からも従う．

である．この2式を合わせると，$\sum_{k=1}^{n} |\alpha_k|^q \leqq \|f\| \left(\sum_{k=1}^{n} |\alpha_k|^q \right)^{1/p}$ である．$\|a\| \neq$

0なので，n が十分大きいとき，$\sum_{k=1}^{n} |\alpha_k|^q \neq 0$ で割ると $\left(\sum_{k=1}^{n} |\alpha_k|^q \right)^{1/q} \leqq \|f\|$

である．$n \to \infty$ とすれば，$a \in \ell^q$ かつ

$$\|a\| \leqq \|f\| \tag{4.21}$$

を得る．

　こうして，$f \in (\ell^p)^*$ をある $a \in \ell^q$ を用いて具体的に表すことができた．そこで，$f \in (\ell^p)^*$ に対してこの $a \in \ell^q$ を対応させる作用素を T とすれば，$T : (\ell^p)^* \to \ell^q$ は線形作用素である．

　T は全射であることを示す．任意の $a = \{\alpha_1, \alpha_2, \ldots\} \in \ell^q$ をとる．このとき，

$$f(x) = \sum_{k=1}^{\infty} \alpha_k \xi_k \qquad (x = \{\xi_1, \xi_2, \ldots\} \in \ell^p) \tag{4.22}$$

という，ℓ^p で定義された汎関数 f を考える．ヘルダーの不等式 (1.9) により，

$$|f(x)| \leqq \sum_{k=1}^{\infty} |\alpha_k \xi_k| \leqq \left(\sum_{k=1}^{\infty} |\alpha_k|^q \right)^{1/q} \left(\sum_{k=1}^{\infty} |\xi_k|^p \right)^{1/p} = \|a\| \|x\| \tag{4.23}$$

であるから，$f \in (\ell^p)^*$ である．$f(e_k) = \alpha_k$ なので $Tf = a$ であるから，T は全射である．

　T は等長（したがって単射）であることを示す．任意の $f \in (\ell^p)^*$ をとる．このとき，f は $Tf = a = \{\alpha_k\} = \{f(e_k)\} \in \ell^q$ を用いて (4.22) のように表される．この f に対しても (4.23) が成り立つので，$\|f\| \leqq \|a\|$ である．これと (4.21) より $\|f\| = \|a\| = \|Tf\|$ である [*27]．

　以上より，$(\ell^p)^*$ から ℓ^q への線形作用素 $T : f \mapsto a$ は全単射かつ等長であるから，$(\ell^p)^* \cong \ell^q$ が示された．

➤**注意 4.34**　3.4 節で述べたように，ℓ^∞ はシャウダー基底をもたないので，上記の証明は $p = \infty$ に対しては適用できない．実は $(\ell^\infty)^*$ は ℓ^1 と同型ではなく，ℓ^1 と同型

[*27] 例題 4.29 からも従う．

な空間を真に含んでいることが知られている[*28].

■ 4.5.2 — 第二共役空間

　基本的な問いとして，一般のノルム空間 $X \neq \{0\}$ の共役空間 X^* には零元（恒等的に値 0 をとる汎関数）以外に元があるのだろうか．例えば ℓ^p $(1 < p < \infty)$ の共役空間は ℓ^q $(1/p + 1/q = 1)$ と同型であるから（例 4.33），零元以外の元は ℓ^q と同じくらい豊富にあることがわかる．ところが一般のノルム空間の共役空間に関してこれは自明なことではない．

　実は X^* に零元以外の元が存在することは，線形作用素論の基本原理の一つであるハーン・バナッハの定理（例題 4.48）から保証される（定理 4.49）．さらにその系として，$x \in X$ のノルムに関して次を示すことができる（系 4.50）:

$$\|x\|_X = \sup_{\substack{f \in X^* \\ f \neq 0}} \frac{|f(x)|}{\|f\|_{X^*}}. \tag{4.24}$$

この式は汎関数ノルム $\|f\|_{X^*}$ の定義 (4.13) と類似性（双対性）をもっていることに注意する．このことから直ちに，任意の $f \in X^*$ に対して $f(x) = 0$ であるとすると，$x = 0$ であることが導かれる．例えば X^* に元が数個しかないとしたらこれは望めないであろうから[*29]，X^* にはその程度には豊富に元が存在することを示唆している．ハーン・バナッハの定理や (4.24) については，4.7.3 項でまとめて解説する．

　さて，X がノルム空間のとき，X^* の共役空間 $(X^*)^*$ を X の**第二共役空間**といい，X^{**} で表す．$x \in X$ を固定したとき，任意の $f \in X^*$ に対して $f(x)$ を対応させる汎関数を g_x とする（図 4.1）:

$$g_x(f) = f(x) \qquad (f \in X^*).$$

[*28] さらに，ℓ^∞ の部分空間 $\ell_0^\infty = \{x = \{\xi_k\} \in \ell^\infty \mid \lim_{k \to \infty} \xi_k = 0\}$ に対して，$(\ell_0^\infty)^* \cong \ell^1$ であることが知られている．

[*29] 例えば $X = \mathbb{R}^2$ とし，$x = (\xi_1, \xi_2) \in X$ に対して $f_1(x) = \xi_1$, $f_2(x) = \xi_2$ とすると，$f_1, f_2 \in X^*$ である．このとき，$f_1(x) = 0$ だけでは $x = 0$ とはいえないが，さらに $f_2(x) = 0$ であれば $x = 0$ が結論される．X が無限次元であれば X^* にもそれ相応に多くの元が必要であることが想像できるだろう．

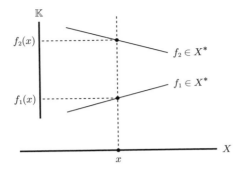

図 4.1 汎関数 g_x のイメージ．$f \in X^*$ に対して $f(x) \in \mathbb{K}$ を与える．

このとき，$|g_x(f)| \leqq |f(x)| \leqq \|x\|\|f\|$ $(f \in X^*)$ であるから，g_x は X^* 上の有界線形汎関数，すなわち $g_x \in X^{**}$ である．$x \in X$ にこの $g_x \in X^{**}$ を対応させる写像を，X から X^{**} への**自然な写像**といい J で表す．X と値域 $R(J) \subset X^{**}$ はノルム空間として同型であることがわかる．実際，(4.24) より，

$$\|Jx\|_{X^{**}} = \|g_x\|_{(X^*)^*} = \sup_{\substack{f \in X^* \\ f \neq 0}} \frac{|g_x(f)|}{\|f\|_{X^*}} = \sup_{\substack{f \in X^* \\ f \neq 0}} \frac{|f(x)|}{\|f\|_{X^*}} = \|x\|_X$$

であるから J は等長である．特に $R(J) = X^{**}$，すなわち X と X^{**} が自然な写像 J によって同型 $(X \cong X^{**})$ であるとき，X は**回帰的**，または**反射的**であるという．例えば，$1 < p < \infty$ のとき，$(\ell^p)^{**} = ((\ell^p)^*)^* \cong (\ell^q)^* \cong \ell^p$ $(1/p + 1/q = 1)$ であるから，ℓ^p $(1 < p < \infty)$ は回帰的である [*30]．

➤注意 4.35 第 5 章で学ぶヒルベルト空間 H はバナッハ空間でもあり H^* と H が（共役線形な）同型であるので（定理 5.37 と注意 5.38），$H^{**} \cong H$ となるから回帰的である．実は本書で述べるヒルベルト空間の性質の中には，ヒルベルト空間でなくても回帰的バナッハ空間であれば成り立つものがある [*31]．回帰性は重要な概念であるが，本書ではこれ以上深くは触れないことにする．

[*30] 厳密には，同型を与える写像が自然な写像であることを確認する．これについては参考文献 [5] の例題 8.24 を参考のこと．

[*31] 例えば定理 5.48 と定理 5.50 は回帰的バナッハ空間であれば成り立つ．証明はそれぞれ参考文献 [6] の定理 7.13 と定理 11.5 を参照のこと．

4.6 閉作用素とコンパクト作用素

■4.6.1 —— 閉作用素

X, Y をノルム空間とし，T を $D(T) \subset X$ から Y への線形作用素とする．T が連続であるときは

$$\forall \{x_n\} \subset D(T) \ \forall x \in D(T) \ [x_n \to x \Longrightarrow Tx_n \to Tx]$$

が成り立つ．すなわち，T の定義域内で $x_n \to x$ であれば，値域でも連動して $Tx_n \to Tx$ となる．一方，T が連続ではない場合は，$\{x_n\}$ が収束しても $\{Tx_n\}$ が収束するとは限らない．ここでは，$\{x_n\}, \{Tx_n\}$ がともに収束することを仮定した，次の条件を考える：

$$\forall \{x_n\} \subset D(T) \ \forall x \in X \ \forall y \in Y$$
$$[x_n \to x, \ Tx_n \to y \Longrightarrow x \in D(T), \ Tx = y]. \tag{4.25}$$

条件 (4.25) を満たす線形作用素 T を**閉作用素**という．あとで述べるように，この性質は連続性と一般には包含関係にない．

二つのノルム空間 X, Y の直積集合 $X \times Y = \{[x, y] \mid x \in X, \ y \in Y\}$ に，演算[*32] とノルム

$$[x_1, y_1] + [x_2, y_2] := [x_1 + x_2, y_1 + y_2],$$
$$\alpha[x, y] := [\alpha x, \alpha y] \qquad (\alpha \in \mathbb{K}),$$
$$\|[x, y]\|_{X \times Y} := \|x\|_X + \|y\|_Y$$

を定義したノルム空間を X と Y の**直積空間**という．さらに，T のグラフを

$$G(T) := \{[x, Tx] \in X \times Y \mid x \in D(T)\}$$

で定義する．$G(T)$ は $X \times Y$ の部分空間である．このとき，閉作用素は次のようにも特徴づけられる．

[*32] X, Y の間には線形作用素 T が定義されているので，X, Y は同じ係数体 $\mathbb{K}$ をもつ（定義 4.1）．

> **定理 4.36**　X, Y をノルム空間とする. T が $D(T) \subset X$ から Y への閉作用素であるためには, $G(T)$ が $X \times Y$ の閉集合となることが必要十分である.

【証明】　($\Rightarrow$) T が閉作用素, すなわち (4.25) を満たすとする. いま,

$$\{[x_n, Tx_n]\} \subset G(T), \qquad [x_n, Tx_n] \to [x, y]$$

と仮定する. このとき,

$$\|x_n - x\|_X + \|Tx_n - y\|_Y = \|[x_n, Tx_n] - [x, y]\|_{X \times Y} \to 0$$

だから, $x_n \to x$, $Tx_n \to y$ である. よって, (4.25) より $x \in D(T)$, $Tx = y$ が成り立つ. ゆえに, $[x, y] = [x, Tx] \in G(T)$ であるから, $G(T)$ は閉集合である.

　($\Leftarrow$) $\{x_n\} \subset D(T)$, $x_n \to x$, $Tx_n \to y$ と仮定する. このとき, $[x_n, Tx_n] \in G(T)$ であり,

$$\|[x_n, Tx_n] - [x, y]\|_{X \times Y} = \|x_n - x\|_X + \|Tx_n - y\|_Y \to 0$$

だから, $[x_n, Tx_n] \to [x, y]$ である. よって, $G(T)$ が閉集合であることから, $[x, y] \in G(T)$ である. ゆえに, $x \in D(T)$, $y = Tx$ である. ∎

例 4.37　$X = C[0,1]$ とし, $D = (C^1[0,1], \|\cdot\|_C)$ を X の部分空間とする. $x \in D$ に対して,

$$(Tx)(t) = x'(t) \qquad (t \in [0,1])$$

と定義する. このとき, 線形作用素 $T : D \to X$ は閉作用素である (例 4.17 でみたように, この T は連続 (有界) ではない). 実際, $\{x_n\} \subset D$, $x_n \to x$, $Tx_n \to y$ とすると, $\{x_n\}$ は x に各点収束し, $\{Tx_n\}$ は y に一様収束するので, 例題 2.10 から $x \in D$ かつ $Tx = x' = y$ である.

　一般に線形作用素 $T : D(T) \to Y$ は, 連続であっても閉作用素とは限らないし [*33], 逆に閉作用素であっても連続とは限らない (例 4.37). しかし, 連続な線形作用素は定義域 $D(T)$ が閉集合であれば閉作用素になるし (問題 4.13), 逆に

[*33] 例えば, X で稠密な真部分空間を定義域とする恒等作用素を考えればよい.

閉作用素は $D(T) = X$ であれば連続になる [*34]. 特に後者は閉グラフ定理（系 4.46）とよばれる重要な定理であるが，証明に少々準備が必要なので 4.7 節で改めて説明する．

■ 4.6.2 — コンパクト作用素

X, Y をノルム空間とし，T を $D(T) = X$ から Y への線形作用素とする．X の任意の有界列 $\{x_n\}$ に対して，$\{Tx_n\}$ が Y で収束する部分列を含むとき，T は**コンパクト作用素**，または**完全連続作用素**であるという．これは，X の任意の有界集合 B に対して，$\overline{T(B)}$ が Y のコンパクト集合であること [*35] と同値である（問題 4.14）．

> **定理 4.38**　X, Y をノルム空間とする．このとき，X から Y へのコンパクト作用素は有界である．

【証明】　コンパクト作用素 T が有界でないとする．このとき，任意の自然数 n に対して，ある $x_n \in X$ が存在し $\|Tx_n\| > n\|x_n\|$ である．この不等式から $x_n \neq 0 \ (n = 1, 2, \ldots)$ であり，さらに $z_n = x_n / \|x_n\|$ とおくと $\|z_n\| = 1$, $\|Tz_n\| > n \ (n = 1, 2, \ldots)$ である．$\{z_n\}$ が有界列で T がコンパクト作用素であることから，$\{Tz_n\}$ は収束する部分列 $\{Tz_{n_k}\}$ を含む．しかしそれは $\|Tz_{n_k}\| > n_k \ (k = 1, 2, \ldots)$ に矛盾する． ∎

コンパクト作用素の例として，例題 4.18 で扱った線形作用素がある．

> **例題 4.39**　$X = C[a, b]$ とし，関数 $k : [a, b] \times [a, b] \to \mathbb{R}$ を連続とする．このとき，$x \in X$ に対して
>
> $$(Tx)(t) = \int_a^b k(t, s) x(s) \, ds \qquad (t \in [a, b])$$

[*34] 特に $D(T) = X$ の場合，線形作用素 T が連続（または有界）であることと閉作用素であることは同値である．

[*35] このとき，$T(B)$ は Y の**相対コンパクト集合**であるという．

> と定義すると，$T : X \to X$ はコンパクト作用素であることを証明せよ.

[**解**]　T が X から X への線形作用素であることは例題 4.18 で示したので，以下ではコンパクト性を示す.

$I = [a, b]$ とする．$\{x_n\}$ を $X = C(I)$ の任意の有界列とする．このとき，ある定数 $M \geqq 0$ が存在し，$\|x_n\|_C \leqq M$ $(n = 1, 2, \ldots)$ である．連続関数の列 $\{Tx_n\}$ にアスコリ・アルツェラの定理（定理 2.22）を用いるため，そのための条件を確認する.

まず，関数列 $\{Tx_n\}$ が一様有界であることを示す．$|k(\cdot, \cdot)|$ は有界閉集合 $I \times I$ 上で連続であるから，$K = \max\limits_{(t,s) \in I \times I} |k(t, s)|$ は有限値である．よって，任意の $n \in \mathbb{N}$, $t \in I$ に対して，

$$|(Tx_n)(t)| \leqq \int_a^b |k(t, s)||x_n(s)|\, ds \leqq (b - a)K\|x_n\|_C \leqq (b - a)KM$$

が成り立つ．ゆえに，関数列 $\{Tx_n\}$ は一様有界である.

次に，関数列 $\{Tx_n\}$ が同程度連続であることを示す．k は有界閉集合 $I \times I$ 上の連続関数であるから，一様連続である [*36]．よって，任意の $\varepsilon > 0$ に対して，ある $\delta > 0$ が存在し，任意の $(t_1, s_1), (t_2, s_2) \in I \times I$ に対して，

$$|(t_1, s_1) - (t_2, s_2)| < \delta \implies |k(t_1, s_1) - k(t_2, s_2)| < \varepsilon$$

が成り立つ．特に，任意の $t_1, t_2, s \in I$ に対して，

$$|(t_1, s) - (t_2, s)| < \delta \implies |k(t_1, s) - k(t_2, s)| < \varepsilon$$

が成り立つ．ゆえに，$|t_1 - t_2| < \delta$ ならば，任意の $n \in \mathbb{N}$ に対して，

$$
\begin{aligned}
&|(Tx_n)(t_1) - (Tx_n)(t_2)| \\
&\leqq \int_a^b |k(t_1, s) - k(t_2, s)||x_n(s)|\, ds \leqq (b - a)\varepsilon\|x_n\|_C \leqq (b - a)M\varepsilon
\end{aligned}
$$

である．これは関数列 $\{Tx_n\}$ が同程度連続であることを示している.

[*36] 参考文献 [22] の第 IV 章定理 4.1 や [23] の定理 3.30 を参照のこと.

　以上より，アスコリ・アルツェラの定理から，関数列 $\{Tx_n\}$ は一様収束する部分列を含む．$X = C(I)$ の収束は一様収束であったから，換言すると，X の点列 $\{Tx_n\}$ が収束する部分列を含む．したがって，T はコンパクト作用素であることが示された．　　　　　　　　　　　　　　　　　　　　　　　□

> **例題 4.40**　X を無限次元ノルム空間とする．このとき，X の恒等作用素 I はコンパクトではないことを証明せよ．

[解]　X 上の恒等作用素 I がコンパクトであるとする．X の単位球面 $B = \{x \in X \mid \|x\| = 1\}$ の任意の点列を $\{x_n\}$ とすると，$\{Ix_n\} = \{x_n\}$ は X で収束する部分列を含むので，B はコンパクトである．よって定理 3.32 より X は有限次元でなくてはならない．これは X が無限次元であることに反する．　　　□

➤**注意 4.41**　X, Y をノルム空間とし，$X \subset Y$ とする．$x \in X$ に対して，（Y の元とみた）$x \in Y$ を対応させる作用素を J とする：$Jx = x$．この J を X から Y への**埋め込み作用素**という．Y が X より位相が弱い場合，埋め込み作用素はコンパクトになり得る．詳しくは 7.3.4 項で述べる．

　定理 4.38 により，コンパクト作用素は有界な線形作用素だから連続であるが，実はさらに強い連続性をもつ．これを説明するには，弱収束（5.6 節）と一様有界性の原理（定理 4.42）とよばれる重要な定理が必要になるので，改めて第 5 章で扱う．

4.7　三つの基本原理

　ダンフォードとシュワルツがその有名な三部作 "Linear Operators I/II/III" の第 I 巻 [16] の中で "Three Basic Principles of Linear Analysis" として挙げているのが「一様有界性の原理」「開写像定理」「ハーン・バナッハの定理」である．これらの定理は線形作用素の理論を支える基礎となっている．

■ 4.7.1 — 一様有界性の原理

バナッハとシュタインハウス[37]は 1927 年，ベールのカテゴリー定理（定理 2.38）を用いて次の定理を証明した.

> **定理 4.42（一様有界性の原理[38]）**　X をバナッハ空間とし，Y をノルム空間とする．$\{T_\lambda\}_{\lambda\in\Lambda}\subset B(X,Y)$ を X から Y への有界線形作用素の族とする（Λ は添数集合）．このとき，「任意の $x\in X$ に対して，ある定数 $c_x\geqq 0$ が存在し，
>
> $$\|T_\lambda x\|\leqq c_x \qquad (\forall\lambda\in\Lambda)$$
>
> が成り立つ」ならば，（x に無関係な）ある定数 $c\geqq 0$ が存在して，
>
> $$\|T_\lambda\|\leqq c \qquad (\forall\lambda\in\Lambda)$$
>
> が成り立つ.

【証明】　$n=1,2,\ldots$ に対して，$X_n:=\{x\in X \mid \|T_\lambda x\|\leqq n\ (\forall\lambda\in\Lambda)\}$ と定義する．作用素 T_λ は連続であるから，X_n は閉集合である．また，X は $X=\bigcup_{n=1}^{\infty} X_n$ と表せる．実際，$x\in X$ とすると，仮定より任意の $\lambda\in\Lambda$ に対して $\|T_\lambda x\|\leqq c_x$ であるから，$c_x\leqq n_x$ となる $n_x\in\mathbb{N}$ をとれば，$x\in X_{n_x}\subset\bigcup_{n=1}^{\infty} X_n$ となるからである．バナッハ空間 X は空でない完備距離空間なので，ベールのカテゴリー定理（定理 2.38）より，ある $n_0\in\mathbb{N}$ が存在して，X_{n_0} は開球を含む：$B_0:=B(x_0,r)\subset X_{n_0}$.

さて，いま (4.2) を仮定しているので $X\neq\{0\}$ の場合のみ考えればよい[39].

---

[37] シュタインハウス（Hugo Steinhaus, 1882–1972）は 1916 年，クラクフの公園で「ルベーグ積分」という言葉を耳にしたのをきっかけにバナッハ（Stefan Banach, 1892–1945）と出会い，これを自分の最大の数学的発見だと述べている.

[38] **バナッハ・シュタインハウスの定理**ともよばれる．この定理は「任意の $x\in X$ に対して $\sup_{\lambda\in\Lambda}\|T_\lambda x\|<\infty$ ならば，$\sup_{\lambda\in\Lambda}\|T_\lambda\|<\infty$」とも表せるので，対偶でいうと「$\sup_{\lambda\in\Lambda}\|T_\lambda\|=\infty$ ならば，ある $x_0\in X$ が存在して $\sup_{\lambda\in\Lambda}\|T_\lambda x_0\|=\infty$」である．この意味で**共鳴定理**などとよばれることもある（x_0 を**共鳴点**という）.

[39] (4.2) を仮定しないときは，$X=\{0\}$ の場合は $T_\lambda=0\ (\lambda\in\Lambda)$ となって定理は自明である.

以下，$X \neq \{0\}$ とする．零でない任意の $x \in X$ をとって，$z := x_0 + \gamma x$ $(\gamma = r/(2\|x\|))$ とおく．$\|z - x_0\| = r/2 < r$ なので，$z \in B_0 \subset X_{n_0}$ である．よって，X_{n_0} の定義より $\|T_\lambda x_0\|, \|T_\lambda z\| \leqq n_0$ $(\forall \lambda \in \Lambda)$ であるから，

$$\|T_\lambda x\| = \frac{1}{\gamma}\|T_\lambda(z - x_0)\|$$
$$\leqq \frac{1}{\gamma}(\|T_\lambda z\| + \|T_\lambda x_0\|) \leqq \frac{2n_0}{\gamma} = \frac{4n_0}{r}\|x\| \qquad (\forall \lambda \in \Lambda)$$

が成り立つ．これが任意の $x \in X$ に対して成り立つから，$\|T_\lambda\| \leqq (4n_0)/r$ である．$c = (4n_0)/r$ として定理が示された．∎

■ 4.7.2 —— 開写像定理

　ベールのカテゴリー定理（定理 2.38）から得られるもう一つの基本原理である開写像定理と，そこから導かれる閉グラフ定理を紹介する．

　まず，補題を準備する．

> **補題 4.43**　X をバナッハ空間，Y をノルム空間とし，$T \in B(X, Y)$ とする．このとき，任意の $r > 0$ に対して，
>
> $$B_Y(0, r) \subset \overline{T(B_X(0,1))} \implies B_Y(0, r) \subset T(B_X(0,1))$$
>
> が成り立つ．

【証明】　$r > 0$ を任意にとって固定し，

$$B_Y(0, r) \subset \overline{T(B_X(0,1))} \tag{4.26}$$

であるとする．

　まず，任意の $x \in X$，$\rho > 0$ に対して，

$$B_Y(Tx, \rho r) \subset \overline{T(B_X(x, \rho))} \tag{4.27}$$

であることを示す．$y \in B_Y(Tx, \rho r)$ とする．このとき，(4.26) より $(y - Tx)/\rho \in B_Y(0, r) \subset \overline{T(B_X(0,1))}$ であるから，ある $\{x_n\} \subset B_X(0,1)$ が存在して $Tx_n \to$

$(y - Tx)/\rho$ である. よって, $T(x + \rho x_n) = Tx + \rho Tx_n \to y$ である. $x + \rho x_n \in B_X(x, \rho)$ なので $y \in \overline{T(B_X(x, \rho))}$ である. これで (4.27) が示せた.

次に, 任意の $\varepsilon > 0$ に対して,

$$B_Y(0, r) \subset T(B_X(0, 1 + \varepsilon)) \tag{4.28}$$

であることを示す. $\{\varepsilon_n\}$ を $\varepsilon_1 = 1$, $\varepsilon_n = \varepsilon/2^n$ $(n \geqq 2)$ とする. $y \in B_Y(0, r)$ とする. (4.26) より $y \in \overline{T(B_X(0, \varepsilon_1))}$ となるから, ある $x_1 \in B_X(0, \varepsilon_1)$ が存在して $\|Tx_1 - y\| < \varepsilon_2 r$, すなわち $y \in B_Y(Tx_1, \varepsilon_2 r)$ とできる. よって, (4.27) より $y \in \overline{T(B_X(x_1, \varepsilon_2))}$ であるから, ある $x_2 \in B_X(x_1, \varepsilon_2)$ が存在して $\|Tx_2 - y\| < \varepsilon_3 r$, すなわち $y \in B_Y(Tx_2, \varepsilon_3 r)$ とできる. これを繰り返すと, 次を満たす点列 $\{x_n\}$ をつくれる：$n = 1, 2, \ldots$ に対して,

$$\|x_n - x_{n-1}\| < \varepsilon_n, \tag{4.29}$$
$$\|Tx_n - y\| < \varepsilon_{n+1} r. \tag{4.30}$$

ただし, $x_0 := 0$ とする. $n > m \geqq 2$ ならば, (4.29) より,

$$\|x_m - x_n\| \leqq \sum_{k=0}^{n-m-1} \|x_{m+k} - x_{m+k+1}\| < \sum_{k=0}^{\infty} \varepsilon_{m+k+1} = \varepsilon_m$$

であるから, $\{x_n\}$ は X のコーシー列である. X は完備だから, $\{x_n\}$ はある $x \in X$ に収束する. (4.29) より,

$$\|x\| = \lim_{n \to \infty} \|x_n\| \leqq \limsup_{n \to \infty}(\|x_0\| + \sum_{k=1}^{n} \|x_k - x_{k-1}\|) \leqq \sum_{k=1}^{\infty} \varepsilon_k < 1 + \varepsilon$$

であるから, $x \in B_X(0, 1 + \varepsilon)$ である. T の連続性と (4.30) から $y = \lim_{n \to \infty} Tx_n = Tx$ なので, $y \in T(B_X(0, 1 + \varepsilon))$ である. これで (4.28) が示せた.

最後に,

$$B_Y(0, r) \subset T(B_X(0, 1)) \tag{4.31}$$

であることを示す. $y \in B_Y(0, r)$ とする. $\|y\| < r$ だから, ある（十分小さな）$\varepsilon > 0$ が存在して $\|y\| < r/(1 + \varepsilon)$ である. よって, $(1 + \varepsilon)y \in B_Y(0, r)$ であるから, (4.28) より, ある $x \in B_X(0, 1 + \varepsilon)$ が存在して $(1 + \varepsilon)y = Tx$ とできる.

ここで, $z = x/(1+\varepsilon)$ とおけば $z \in B_X(0,1)$ で, かつ $y = Tz \in T(B_X(0,1))$
である. したがって, (4.31) が示せた. ∎

開写像定理の証明の前に記号を準備しておく. 線形空間の部分集合 A, B と
$\alpha \in \mathbb{K}$ に対して,

$$A + B := \{x + y \mid x \in A,\ y \in B\}, \qquad \alpha A := \{\alpha x \mid x \in A\}$$

と定義する. 特に $-A := (-1)A$ と定義する.

定理 4.44 (開写像定理) X, Y をバナッハ空間とし, $T \in B(X, Y)$ とする.
このとき, $R(T) = Y$ ならば, X の任意の開集合 G の T による像 $T(G)$ は
Y の開集合である.

【証明】 G を X の任意の開集合とし, 任意の $y \in T(G)$ をとる. y が $T(G)$ の
内点であることを示す.

y はある $x \in G$ を用いて $y = Tx$ と表される. G は開集合であるから, あ
る $\delta > 0$ が存在し, $B_X(x, \delta) \subset G$ である. $B_X(x, \delta) = \{x\} + B_X(0, \delta)$ である
から,

$$\{y\} + T(B_X(0, \delta)) = T(B_X(x, \delta)) \subset T(G)$$

が成り立つ. ここでもし, ある $\delta' > 0$ が存在して,

$$B_Y(0, \delta') \subset T(B_X(0, \delta)) \tag{4.32}$$

であることが示せれば,

$$B_Y(y, \delta') = \{y\} + B_Y(0, \delta') \subset \{y\} + T(B_X(0, \delta)) \subset T(G)$$

となって, y は $T(G)$ の内点であることがいえる. そこで以下, (4.32) を満た
す $\delta' > 0$ が存在することを示す.

$Y_n := \overline{T(B_X(0, n))}$ とおくと, Y_n は閉集合で, かつ仮定より,

$$Y = R(T) = T(X) = T\left(\bigcup_{n=1}^{\infty} B_X(0, n)\right) = \bigcup_{n=1}^{\infty} T(B_X(0, n))$$

が成り立つ. これと, $\bigcup_{n=1}^{\infty} T(B_X(0, n)) \subset \bigcup_{n=1}^{\infty} Y_n \subset Y$ であることから, $Y =$

$\bigcup_{n=1}^{\infty} Y_n$ となる. Y は空でなく完備であるから, ベールのカテゴリー定理 (定理 2.38) を用いると, ある Y_n が開球を含む. すなわち, ある $n_0 \in \mathbb{N}$, $y_0 \in Y$, $r > 0$ が存在し, $B_Y(y_0, r) \subset Y_{n_0}$ である. これと, $-y_0 \in -Y_{n_0} = Y_{n_0}$ であることから,

$$B_Y(0, r) = \{-y_0\} + B_Y(y_0, r) \subset Y_{n_0} + Y_{n_0} \subset Y_{2n_0} = \overline{T(B_X(0, 2n_0))},$$

したがって, $B_Y\left(0, \dfrac{r}{2n_0}\right) \subset \overline{T(B_X(0, 1))}$ を得る. よって, 補題 4.43 から, $B_Y\left(0, \dfrac{r}{2n_0}\right) \subset T(B_X(0, 1))$ となる. そこで, $\delta' := r\delta/(2n_0)$ ととれば,

$$B_Y(0, \delta') = \delta B_Y\left(0, \frac{r}{2n_0}\right) \subset \delta T(B_X(0, 1)) = T(B_X(0, \delta))$$

となる. これで (4.32) が示せた. ∎

開写像定理 (定理 4.44) から逆作用素に関する次の補題が得られる. さらにこの補題から閉作用素に関する閉グラフ定理が導かれる.

補題 4.45 X, Y をバナッハ空間とし, $T \in B(X, Y)$ とする. このとき, T が全単射ならば, T^{-1} が存在して, $T^{-1} \in B(Y, X)$ である.

【証明】 T は全単射であるから, Y から X への逆作用素 T^{-1} が存在する. 例題 4.22 でみたように, T^{-1} は Y から X への線形作用素である. 特に $R(T) = Y$ であるから開写像定理 (定理 4.44) より, 任意の X の開集合 G に対して, $T(G) = (T^{-1})^{-1}(G)$ は Y の開集合である. すなわち, X の任意の開集合 G の, T^{-1} による逆像 $T(G)$ が Y の開集合であるから, T^{-1} は連続である (問題 2.12). よって, 定理 4.19 より $T^{-1} \in B(Y, X)$ である. ∎

系 4.46 (閉グラフ定理) X, Y をバナッハ空間とし, T を $D(T) \subset X$ から Y への閉作用素とする. このとき, $D(T) = X$ ならば, $T \in B(X, Y)$ である.

【証明】 $X \times Y$ はバナッハ空間である（問題 4.12）．また，T は閉作用素であるから，$G(T)$ はバナッハ空間 $X \times Y$ の閉部分空間，したがってバナッハ空間である．$J : G(T) \to X$ を $J : [x, Tx] \to x$ と定義すると，J はバナッハ空間 $G(T)$ からバナッハ空間 X への有界線形作用素である．実際，線形性は

$$J(\alpha[x_1, Tx_1] + \beta[x_2, Tx_2]) = J([\alpha x_1 + \beta x_2, T(\alpha x_1 + \beta x_2)])$$
$$= \alpha x_1 + \beta x_2 = \alpha J([x_1, Tx_1]) + \beta J([x_2, Tx_2])$$

からわかり，有界性は

$$\|J([x, Tx])\| = \|x\| \leqq \|x\| + \|Tx\| = \|[x, Tx]\|$$

からわかる．さらに J は全単射である．実際，$X = D(T)$ だから全射であり，

$$J([x, Tx]) = 0 \implies x = 0 \implies [x, Tx] = [0, 0] \ (X \times Y \text{ の零元})$$

だから単射である（例題 4.22）．よって補題 4.45 より，J^{-1} が存在して $J^{-1} \in B(X, G(T))$ である．ゆえに，ある定数 $c \geqq 0$ が存在して，

$$\|Tx\| \leqq \|x\| + \|Tx\| = \|[x, Tx]\| = \|J^{-1}x\| \leqq c\|x\| \quad (x \in X)$$

が成り立つ．したがって，$T \in B(X, Y)$ である．∎

■ 4.7.3 — ハーン・バナッハの定理

　ハーン・バナッハの定理は線形汎関数の拡張に関する定理であり，ハーン（1927）が発見し，のちにバナッハ（1929）が再発見し現在の形にした．証明は他書に譲るが[40]，**ツォルンの補題**[41]に基づいており，汎関数の拡張を構成する方法を明示しているわけではないことに注意しておく．

---

[40] 参考文献 [5] の定理 8.11 や [6] の定理 6.1 などを参照のこと．なお，X が複素線形空間の場合のハーン・バナッハの定理（H.F. Bohnenblust–A. Sobczyk（1938））についてもこれらの文献を参照のこと．
[41] 「順序集合 A において，任意の全順序部分集合が上界をもつならば，A は極大元をもつ」という命題である．ツェルメロの選択公理と同値であるからこれを公理として考えてもよい．詳しくは松坂和夫『解析入門（中）』（岩波書店）の 11.3 節，または参考文献 [5] の 3.4 節や [6] の §6.1 を参照のこと．

定理 4.47（ハーン・バナッハの定理（実線形空間の場合）） X を実線形空間とし，p を X で定義された実数値汎関数で

$$p(x + y) \leqq p(x) + p(y) \quad (x, y \in X),$$
$$p(\alpha x) = \alpha p(x) \quad (\alpha \geqq 0, \ x \in X)$$

を満たすとする．さらに M を X の線形部分空間とし，f は

$$f(x) \leqq p(x) \quad (x \in M)$$

を満たす M 上の線形汎関数とする．このとき，X 上の線形汎関数 $\tilde{f}$ が存在し，

$$\tilde{f}(x) = f(x) \quad (x \in M), \qquad \tilde{f}(x) \leqq p(x) \quad (x \in X)$$

を満たす．

　一般のノルム空間においては次の定理が成り立つ．この定理は，実ノルム空間の場合はハーン・バナッハの定理（定理 4.47）から容易に導かれるので，例題の形で述べておく．

例題 4.48（ハーン・バナッハの定理（ノルム空間の場合）） X をノルム空間とし，M を X の部分空間とする．このとき，任意の $f \in M^*$ に対して，ある $\tilde{f} \in X^*$ が存在し，

$$\tilde{f}(x) = f(x) \quad (x \in M), \qquad \|\tilde{f}\|_{X^*} = \|f\|_{M^*}$$

が成り立つ．このことを X が実ノルム空間の場合に証明せよ [42]．

[**解**]　任意の $f \in M^*$ をとる．このとき，$|f(x)| \leqq \|f\|_{M^*}\|x\|$ $(x \in M)$ が成り立つ．そこで $p(x) = \|f\|_{M^*}\|x\|$ $(x \in X)$ とおくと，p は X で定義された実数値汎関数で，

---

[42] 複素ノルム空間の場合の証明は，参考文献 [5] の定理 8.13，または [6] の定理 6.2 を参照のこと．

$$p(x+y) \leqq \|f\|_{M^*}(\|x\| + \|y\|) = p(x) + p(y) \qquad (x, y \in X)$$

と，任意の $\alpha \geqq 0$ に対して $p(\alpha x) = \|f\|_{M^*} \cdot \alpha \|x\| = \alpha p(x)$ $(x \in X)$ を満たす．さらに，$f(x) \leqq |f(x)| \leqq p(x)$ $(x \in M)$ が成り立つ．よって，実線形空間におけるハーン・バナッハの定理（定理 4.47）により，X 上の線形汎関数 $\tilde{f}$ が存在し，

$$\tilde{f}(x) = f(x) \quad (x \in M), \qquad \tilde{f}(x) \leqq p(x) \quad (x \in X)$$

が成り立つ．この $\tilde{f}$ は $|\tilde{f}(x)| \leqq p(x) = \|f\|_{M^*} \|x\|$ $(x \in X)$ を満たすから $\tilde{f} \in X^*$ であり，$\|\tilde{f}\|_{X^*} \leqq \|f\|_{M^*}$ である．一方，$\|\tilde{f}\|_{X^*} \geqq \|\tilde{f}\|_{M^*} = \|f\|_{M^*}$ であるから [*43]，$\|\tilde{f}\|_{X^*} = \|f\|_{M^*}$ を得る． $\qquad \square$

ところで 4.5.2 項において第二共役空間を導入する際に，一般のノルム空間 $X \neq \{0\}$ に対して X^* に零元以外の元が存在すると述べた．例題 4.48 を用いてこれを証明する．

定理 4.49 $X \neq \{0\}$ をノルム空間とし，$x_0 \in X \setminus \{0\}$ とする．このとき，ある $\tilde{f} \in X^*$ が存在して，

$$\|\tilde{f}\|_{X^*} = 1, \qquad \tilde{f}(x_0) = \|x_0\|_X$$

が成り立つ．

【証明】 $x_0 \neq 0$ を用いて，X の部分空間 $M := \{\alpha x_0 \mid \alpha \in \mathbb{K}\}$（$\mathbb{K}$ は X の係数体）を定義する．M 上の線形汎関数 f を，$x = \alpha x_0 \in M$ に対して $f(x) := \alpha \|x_0\|_X$ と定義する．$f \neq 0$, $|f(x)| = \|x\|_M$ $(= \|x\|_X)$ だから $f \in M^*$, $\|f\|_{M^*} = 1$ なので，ハーン・バナッハの定理（例題 4.48）により，ある $\tilde{f} \in X^*$ が存在して，

$$\tilde{f}(x) = f(x) \quad (x \in M), \qquad \|\tilde{f}\|_{X^*} = \|f\|_{M^*} = 1$$

が成り立つ．特に $\tilde{f}(x_0) = f(x_0) = \|x_0\|_X$ である． ■

[*43] 汎関数ノルムの定義において，上限をとる範囲を X から M に狭めると上限は非増加である．

$f \in X^*$ のノルムは (4.13) より $\|f\|_{X^*} = \sup\limits_{\substack{x \in X \\ x \neq 0}} \dfrac{|f(x)|}{\|x\|_X}$ で定義されたが, 定理 4.49

を用いると, f と x の立場を入れ替えた次の等式が得られる.

> **系 4.50** $x \in X$ のノルムは
>
> $$\|x\|_X = \sup_{\substack{f \in X^* \\ f \neq 0}} \frac{|f(x)|}{\|f\|_{X^*}}$$
>
> と表せる. 特に, 任意の $f \in X^*$ に対して $f(x) = 0$ であれば, $x = 0$ である.

【証明】 任意の $x \in X$ をとり固定する. $x = 0$ のときは, 任意の $f \in X^*$ に対して $f(x) = 0$ であり等号が成り立つから, $x \neq 0$ とする. このとき, この x に対して, 定理 4.49 によって存在が示された $\tilde{f} \in X^*$ $(\tilde{f} \neq 0)$ を用いて, $\sup\limits_{\substack{f \in X^* \\ f \neq 0}} \dfrac{|f(x)|}{\|f\|_{X^*}} \geqq \dfrac{|\tilde{f}(x)|}{\|\tilde{f}\|_{X^*}} = \|x\|_X$ が成り立つ. また, $|f(x)| \leqq \|f\|_{X^*}\|x\|_X$ だから, $\sup\limits_{\substack{f \in X^* \\ f \neq 0}} \dfrac{|f(x)|}{\|f\|_{X^*}} \leqq \|x\|_X$ が成り立つ. したがって, $\|x\|_X = \sup\limits_{\substack{f \in X^* \\ f \neq 0}} \dfrac{|f(x)|}{\|f\|_{X^*}}$ が示された. 特に, 任意の $f \in X^*$ に対して $f(x) = 0$ ならば, $\|x\|_X = 0$ となり $x = 0$ を得る. ■

章末問題 4

4.1 X, Y を線形空間とし, T を $D(T) \subset X$ から Y への線形作用素とする. このとき, 定義 4.1 において, (i) を仮定するとき, 条件 "(ii) かつ (iii)" は (4.1) と同値であることを証明せよ.

4.2 $\mathbb{R}^n$ から $\mathbb{R}^m$ への線形作用素 T は行列を用いて表せることを証明せよ.

4.3 X を有限次元のノルム空間とするとき, X で定義された任意の線形作用素は有界であることを証明せよ.

4.4 例題 4.20 において，y は $\{x_n\}$ の選び方によらず，x に対して一意に決まることを証明せよ．

4.5 X, Y を線形空間とする．T を $D(T) \subset X$ から Y への線形作用素とし，逆作用素 T^{-1} が存在したとする．このとき，もし $x_1, x_2, \ldots, x_n \in D(T)$ が一次独立ならば，$Tx_1, Tx_2, \ldots, Tx_n \in Y$ も一次独立であることを証明せよ．

4.6 X, Y をノルム空間とし，T を $D(T) \subset X$ から Y への有界線形作用素とする．このとき，ある $c > 0$ が存在して $\|Tx\| \geqq c\|x\|$ $(x \in D(T))$ が成り立つならば，$T^{-1} : R(T) \to X$ が存在して有界であることを証明せよ．

4.7 $S, T \in B(X)$ が $ST = TS = I$ を満たすならば，$S = T^{-1}$，$T = S^{-1}$ であることを証明せよ [*44]．

4.8 例題 4.23 の (4.11) を次のようにして証明せよ．
 (1) 任意の $y_0 \in X$ を固定し，$Sx = y_0 + (I - T)x$ $(x \in X)$ とおく．このとき，S は X からそれ自身への縮小写像であることを証明せよ．
 (2) T^{-1} が存在して，$T^{-1} \in B(X)$ であり，(4.11) が成り立つことを証明せよ．

4.9 次の汎関数が有界線形汎関数であることを証明せよ．
 (1) $X = C[a, b]$ とし，$t_0 \in [a, b]$ を固定するとき，$f(x) = x(t_0)$ $(x \in X)$ で定義される X 上の汎関数 f．
 (2) ℓ^∞ の部分空間 c （例 3.8）において，$f(x) = \lim_{n \to \infty} \xi_n$ $(x = \{\xi_n\} \in c)$ で定義される c 上の汎関数 f．

4.10 $a = \{\alpha_k\} \in \ell^\infty$ を固定する．$f : \ell^1 \to \mathbb{R}$ を $f(x) = \sum_{k=1}^{\infty} \alpha_k \xi_k$ $(x = \{\xi_k\} \in \ell^1)$ と定義する．次のことを証明せよ．
 (1) f は ℓ^1 で定義された有界線形汎関数である．
 (2) $\|f\| = \|a\|_{\ell^\infty}$．

4.11 二つのノルム空間 X, Y が同型であるとき，X が完備ならば Y も完備であることを証明せよ．

[*44] $\dim X < \infty$ ならば，X から X への二つの線形作用素 S, T が $ST = I$，$TS = I$ のどちらか一方を満たせば他方も成り立つ（例えば，佐武一郎『線型代数学』（裳華房）の第 I 章 §3 の定理 1 に対する注意）．しかし $\dim X = \infty$ ならばそうとは限らない．実際，X を数列空間として，$T(\{x_1, x_2, \ldots\}) = \{0, x_1, x_2, \ldots\}$，$S(\{x_1, x_2, \ldots\}) = \{x_2, x_3, \ldots\}$ とすれば $ST = I$ であるが，$TS(\{x_1, x_2, \ldots\}) = \{0, x_2, x_3, \ldots\}$ となって $TS \neq I$ である．

4.12　X, Y がともにバナッハ空間ならば，$X \times Y$ もバナッハ空間であることを証明せよ．

4.13　X, Y をノルム空間とし，T を $D(T) \subset X$ から Y への有界線形作用素とする．$D(T)$ が閉集合であれば，T は閉作用素であることを証明せよ．

4.14　X, Y をノルム空間とする．線形作用素 $T : X \to Y$ がコンパクト作用素であるためには，X の任意の有界集合 B に対して，$\overline{T(B)}$ が Y のコンパクト集合になることが必要十分であることを証明せよ．

4.15　X をノルム空間とする．X_0 が X で稠密な部分空間ならば，$X_0^* \cong X^*$ であることを証明せよ．

5 内積空間とヒルベルト空間

【この章の目標】

前章までベクトルの長さ（ノルム）を定義したノルム空間を考えてきた．一方，高校数学や線形代数で学んだように，$\mathbb{R}^2$ や $\mathbb{R}^3$ には長さだけでなく向きの情報を併せもつ内積という量があった．例えば $\mathbb{R}^2$ において二つのベクトル $\vec{x} = (\xi_1, \xi_2)$, $\vec{y} = (\eta_1, \eta_2)$ の内積は $\vec{x} \cdot \vec{y} = \xi_1 \eta_1 + \xi_2 \eta_2 = |\vec{x}||\vec{y}| \cos\theta$（$\theta$ は $\vec{x}, \vec{y}$ のなす角）であり，特に $\vec{x} \cdot \vec{x} = \xi_1^2 + \xi_2^2 = |\vec{x}|^2$ であった．このことは，線形空間に内積を定義すれば，長さだけでなく向きの概念も備えた空間（内積空間）を構成できることを示唆している．さらに，内積を定義することで直交性を定義でき，幾何学的な議論が可能になる．

5.1 内積空間

5.1.1 — 内積空間の定義

H を線形空間とし，$\mathbb{K}$ をその係数体とする．任意の $x, y \in H$ に対して，次の条件を満たす $(x, y) \in \mathbb{K}$ が与えられているとき，(x, y) を x と y の**内積**という．

(I1) $(x, x) \geqq 0$

(I2) $(x, x) = 0 \iff x = 0$

(I3) $(x, y) = \overline{(y, x)}$ （ただし，$\overline{w}$ は複素数 w の共役複素数）

(I4) $(\alpha x, y) = \alpha(x, y)$ （$\alpha \in \mathbb{K}$）*1

(I5) $(x + z, y) = (x, y) + (z, y)$

内積が定義された線形空間を**内積空間**という．特に $\mathbb{K} = \mathbb{R}$ のとき**実内積空間**，$\mathbb{K} = \mathbb{C}$ のとき**複素内積空間**という．内積空間 H の内積を，添え字をつけ

---

*1 物理の文献では $(x, \alpha y) = \alpha(x, y)$ とすることが多いようなので，他の本を読む場合は注意すること．

て $(\cdot, \cdot)_H$ で表すことがある．内積はノルムと同様に，H の線形構造に依存して決まる量である．

(I4), (I5) は内積 (x, y) の左のベクトル x に関する線形性である．右のベクトル y に関しては次の**共役線形性**が導かれる（問題 5.1）：

(I4′) $(x, \alpha y) = \overline{\alpha}(x, y)$,

(I5′) $(x, y + z) = (x, y) + (x, z)$.

H が実内積空間であるとき，内積は実数なので，条件 (I3) は

(I3′) $(x, y) = (y, x)$

と一致し，内積は対称性をもつ *2.

▌5.1.2 ── 内積から導かれたノルム

H を内積空間とする．いま，H の内積を用いて，任意の $x \in H$ に対して実数 $\|x\|$ を

$$\|x\| := \sqrt{(x, x)}$$

と定義する．(I1) より $(x, x) \geqq 0$ であるから，この量は任意の $x \in H$ に対して常に実数であることに注意する．この $\|\cdot\|$ は 3.2.1 項の (N1)–(N4) を満たし H のノルムになるのだが，その証明は後の例題 5.4 で行うとし，ここではそれを認めて先に進む．ノルム $\|x\| = \sqrt{(x, x)}$ を**内積から導かれたノルム**という．したがって，内積空間 H はノルム空間である．

内積から導かれたノルムは，重要な展開式

$$\|x + y\|^2 = \|x\|^2 + 2\,\mathrm{Re}\,(x, y) + \|y\|^2 \tag{5.1}$$

を満たす．これは (I5), (I5′), (I3) を順に用いて，

$$\begin{aligned}
\|x + y\|^2 &= (x + y, x + y) = (x, x + y) + (y, x + y) \\
&= (x, x) + (x, y) + (y, x) + (y, y) = \|x\|^2 + (x, y) + \overline{(x, y)} + \|y\|^2 \\
&= \|x\|^2 + 2\,\mathrm{Re}\,(x, y) + \|y\|^2
\end{aligned}$$

---

*2 以下，複素数に不慣れな人は係数体を実数（$\mathbb{K} = \mathbb{R}$）として読み進めてもよい．このとき，$z \in \mathbb{R}$ に対しては $\overline{z} = \mathrm{Re}\,z = z$, $\mathrm{Im}\,z = 0$, $|z|^2 = z^2$ であるから計算が楽になる．

として導かれる．ここで，複素数 z に対して $z+\bar{z}=2\,\mathrm{Re}\,z$ であることを用いた．特に実内積空間の場合は (x,y) が実数なので，(5.1) は

$$\|x+y\|^2 = \|x\|^2 + 2(x,y) + \|y\|^2 \tag{5.2}$$

となる *3．これらのノルムの展開式 (5.1), (5.2) は内積から導かれたノルムでのみ可能な変形であることに注意する．

内積と，それから導かれたノルムとの間には次の重要な不等式が成り立つ．

定理 5.1（シュワルツの不等式） H を内積空間とする．このとき，任意の $x,y \in H$ に対して

$$|(x,y)| \leqq \|x\|\|y\| \tag{5.3}$$

が成り立つ *4．等号が成り立つのは x,y が一次従属であるとき，またそのときに限る．

【証明】 $(x,y)=0$ のとき，(5.3) は左辺が 0 なので明らかに成り立つ．$(x,y) \neq 0$ のとき，$y \neq 0$ だから $t = -\dfrac{(x,y)}{\|y\|^2}$ とおくと，展開式 (5.1) より

$$0 \leqq \|x+ty\|^2 = \|x\|^2 + 2\,\mathrm{Re}\,(\bar{t}(x,y)) + |t|^2\|y\|^2 = \|x\|^2 - \frac{|(x,y)|^2}{\|y\|^2} \tag{5.4}$$

である．これより (5.3) を得る．

(5.3) の等号が成り立つとする．$y=0$ ならば x,y は一次従属である．$y \neq 0$ のときは (5.4) の右辺が 0 だから，$\|x+ty\|^2=0$，すなわち $x+ty=0$ となるので，x,y は一次従属である．逆に x,y が一次従属ならば，$x+\alpha y=0$ または $\alpha x+y=0$ となる α が存在し，いずれの場合も (5.3) の両辺は等しい． ■

➤**注意 5.2** シュワルツの不等式 (5.3) から，次のようにして実内積空間に向き（角度）の概念を導入することができる．H を実内積空間とし，$x,y \in H \setminus \{0\}$ とする．このとき，シュワルツの不等式より $-1 \leqq \dfrac{(x,y)}{\|x\|\|y\|} \leqq 1$ が成り立つ．よって中間値の定理

---

*3 これは $\mathbb{R}^2$ や $\mathbb{R}^3$ における $|\vec{x}+\vec{y}|^2 = |\vec{x}|^2 + 2\vec{x}\cdot\vec{y} + |\vec{y}|^2$ の一般化である．
*4「内積はノルムの積（関）を越えられず」と川柳のように唱えるとよい．

により, $\cos\theta = \dfrac{(x,y)}{\|x\|\|y\|}$ となる $\theta \in [0,\pi]$ がただ一つ存在する. この θ を x, y の**なす角**という. このとき, $(x,y) = \|x\|\|y\|\cos\theta$ が成り立つ. 特に $H = \mathbb{R}^2, \mathbb{R}^3$ の場合, この θ はいわゆるベクトル x, y のなす角のことである (例5.6 も参照のこと).

> **例題 5.3** H を内積空間とする. このとき, 次のことを証明せよ.
>
> (1) $x, y, z, w \in H$ に対して,
>
> $$(x,y) - (z,w) = (x-z, y-w) + (x-z, w) + (z, y-w)$$
>
> が成り立つ.
>
> (2) 内積は連続である. すなわち, 点列 $\{x_n\}, \{y_n\} \subset H$ に対して $x_n \to x_0$, $y_n \to y_0$ ならば $(x_n, y_n) \to (x_0, y_0)$ である.

[**解**] (1) 内積の性質 (I4), (I5), (I4′), (I5′) を用いて,

$$(右辺) = (x-z, y) + (z, y-w)$$
$$= (x,y) - (z,y) + (z,y) - (z,w) = (x,y) - (z,w) = (左辺)$$

である.

(2) $x_n \to x_0$, $y_n \to y_0$ とする. このとき, (1) とシュワルツの不等式 (定理5.1) を用いると,

$$|(x_n, y_n) - (x_0, y_0)|$$
$$= |(x_n - x_0, y_n - y_0) + (x_n - x_0, y_0) + (x_0, y_n - y_0)|$$
$$\leqq \|x_n - x_0\|\|y_n - y_0\| + \|x_n - x_0\|\|y_0\| + \|x_0\|\|y_n - y_0\|$$
$$\to 0 \cdot 0 + 0 \cdot \|y_0\| + \|x_0\| \cdot 0 = 0$$

であるから, $(x_n, y_n) \to (x_0, y_0)$ である. □

さて, $\|x\| = \sqrt{(x,x)}$ がノルムであることを証明していなかったので, ここで示す. 内積の性質からノルムの定義が導かれるところに注目して欲しい.

> **例題 5.4** H を内積空間とする. このとき, $\|x\| = \sqrt{(x,x)}$ は H 上のノル

ムであることを証明せよ.

[**解**] (N1) $\|x\| = \sqrt{(x,x)} \geqq 0$ である.

(N2) (I2) より, $\|x\| = 0 \iff (x,x) = 0 \iff x = 0$ である.

(N3) (I4) と (I4') より,

$$\|\alpha x\| = \sqrt{(\alpha x, \alpha x)} = \sqrt{\alpha \overline{\alpha}(x,x)} = \sqrt{|\alpha|^2 (x,x)} = |\alpha| \|x\|$$

である.

(N4) (5.1), $\operatorname{Re} z \leqq |z|$ $(z \in \mathbb{K})$ とシュワルツの不等式 (定理 5.1) を用いて,

$$\|x + y\|^2 = \|x\|^2 + 2\operatorname{Re}(x,y) + \|y\|^2 \leqq \|x\|^2 + 2|(x,y)| + \|y\|^2$$
$$\leqq \|x\|^2 + 2\|x\|\|y\| + \|y\|^2 = (\|x\| + \|y\|)^2$$

が成り立つ. よって, $\|x + y\| \leqq \|x\| + \|y\|$ である. $\qquad\square$

内積空間の簡単な例を与えておく. さらに 5.2.2 項において, ノルム空間として完備であるような内積空間 (ヒルベルト空間) の例を紹介する.

例 5.5 $H = \mathbb{R}$ は $(x,y)_{\mathbb{R}} = xy$ ($\mathbb{R}$ の積) を内積として実内積空間になる. この内積から導かれたノルムは $\|x\| = \sqrt{(x,x)_{\mathbb{R}}} = \sqrt{x^2} = |x|$ $(= \|x\|_{\mathbb{R}^1})$ である. 展開式 (5.1) は $|x+y|^2 = |x|^2 + 2xy + |y|^2 = x^2 + 2xy + y^2$ となる.

例 5.6 $H = \mathbb{R}^2$ は, $x = (\xi_1, \xi_2)$, $y = (\eta_1, \eta_2)$ に対して $(x,y)_{\mathbb{R}^2} = \xi_1 \eta_1 + \xi_2 \eta_2$ を内積として実内積空間になる. この内積から導かれたノルムは $\|x\| = \sqrt{(x,x)_{\mathbb{R}^2}} = \sqrt{\xi_1^2 + \xi_2^2} = \|x\|_{\mathbb{R}^2}$ (2 次元ベクトルの長さ) である. 展開式 (5.1) より $\|x - y\|_{\mathbb{R}^2}^2 = \|x\|_{\mathbb{R}^2}^2 - 2(x,y)_{\mathbb{R}^2} + \|y\|_{\mathbb{R}^2}^2$ を得る. 一方, $\mathbb{R}^2$ の 3 点 $0, x, y$ を頂点とする三角形に関する余弦定理 $\|x - y\|_{\mathbb{R}^2}^2 = \|x\|_{\mathbb{R}^2}^2 + \|y\|_{\mathbb{R}^2}^2 - 2\|x\|_{\mathbb{R}^2}\|y\|_{\mathbb{R}^2}\cos\theta$ (ただし θ は x, y のなす角) と比較すると, $(x,y)_{\mathbb{R}^2} = \|x\|_{\mathbb{R}^2}\|y\|_{\mathbb{R}^2}\cos\theta$ が導かれる. これは高校で学んだベクトルの記号を用いて書くと $\vec{x} \cdot \vec{y} = |\vec{x}||\vec{y}|\cos\theta$ のことであり, 高校では逆にこの式で 2 次元ベクトルの内積を定義することも多い.

例 5.7 $H = \mathbb{C}$ は $(z,w)_{\mathbb{C}} = z\overline{w}$ ($\mathbb{C}$ の積) を内積として複素内積空間になる.

この内積から導かれたノルムは $\|z\| = \sqrt{(z,z)_{\mathbb{C}}} = \sqrt{|z|^2} = |z| \ (= \|z\|_{\mathbb{C}^1})$（複素数の絶対値）である．展開式 (5.1) は $|z+w|^2 = |z|^2 + 2\operatorname{Re}(z\overline{w}) + |w|^2$ となる [*5].

■5.1.3 ── 中線定理

内積から導かれたノルムについては，次の独特な等式が成り立つ．

定理 5.8（中線定理，平行四辺形の等式）　内積空間 H において，内積から導かれたノルムは

$$\|x+y\|^2 + \|x-y\|^2 = 2(\|x\|^2 + \|y\|^2) \qquad (x,y \in H) \tag{5.5}$$

を満たす．

証明を始める前に，$H = \mathbb{R}^2$ の場合の図 5.1 を見てほしい．(5.5) は三角形の中線に関する等式，あるいは平行四辺形の対角線に関する等式として，平面幾何ではよく知られた性質である．この定理はそれらの関係が，$\mathbb{R}^2$ に限らず一般の内積空間において成り立つことを主張している．

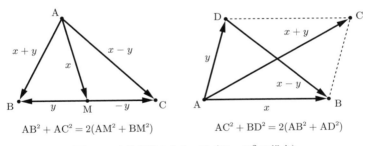

$$\mathrm{AB}^2 + \mathrm{AC}^2 = 2(\mathrm{AM}^2 + \mathrm{BM}^2) \qquad\qquad \mathrm{AC}^2 + \mathrm{BD}^2 = 2(\mathrm{AB}^2 + \mathrm{AD}^2)$$

図 5.1　中線定理のイメージ（$H = \mathbb{R}^2$ の場合）

証明は容易で，内積から導かれたノルムなので $\|x \pm y\|^2$ を (5.1) のように展開できることに注意する．

【証明】　展開式 (5.1) を用いると，

[*5] 複素数 z に対しては一般に $|z|^2 \neq z^2$ であるから，展開式 $(z+w)^2 = z^2 + 2zw + w^2$ とは異なる．

$$\|x+y\|^2 + \|x-y\|^2$$
$$= \|x\|^2 + 2\operatorname{Re}(x,y) + \|y\|^2 + \|x\|^2 - 2\operatorname{Re}(x,y) + \|y\|^2 = 2(\|x\|^2 + \|y\|^2)$$

となる. ■

　実は中線定理 (5.5) は内積から導かれたノルムだけがもつ特徴であって，そうではないノルムでは必ずある x, y で破綻する. つまり，任意の $x, y \in H$ に対して (5.5) を満たすノルムというのは，内積から導かれたノルムに限るのである. もう少し詳しく述べると，ノルム空間はノルムが (5.5) を満たすならば，そのノルムを使って適当な内積を（$\|x\| = \sqrt{(x,x)}$ が成り立つように）定義し内積空間にすることができるのである. すなわち，ノイマン[*6]らによる次の定理が成り立つ.

定理 5.9　ノルム空間 X のノルム $\|\cdot\|$ が，任意の $x, y \in X$ に対して中線定理 (5.5) を満たすとする[*7]. このとき，次の (i) (ii) が成り立つ.

(i) X が実ノルム空間ならば

$$(x,y) = \frac{1}{4}(\|x+y\|^2 - \|x-y\|^2) \tag{5.6}$$

は，$\|x\| = \sqrt{(x,x)}$ を満たす X の内積となる.

(ii) X が複素ノルム空間ならば

$$(x,y) = \frac{1}{4}(\|x+y\|^2 - \|x-y\|^2 + i(\|x+iy\|^2 - \|x-iy\|^2)) \tag{5.7}$$

は，$\|x\| = \sqrt{(x,x)}$ を満たす X の内積となる.

したがって，このとき X は内積空間となる.

【証明】　(i) は (ii) の実部だけを考えればよいので，(ii) だけ示す.

[*6] ノイマン（John von Neumann, 1903–1957）はハンガリー出身のアメリカ合衆国の数学者. 20世紀最高の頭脳の持ち主といわれる. チューリング（Alan Mathison Turing, 1912–1954）とともに「コンピュータの父」とよばれる.

[*7] 中線定理 (5.5) が成り立つようなノルム空間は**プレヒルベルト空間**とよばれることがある（例えば参考文献 [17] を参照のこと）. 定理 5.8 と定理 5.9 によれば，ノルム空間がプレヒルベルト空間であることと内積空間であることは同値である.

X を複素ノルム空間とし，(x, y) を (5.7) で定義する．$\|x\| = \sqrt{(x, x)}$ を満たすことは，

$$(x, x) = \frac{1}{4}(4\|x\|^2 + i(2\|x\|^2 - 2\|x\|^2)) = \|x\|^2$$

よりわかる．また，これより (I1), (I2) もわかる．

(I3) は，$\|\pm iz\| = \|z\|$ に注意すると，

$$\overline{(y, x)} = \frac{1}{4}(\|y + x\|^2 - \|y - x\|^2 - i(\|y + ix\|^2 - \|y - ix\|^2))$$
$$= \frac{1}{4}(\|x + y\|^2 - \|x - y\|^2 - i(\|x - iy\|^2 - \|x + iy\|^2)) = (x, y)$$

よりわかる．

(I4) の前に (I5) を示す．実部と虚部をまとめると，

$$(x, y) + (z, y) = \frac{1}{4}(\|x + y\|^2 + \|z + y\|^2 - (\|x - y\|^2 + \|z - y\|^2))$$
$$+ \frac{i}{4}(\|x + iy\|^2 + \|z + iy\|^2 - (\|x - iy\|^2 + \|z - iy\|^2))$$

である．さらに中線定理 (5.5) により，

$$(x, y) + (z, y) = \frac{1}{8}(\|x + z + 2y\|^2 - \|x + z - 2y\|^2)$$
$$+ \frac{i}{8}(\|x + z + 2iy\|^2 - \|x + z - 2iy\|^2)$$
$$= \frac{1}{2}\left(\left\|\frac{x + z}{2} + y\right\|^2 - \left\|\frac{x + z}{2} - y\right\|^2\right)$$
$$+ \frac{i}{2}\left(\left\|\frac{x + z}{2} + iy\right\|^2 - \left\|\frac{x + z}{2} - iy\right\|^2\right) = 2\left(\frac{x + z}{2}, y\right)$$

である．この式で $z = 0$ とおくと，(5.7) で $x = 0$ として得られる $(0, y) = 0$ より $(x, y) = 2(x/2, y)$ $(x, y \in X)$ を得る．この等式を適用すると，

$$(x, y) + (z, y) = 2\left(\frac{x + z}{2}, y\right) = (x + z, y)$$

となって (I5) を得る．

最後に (I4) を示す．(I5) を繰り返し用いると，任意の自然数 m, n に対して，

$$n\left(\frac{m}{n}x, y\right) = \left(n \cdot \frac{m}{n}x, y\right) = (mx, y) = m(x, y),$$

すなわち，$((m/n)x, y) = (m/n)(x, y)$ であることがわかる．また，(I5) より，

$$\left(-\frac{m}{n}x, y\right) + \frac{m}{n}(x, y) = \left(-\frac{m}{n}x, y\right) + \left(\frac{m}{n}x, y\right) = (0, y) = 0$$

だから，$(-(m/n)x, y) = -(m/n)(x, y)$ であることがわかる．よって，任意の有理数 r に対して，$(rx, y) = r(x, y)$ である．ゆえに，任意の実数 α に対して，$r_n \to \alpha$ となる有理数列 $\{r_n\}$ をとると，$(r_n x, y) = r_n(x, y)$ の両辺で $n \to \infty$ とすることにより，$(\alpha x, y) = \alpha(x, y)$ を得る [*8]．また，

$$(ix, y) = \frac{1}{4}(\|ix + y\|^2 - \|ix - y\|^2 + i(\|ix + iy\|^2 - \|ix - iy\|^2))$$
$$= \frac{1}{4}(\|x - iy\|^2 - \|x + iy\|^2 + i(\|x + y\|^2 - \|x - y\|^2)) = i(x, y)$$

である．こうして，任意の $\alpha + \beta i \in \mathbb{C}$ に対して，

$$((\alpha + \beta i)x, y) = \alpha(x, y) + \beta(ix, y) = (\alpha + \beta i)(x, y)$$

となり，(I4) が示された． ∎

　今後，内積空間をノルム空間とみるとき，またはノルム空間を内積空間とみるときは，内積とノルムの間に $\|x\| = \sqrt{(x, x)}$ が成り立つものとする．

5.2　ヒルベルト空間

5.2.1 — ヒルベルト空間の定義

　内積空間 H がノルム空間として完備であるとき，H は**ヒルベルト空間**であるという [*9]．特に $\mathbb{K} = \mathbb{R}$ のときを**実ヒルベルト空間**，$\mathbb{K} = \mathbb{C}$ のときを**複素ヒルベルト空間**という．

　定義から，ヒルベルト空間とは内積が定義されたバナッハ空間のことである．

[*8] 左辺の極限は，(5.7) の右辺を構成しているノルムの連続性から得られる．

[*9] ヒルベルト（David Hilbert, 1862–1943）はドイツの数学者．その多大な影響力から「現代数学の父」とよばれる．アメリカ数学協会（MAA）のウェブサイトでヒルベルトの肉声を聞くことができる（https://www.maa.org/press/periodicals/convergence/david-hilberts-radio-address-german-transcription/）．

したがって，ヒルベルト空間はバナッハ空間に関するすべての性質を満たす．逆に定理 5.8, 5.9 から，次の定理が直ちに得られる．

> **定理 5.10** バナッハ空間がヒルベルト空間であるためには，そのノルムが中線定理 (5.5) を満たすことが必要十分である．

【証明】 X をバナッハ空間とする．

($\Rightarrow$) X がヒルベルト空間であるとする．このとき，その内積とノルムとの間に $\|x\| = \sqrt{(x,x)}$ が成り立っている．よって，定理 5.8 から中線定理 (5.5) が成り立つことがわかる．

($\Leftarrow$) X のノルムが中線定理 (5.5) を満たすとする．このとき，定理 5.9 から $\|x\| = \sqrt{(x,x)}$ を満たす内積をつくることができる．よって，X はヒルベルト空間である． ∎

> **例題 5.11** バナッハ空間 ℓ^p $(1 \leqq p \leqq \infty,\ p \neq 2)$ はヒルベルト空間ではないことを証明せよ．

[解] バナッハ空間 ℓ^p に $\|x\|_{\ell^p} = \sqrt{(x,x)}$ となる内積を定義してヒルベルト空間になったと仮定しよう．このとき，定理 5.10 より，ノルム $\|\cdot\|_{\ell^p}$ は中線定理 (5.5) を満たす：任意の $x, y \in \ell^p$ に対して，

$$\|x+y\|_{\ell^p}^2 + \|x-y\|_{\ell^p}^2 = 2(\|x\|_{\ell^p}^2 + \|y\|_{\ell^p}^2).$$

ここで，例えば $x = \{1,0,0,0,\ldots\}$, $y = \{0,1,0,0,\ldots\}$ とすると，$x, y \in \ell^p$ である．$1 \leqq p < \infty$ のときは，

$$(左辺) = \|\{1,1,0,0,\ldots\}\|_{\ell^p}^2 + \|\{1,-1,0,0,\ldots\}\|_{\ell^p}^2 = 2^{2/p} + 2^{2/p} = 2^{1+2/p},$$

$$(右辺) = 2(\|\{1,0,0,0,\ldots\}\|_{\ell^p}^2 + \|\{0,1,0,0,\ldots\}\|_{\ell^p}^2) = 2(1^2 + 1^2) = 4$$

であるので，$p \neq 2$ のとき中線定理は成り立たない．また，$p = \infty$ のときは，

$$(左辺) = \|\{1,1,0,0,\ldots\}\|_{\ell^\infty}^2 + \|\{1,-1,0,0,\ldots\}\|_{\ell^\infty}^2 = 1^2 + 1^2 = 2,$$

$$(右辺) = 2(\|\{1,0,0,0,\ldots\}\|_{\ell^\infty}^2 + \|\{0,1,0,0,\ldots\}\|_{\ell^\infty}^2) = 2(1^2 + 1^2) = 4$$

であるので，この場合も中線定理は成り立たない．したがって，ℓ^p $(1 \leqq p \leqq \infty, p \neq 2)$ はヒルベルト空間ではない． $\qquad\square$

➤**注意5.12** ℓ^2 はヒルベルト空間になる（例5.14）．

　ここで，バナッハ空間およびヒルベルト空間に至るまでの道のりを図5.2 にまとめておく．

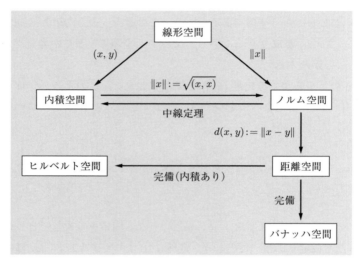

図5.2 バナッハ空間およびヒルベルト空間までの道のり

■5.2.2 ── ヒルベルト空間の例

　いくつかの線形空間に内積を定義し，それから導かれたノルムに関して完備になること，したがってヒルベルト空間になることを述べる．

　実はこれから述べる例はすべて，あるノルムに関してバナッハ空間であることがすでに第3章において示されている．よって定理5.10によれば，それらがヒルベルト空間であることを示すにはそのノルムが中線定理 (5.5) を満たすことを確認すればよい．さらに，どのように内積を定義すればよいかというと，定理5.9の (5.6) または (5.7) からわかるのである．この観点からの考察は練習問題としておく（問題5.4）．

例 5.13 (数空間 $\mathbb{R}^n$, $\mathbb{C}^n$)   実線形空間 $\mathbb{R}^n$ は, $x = (\xi_1, \xi_2, \ldots, \xi_n)$, $y = (\eta_1, \eta_2, \ldots, \eta_n) \in \mathbb{R}^n$ に対して, $(x, y)_{\mathbb{R}^n}$ を x, y の第 k 成分の積の和, すなわち

$$(x, y)_{\mathbb{R}^n} = \sum_{k=1}^{n} \xi_k \eta_k$$

で定義すると, 内積の定義 (I1)–(I5) を満たすので実内積空間になる. この実内積空間 $\mathbb{R}^n$ を **n 次元ユークリッド空間**という. また, この内積から導かれたノルムは

$$\|x\| = \sqrt{(x, x)_{\mathbb{R}^n}} = \sqrt{\sum_{k=1}^{n} |\xi_k|^2} = \|x\|_{\mathbb{R}^n}$$

であり [*10], このノルムに関して完備になることは定理 3.14 でみた. したがって, $\mathbb{R}^n$ は実ヒルベルト空間である. なお, 定理 5.1 のシュワルツの不等式 (5.3) は (1.11) と同値である.

同様に, 複素線形空間 $\mathbb{C}^n$ は内積

$$(x, y)_{\mathbb{C}^n} = \sum_{k=1}^{n} \xi_k \overline{\eta_k}$$

により複素ヒルベルト空間になる. $\mathbb{C}^n$ を **n 次元ユニタリ空間**という.

例 5.14 (数列空間 ℓ^2)   実線形空間 ℓ^2 は, $x = \{\xi_1, \xi_2, \ldots, \xi_k, \ldots\}$, $y = \{\eta_1, \eta_2, \ldots, \eta_k, \ldots\} \in \ell^2$ に対して, $(x, y)_{\ell^2}$ を x, y の第 k 成分の積の和, すなわち

$$(x, y)_{\ell^2} = \sum_{k=1}^{\infty} \xi_k \eta_k$$

で定義すると, 内積の定義 (I1)–(I5) を満たすので実内積空間になる. また, この内積から導かれたノルムは

$$\|x\| = \sqrt{(x, x)_{\ell^2}} = \sqrt{\sum_{k=1}^{\infty} |\xi_k|^2} = \|x\|_{\ell^2}$$

であり, このノルムに関して完備になることは定理 3.15 でみた. したがって, ℓ^2 は実ヒルベルト空間である. なお, 定理 5.1 のシュワルツの不等式 (5.3) は

[*10] $(x, y)_{\mathbb{R}^n}$ を x と y の**ユークリッド内積**, $\|x\|_{\mathbb{R}^n}$ を x の**ユークリッドノルム**, そして $d_{\mathbb{R}^n}(x, y) = \|x - y\|_{\mathbb{R}^n}$ を**ユークリッド距離**という.

(1.10) と同値である.

　同様に, 複素線形空間 ℓ^2 は内積

$$(x, y)_{\ell^2} = \sum_{k=1}^{\infty} \xi_k \overline{\eta_k}$$

により複素ヒルベルト空間になる [*11].

　なお, ℓ^p $(1 \leqq p \leqq \infty, \ p \neq 2)$ がヒルベルト空間ではない (内積空間でもない) ことは例題 5.11 でみたとおりである. バナッハ空間 $C[a,b] = (C[a,b], \|\cdot\|_C)$ も同様である (問題 5.3). また, 関数空間のヒルベルト空間の例には 2 乗ルベーグ積分可能な関数全体の空間 $L^2(a,b)$ がある. これについては第 7 章で説明する.

5.3　射影と直交分解

5.3.1 —— 閉凸集合と射影作用素
　線形空間 H の部分集合 A が**凸集合**であるとは, 任意の $x, y \in A$ に対して

$$(1-t)x + ty \in A \qquad (0 \leqq t \leqq 1)$$

が成り立つことである. これは A の任意の 2 点を結ぶ線分が常に A の中にすっぽりと含まれることを意味する. $H = \mathbb{R}^2$ でイメージすると, 凸集合とは "へこんでいない" 集合といえる [*12] (図 5.3).

例 5.15　線形空間 H 全体は凸集合である. 実際, 任意の $x, y \in H$ をとると, $(1-t)x + ty \in H$ $(0 \leqq t \leqq 1)$ だからである.

例 5.16　ノルム空間 X の単位球 $B = \{x \in X \mid \|x\| < 1\}$ は凸集合である. 実際, 任意の $x, y \in B$ をとると, $0 \leqq t \leqq 1$ のとき $\|(1-t)x + ty\| \leqq (1-t)\|x\| + t\|y\| < (1-t) + t = 1$ となって, $(1-t)x + ty \in B$ だからである.

[*11] 物理では $(x,y)_{\ell^2} = \sum_{k=1}^{\infty} \overline{\xi_k}\eta_k$ と定義することが多いようなので, 他の本を読むときは注意すること.
[*12] 残念なことに "凸" という形の図形 (囲まれた部分) は凸集合ではない.

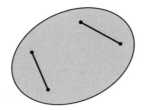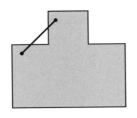

図 5.3 $\mathbb{R}^2$ の凸集合（左）と凸でない集合（右）のイメージ

　ノルム空間において，閉集合であるような凸集合を**閉凸集合**という．閉凸集合の特徴を $\mathbb{R}^2$ の場合で直観的にみてみよう．A を $\mathbb{R}^2$ の閉凸集合とし，$x \in \mathbb{R}^2$ を A の外部にある任意の点とし固定する．このとき，x と任意の $z \in A$ の距離 $\|x - z\|_{\mathbb{R}^2}$ は，A の境界上のある点 y において最小値 $\|x - y\|_{\mathbb{R}^2}$ をとる（図 5.4）．A は閉集合であるから境界も含むので $y \in A$ であること，そして A は凸集合であるからへこんでいないので，そのような y は一意的に定まることがみてとれる．また，この y は x との最短距離を与える A の点であることの他に，任意の $z \in A$ をとったときに二つのベクトル $x - y\,(= \overrightarrow{yx})$, $z - y\,(= \overrightarrow{yz})$ のなす角が必ず $90°$ 以上になっているただ一つの点であることがみてとれるであろう．換言すると，y は任意の $z \in A$ に対して内積 $(x - y, z - y)_{\mathbb{R}^2}$ が常に 0 以下になっており，逆にそのような点は y に限る．以上は $\mathbb{R}^2$ における直観的な考察である．

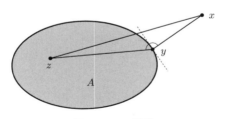

図 5.4 y の特徴

　次の定理はこのことが $\mathbb{R}^2$ のみならず一般のヒルベルト空間 H において成り立つことを主張している．

定理 5.17 A をヒルベルト空間 H の空でない閉凸集合とし，$x \in H$ とす

る．このとき，次の (i)–(iii) が成り立つ．

(i) A の中で最も x に近い元 $y \in A$ がただ一つ存在する[*13]：

$$\exists 1 y \in A \ : \ \forall z \in A \ (z \neq y) \ \|x - y\| < \|x - z\|.$$

(ii) (i) の y について，次の不等式が成り立つ：

$$\mathrm{Re}\,(x - y, z - y) \leqq 0 \qquad (\forall z \in A).$$

(iii) (ii) の不等式を満たす $y \in A$ は (i) の y に限る．

【証明】　(i) $\displaystyle \inf_{z \in A} \|x - z\| = d$ とおくと，ある $\{z_n\} \subset A$ が存在し，

$$\|x - z_n\| \to d \qquad (n \to \infty) \tag{5.8}$$

が成り立つ．この $\{z_n\}$ は H のコーシー列である．実際，中線定理（定理 5.8）より，

$$\begin{aligned}
\|z_m - z_n\|^2 &= \|(z_m - x) - (z_n - x)\|^2 \\
&= 2(\|z_m - x\|^2 + \|z_n - x\|^2) - \|(z_m - x) + (z_n - x)\|^2 \\
&= 2(\|x - z_m\|^2 + \|x - z_n\|^2) - 4\left\|x - \frac{z_m + z_n}{2}\right\|^2 \tag{5.9}
\end{aligned}$$

であるが，A は凸だから $(z_m + z_n)/2 \in A$ なので，

$$\begin{aligned}
\|z_m - z_n\|^2 &\leqq 2(\|x - z_m\|^2 + \|x - z_n\|^2) - 4d^2 \\
&\to 4d^2 - 4d^2 = 0 \qquad (m, n \to \infty)
\end{aligned}$$

だからである．よって，H の完備性から $y := \displaystyle\lim_{n \to \infty} z_n \in H$ が存在する．$\{z_n\}$ は閉集合 A の点列だから，$y \in A$ である．また，(5.8) より，

$$\|x - y\| = d \leqq \|x - z\| \qquad (\forall z \in A)$$

が成り立つ．

[*13] $x \in A$ ならば y は x のことである（証明では $d = 0$, $z_n = x$ $(n = 1, 2, \ldots)$ である）．また，"$\exists 1$" は「一意的に存在する」の記号である．"$\exists!$" も使われる．

あとは $z \neq y$ のときにこの不等式の等号が成り立たないことを示せばよい．対偶を示すため $\|x - y\| = \|x - z\| \ (= d)$ とする．このとき，(5.9) と同様にして

$$\|y - z\|^2 = 2(\|x - y\|^2 + \|x - z\|^2) - 4\left\|x - \frac{y + z}{2}\right\|^2 \leqq 4d^2 - 4d^2 = 0$$

を得る．よって，$y = z$ である．y の一意性もこれから従う．

(ii) $z \in A$, $t \in (0, 1)$ を任意にとる．このとき，A は凸だから $(1 - t)y + tz \in A$ である．よって，(i) より，

$$\begin{aligned}\|x - y\|^2 &\leqq \|x - ((1 - t)y + tz)\|^2 = \|x - y - t(z - y)\|^2 \\ &= \|x - y\|^2 - 2t\,\mathrm{Re}\,(x - y, z - y) + t^2\|z - y\|^2\end{aligned}$$

であり，したがって $2\,\mathrm{Re}\,(x - y, z - y) \leqq t\|z - y\|^2$ が成り立つ．$t \in (0, 1)$ は任意だから $t \to +0$ とすればよい．

(iii) y が (ii) の不等式を満たすとする．このとき，任意の $z \in A \ (z \neq y)$ に対して，

$$\begin{aligned}\|x - z\|^2 &= \|x - y - (z - y)\|^2 \\ &= \|x - y\|^2 - 2\,\mathrm{Re}(x - y, z - y) + \|z - y\|^2 > \|x - y\|^2\end{aligned}$$

である．したがって，$\|x - y\| < \|x - z\|$ となって (i) の不等式を得る．　■

A をヒルベルト空間 H の空でない閉凸集合とする．$x \in H$ に対して定理 5.17 でただ一つ決まる $y \in A$ を，x の A の上への**射影**といい，その対応 P_A を A への**射影作用素**という：$P_A x = y$（図 5.5）．

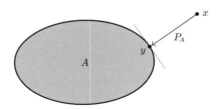

図 5.5 射影と射影作用素

例題 5.18 A をヒルベルト空間 H の空でない閉凸集合とする. A への射影作用素 P_A について，次のことを証明せよ.
(1) $P_A^2 x = P_A x \quad (x \in H)$
(2) $\|P_A x - P_A y\| \leqq \|x - y\| \quad (x, y \in H)$

[**解**] (1) 任意の $x \in H$ をとる. このとき，$P_A x \in A$ である. また，任意の $y \in A$ に対して $P_A y = y$ であるから，$P_A^2 x = P_A(P_A x) = P_A x$ である.

(2) P_A の定義から $P_A x$ と $P_A y$ はともに定理 5.17 の (ii) を満たすから，

$$\mathrm{Re}\,(x - P_A x, z - P_A x) \leqq 0 \qquad (\forall z \in A),$$
$$\mathrm{Re}\,(y - P_A y, w - P_A y) \leqq 0 \qquad (\forall w \in A)$$

を満たす. 特に，$z = P_A y,\ w = P_A x$ とすると，

$$\mathrm{Re}\,(x - P_A x, P_A y - P_A x) \leqq 0, \qquad \mathrm{Re}\,(y - P_A y, P_A x - P_A y) \leqq 0$$

が成り立つ. 両辺を加えると [*14]，

$$\mathrm{Re}\,(P_A x - P_A y - (x - y), P_A x - P_A y) \leqq 0$$

である. 左辺を変形してシュワルツの不等式（定理 5.1）を用いると，

$$\|P_A x - P_A y\|^2 \leqq \mathrm{Re}\,(x - y, P_A x - P_A y)$$
$$\leqq |(x - y, P_A x - P_A y)| \leqq \|x - y\|\|P_A x - P_A y\|$$

である. よって，$\|P_A x - P_A y\| \neq 0$ ならば $\|P_A x - P_A y\| \leqq \|x - y\|$ を得る. $\|P_A x - P_A y\| = 0$ ならばこの不等式は明らかに成り立つ. $\qquad \square$

■5.3.2 — 直交分解

例 5.6 でみたように，$\mathbb{R}^2$ において内積 $(x, y)_{\mathbb{R}^2}$ は x と y のなす角の情報を内包した量であった. 特に（0 でない）x, y が直交することと $(x, y)_{\mathbb{R}^2} = 0$ であることは同値である. そこで，一般のヒルベルト空間 H においても，$(x, y) = 0$

[*14] 第 1 式の左辺は $\mathrm{Re}\,(P_A x - x, P_A x - P_A y)$ に等しい.

のとき, x と y は**直交**するということにする *15. また, H の空でない部分集合 A に対して, A のすべての点と直交するような点全体の集合

$$A^\perp = \{x \in H \mid (x,y) = 0 \ (y \in A)\}$$

を A の**直交補空間**という.

例 5.19 $\mathbb{R}^2$ において, 部分集合 $A = \{(\xi_1, \xi_2) \in \mathbb{R}^2 \mid \xi_2 = \xi_1\}$ の直交補空間は, $A^\perp = \{(\xi_1, \xi_2) \in \mathbb{R}^2 \mid \xi_2 = -\xi_1\}$ である (図 5.6 左).

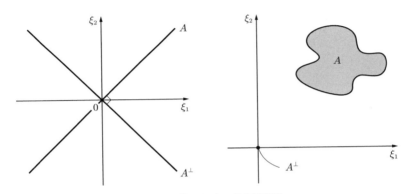

図 5.6 $\mathbb{R}^2$ における直交補空間

次の例題 5.20 でみるように, A が特に部分空間でなくても, $A^\perp$ は部分空間となることに注意する.

例題 5.20 A をヒルベルト空間 H の空でない部分集合とする. このとき, A の直交補空間 $A^\perp$ について, 次のことを証明せよ.
 (1) $A^\perp$ は H の閉部分空間である.
 (2) $x \in A \cap A^\perp$ ならば $x = 0$ である. すなわち, $A \cap A^\perp$ は空集合か $\{0\}$ のいずれかである.

[**解**] (1) $\alpha, \beta \in \mathbb{K}$, $x_1, x_2 \in A^\perp$ とする. このとき, 任意の $y \in A$ に対して,

*15 $x = 0$ または $y = 0$ のときも含めてこれで定義する. したがって, 0 はすべての点と直交する.

$(\alpha x_1 + \beta x_2, y) = \alpha(x_1, y) + \beta(x_2, y) = 0$ であるから，$\alpha x_1 + \beta x_2 \in A^\perp$ である．よって，$A^\perp$ は H の部分空間である．次に，$\{x_n\} \subset A^\perp$，$x_n \to x_0$ とする．このとき，任意の $y \in A$ に対して $(x_n, y) = 0 \ (n = 1, 2, \ldots)$ であるから，$n \to \infty$ とすると内積の連続性（例題 5.3）により $(x_0, y) = 0$ となり，$x_0 \in A^\perp$ を得る．よって，$A^\perp$ は閉集合である．したがって，$A^\perp$ は H の閉部分空間である．

(2) $x \in A \cap A^\perp$ とする．$x \in A^\perp$ だから，任意の $y \in A$ に対して $(x, y) = 0$ である．$x \in A$ だから特に $y = x$ ととると $(x, x) = 0$，よって，$x = 0$ を得る．

□

次の定理は，ヒルベルト空間 H が任意の閉部分空間 M とその直交補空間 $M^\perp$ の直和で表せることを主張している．

定理 5.21（直交分解，射影定理） M をヒルベルト空間 H の閉部分空間とする．このとき，任意の $x \in H$ に対して，ある $y \in M$ と $z \in M^\perp$ が一意的に存在し，$x = y + z$ と表すことができる．すなわち，

$$\forall x \in H \ \exists 1 y \in M \ \exists 1 z \in M^\perp \ : \ x = y + z$$

が成り立つ（このことを $H = M \oplus M^\perp$ と記す）．

図 5.7 は $H = \mathbb{R}^2$ の場合のイメージである．

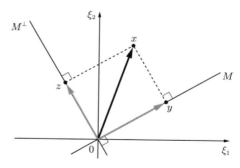

図 5.7 $H = \mathbb{R}^2$ における直交分解

【証明】 任意の $x \in H$ をとる. M は閉部分空間なので空でない閉凸集合であることに注意すると, x の M の上への射影 $y = P_M x \in M$ が存在する. さらに $z = x - y$ とおく. このとき, $z \in M^\perp$ が証明できれば, x が $x = y + z$ ($y \in M$, $z \in M^\perp$) と表せることになる.

 $z \in M^\perp$ を示す. そのために任意の $v \in M$ をとる. 任意の $\alpha \in \mathbb{K}$ (H の係数体) に対して $y + \alpha v \in M$ であるから, 定理 5.17 (ii) より,

$$0 \geqq \mathrm{Re}\,(x - y, (y + \alpha v) - y) = \mathrm{Re}\,(\overline{\alpha}(z, v))$$

が成り立つ. 特に $\alpha = (z, v)$ ととると, $|(z, v)|^2 \leqq 0$, よって $(z, v) = 0$ ($v \in M$) を得る. したがって, $z \in M^\perp$ である.

 分解の一意性を示す. $x \in H$ が次のように 2 通りに分解できたとする:

$$x = y_1 + z_1 = y_2 + z_2 \qquad (y_k \in M,\ z_k \in M^\perp,\ k = 1, 2).$$

このとき, $y_1 - y_2 = z_2 - z_1$ であって, 左辺は M の元, 右辺は $M^\perp$ の元であるから, この両辺はともに $M \cap M^\perp$ の元である. 例題 5.20 (2) によればそのような元は 0 のみであったから, $y_1 - y_2 = z_2 - z_1 = 0$ である. したがって, $y_1 = y_2$, $z_1 = z_2$ である. ∎

➤**注意 5.22** $y = P_M x$, $z = x - y = (I - P_M)x$ であるから, 直交分解は $x = P_M x + (I - P_M)x$ とも表せる. ただし, I は H 上の恒等作用素である.

$\boxed{\textbf{例 5.23}}$ $n \in \mathbb{N}$ を固定し,

$$M = \{\{\xi_1, \xi_2, \ldots, \xi_n, 0, \ldots\} \in \ell^2 \mid \xi_k \in \mathbb{R}\ (1 \leqq k \leqq n)\}$$

とすると, M は ℓ^2 の閉部分空間である. さらに,

$$P_M x = \{\xi_1, \xi_2, \ldots, \xi_n, 0, \ldots\} \qquad (x = \{\xi_1, \xi_2, \ldots\} \in \ell^2),$$
$$M^\perp = \{\{0, \ldots, 0, \xi_{n+1}, \xi_{n+2}, \ldots\} \in \ell^2 \mid \xi_k \in \mathbb{R}\ (k \geqq n + 1)\}$$

であり, $\ell^2 = M \oplus M^\perp$ である.

5.4 完全正規直交系

■5.4.1 — 正規直交系

H を内積空間とし,A を H の部分集合とする.任意の相異なる $x, y \in A\ (x \neq y)$ が直交するとき,すなわち $(x, y) = 0$ であるとき,A は H の**直交系**であるという.さらに,H の直交系 A の任意の元 x が $\|x\| = 1$ を満たすとき,A は H の**正規直交系**であるという [*16].A が H の正規直交系であることは,任意の $x, y \in A$ に対して

$$(x, y) = \begin{cases} 0 & (x \neq y), \\ 1 & (x = y) \end{cases}$$

が成り立つことと同じである.実際,$x \neq y$ ならば $(x, y) = 0$ となるし,$\|x\| = \sqrt{(x, x)} = 1$ となるからである.

直交系の基本的な性質として,有限個の元からなる直交系に対しては,次のピタゴラスの定理が成り立つ.

例題 5.24 内積空間 H について,次のことを証明せよ.

(1) $x, y \in H$ が直交するとき,

$$\|x + y\|^2 = \|x\|^2 + \|y\|^2$$

が成り立つ.

(2) $\{x_1, x_2, \ldots, x_n\}\ (n \geqq 2)$ を H の直交系とするとき,

$$\left\| \sum_{k=1}^n x_k \right\|^2 = \sum_{k=1}^n \|x_k\|^2$$

が成り立つ.

[**解**] (1) $(x, y) = 0$ であるから,

$$\|x + y\|^2 = \|x\|^2 + 2\,\mathrm{Re}\,(x, y) + \|y\|^2 = \|x\|^2 + \|y\|^2$$

[*16] ONS (orthonormal system) ともよばれる.

である.

(2) $n=2$ のときは (1) で示した等式のことである. ある $n \geqq 2$ で成り立つと仮定する. いま,$\{x_1, x_2, \ldots, x_n, x_{n+1}\}$ を H の直交系とする. このとき,

$$\left(\sum_{k=1}^{n} x_k, x_{n+1}\right) = \sum_{k=1}^{n} (x_k, x_{n+1}) = 0$$

であるから,$\sum_{k=1}^{n} x_k$ と x_{n+1} は直交する. よって,(1) と帰納法の仮定により,

$$\left\|\sum_{k=1}^{n+1} x_k\right\|^2 = \left\|\sum_{k=1}^{n} x_k\right\|^2 + \|x_{n+1}\|^2 = \sum_{k=1}^{n} \|x_k\|^2 + \|x_{n+1}\|^2 = \sum_{k=1}^{n+1} \|x_k\|^2$$

となって,$n+1$ のときも成り立つ. $\qquad\square$

さて,応用上重要なヒルベルト空間はだいたい可分である. 例えば,3.4 節で述べたように,数空間 $\mathbb{R}^n$,$\mathbb{C}^n$ や数列空間 ℓ^2 は可分なヒルベルト空間である. 可分なヒルベルト空間の正規直交系については,次の定理が成り立つ.

> **定理 5.25** 可分なヒルベルト空間の正規直交系は高々可算[17] な集合である.

【証明】 H を可分なヒルベルト空間とし,S をその稠密な可算部分集合とする. A を H の正規直交系としよう. このとき,任意の相異なる $x, y \in A$ に対して,$\|x-y\|^2 = \|x\|^2 - 2\operatorname{Re}(x,y) + \|y\|^2 = 2$,すなわち $\|x-y\| = \sqrt{2}$ が成り立つ. 一方,S は A で稠密であるから,$x \in A$ に対して $z_x \in S$ を $\|x-z_x\| < 1/\sqrt{2}$ を満たすようにとることができる. $y \in A$ に対しても同様に $z_y \in S$ がとれる. よって,$x \neq y$ のとき,

$$\sqrt{2} = \|x-y\| \leqq \|x-z_x\| + \|z_x - z_y\| + \|z_y - y\| < \sqrt{2} + \|z_x - z_y\|,$$

すなわち $\|z_x - z_y\| > 0$ となるので $z_x \neq z_y$ でなくてはならない. ゆえに,A から S への写像 $w \mapsto z_w$ は単射であるから,A は可算集合 S のある部分集合と一対一に対応する. したがって,A は高々可算な集合である. ∎

[17] **高々可算**な集合とは,有限集合または可算無限集合のことである.「高々(たかだか)」とは「多くとも」「せいぜい」(at most) という意味である. なお,定理 5.34 も参照のこと.

　以下では，正規直交系は高々可算なものを考えることにする[18]．正規直交系の性質を述べるための便利な記号として，**クロネッカーのデルタ** $\delta_{\alpha\beta}$ を導入しておこう：

$$\delta_{\alpha\beta} := \begin{cases} 0 & (\alpha \neq \beta), \\ 1 & (\alpha = \beta). \end{cases}$$

この記号を用いると，可算集合 $\{x_n\}$ が正規直交系であることを，簡単に $(x_m, x_n) = \delta_{mn}$ で表せて便利である．

例5.26　ヒルベルト空間 $\mathbb{R}^n$ において，$e_k = (\delta_{kl})_{l=1}^n = (0, \ldots, 0, 1, 0, \ldots, 0) \in \mathbb{R}^n$（第 k 成分だけ1で他は0）とおくと，$\{e_1, e_2, \ldots, e_n\}$ は $(e_k, e_m)_{\mathbb{R}^n} = \delta_{km}$ を満たすから正規直交系である．

例5.27　ヒルベルト空間 ℓ^2 において，$e_k = \{\delta_{kl}\}_{l=1}^\infty = \{0, \ldots, 0, 1, 0, \ldots\} \in \ell^2$ とおくと，$\{e_k\}_{k=1}^\infty$ は $(e_k, e_m)_{\ell^2} = \delta_{km}$ を満たすから正規直交系である．

　$[a, b]$ 上の実数値連続関数全体がなす線形空間に，内積を

$$(x, y) = \int_a^b x(t)y(t)\, dt \tag{5.10}$$

と定義した内積空間を，ここでは $L^2C[a, b]$ で表す[19]．また，この内積から導かれたノルムは

$$\|x\| = \sqrt{(x, x)} = \sqrt{\int_a^b |x(t)|^2\, dt} \tag{5.11}$$

である[20]．$L^2C[a, b]$ の正規直交系の例を次の例題でみてみよう．

---

[18] そのような正規直交系は点列とみなせるので，添え字を自然数として $\{x_n\}$ や $\{e_n\}$ などと表せる．なお，特に断りのない限り，ヒルベルト空間には可分であることを仮定しないでおく．
[19] 特に定まった記号はないようである．
[20] 問題 2.17 からわかるように，$L^2C[a, b]$ はこのノルムに関して完備にはならず，したがってヒルベルト空間ではない．$L^2C[a, b]$ をこのノルムに関して完備化した空間がルベーグ空間 $L^2(a, b)$（第7章）である．なお，完備化については参考文献 [1] の 2-6 節，または [9] の §1.6 を参照のこと．

例題 5.28   内積空間 $L^2C[-\pi, \pi]$ において,

$$\left\{ \frac{1}{\sqrt{2\pi}}, \frac{1}{\sqrt{\pi}}\cos t, \frac{1}{\sqrt{\pi}}\sin t, \ldots, \frac{1}{\sqrt{\pi}}\cos nt, \frac{1}{\sqrt{\pi}}\sin nt, \ldots \right\}$$

は正規直交系であることを証明せよ.

[**解**]   与えられた関数系を $\{u_0, u_1, v_1, \ldots, u_n, v_n, \ldots\}$, すなわち,

$$u_0(t) = \frac{1}{\sqrt{2\pi}}, \quad u_n(t) = \frac{1}{\sqrt{\pi}}\cos nt, \quad v_n(t) = \frac{1}{\sqrt{\pi}}\sin nt \quad (n = 1, 2, \ldots)$$

とおく. 任意の $m \geqq 0$, $n \geqq 1$ に対して,

$$\int_{-\pi}^{\pi} \cos mt \cos nt\, dt = \int_{-\pi}^{\pi} \sin mt \sin nt\, dt = \begin{cases} 0 & (m \neq n), \\ \pi & (m = n), \end{cases} \tag{5.12}$$

$$\int_{-\pi}^{\pi} \cos mt \sin nt\, dt = 0 \tag{5.13}$$

であることを用いると,

$$(u_m, u_n) = \int_{-\pi}^{\pi} u_m(t) u_n(t)\, dt = \delta_{mn} \qquad (m, n \geqq 0),$$

$$(v_m, v_n) = \int_{-\pi}^{\pi} v_m(t) v_n(t)\, dt = \delta_{mn} \qquad (m, n \geqq 1),$$

$$(u_m, v_n) = \int_{-\pi}^{\pi} u_m(t) v_n(t)\, dt = 0 \qquad (m \geqq 0,\ n \geqq 1)$$

を得る. したがって, $\{u_0, u_1, v_1, \ldots, u_n, v_n, \ldots\}$ は正規直交系である.   □

➤**注意 5.29** $[-\pi, \pi]$ 上の複素数値連続関数全体がなす線形空間に, 内積を

$$(x, y) = \int_{-\pi}^{\pi} x(t) \overline{y(t)}\, dt$$

と定義した複素内積空間 (これも $L^2C[-\pi, \pi]$ で表す) において,

$$\left\{ \frac{1}{\sqrt{2\pi}} e^{int} \;\middle|\; n \in \mathbb{Z} \right\}$$

は正規直交系である (問題 5.13).

　　正規直交系と内積の役割を考えてみよう．簡単のため，$H = \mathbb{R}^n$ とし，$\{e_1, e_2, \ldots, e_n\}$ を正規直交系をなす基底とする *21．このときは例題 3.11 により，任意の x は $x = \sum_{k=1}^{n} \alpha_k e_k$ と表すことができる．両辺の e_l $(l = 1, 2, \ldots)$ との内積を考えると，

$$(x, e_l) = \sum_{k=1}^{n} \alpha_k (e_k, e_l) = \sum_{k=1}^{n} \alpha_k \delta_{kl} = \alpha_l$$

であるから，x は，

$$x = \sum_{k=1}^{n} (x, e_k) e_k \tag{5.14}$$

と表せる．(5.14) は x を各 e_k 方向へ分解した表示を与えている．各 e_k の長さ（ノルム）は 1 なので，(x, e_k) は "x の e_k 方向の成分" であるといえる（図 5.8）．

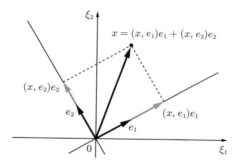

図 5.8　$H = \mathbb{R}^2$ における正規直交系との内積

■5.4.2 — ベッセルの不等式と正射影

　　H を（無限次元の）ヒルベルト空間とし，$\{e_n\}$ を正規直交系とする．このとき (5.14) からの類推で，任意の点 $x \in H$ を

$$x = \sum_{k=1}^{\infty} (x, e_k) e_k \tag{5.15}$$

と表せるかどうかという問題を考える *22．この問題に対する回答は定理 5.33

---

*21　**正規直交基底**という．例えば $e_k = (\delta_{kl})_{l=1}^{n}$．
*22　H は有限次元ではないので例題 3.11 を適用できない．

で与えるとし，まず x と右辺の第 n 部分和との誤差：

$$x - \sum_{k=1}^{n} (x, e_k) e_k$$

に注目する．

例題 5.30 $\{e_n\}$ をヒルベルト空間 H の正規直交系とし，$x \in H$ を任意にとる．このとき，次のことを証明せよ．

(1) 任意の $n \in \mathbb{N}$ に対して，

$$\|x\|^2 = \sum_{k=1}^{n} |(x, e_k)|^2 + \left\| x - \sum_{k=1}^{n} (x, e_k) e_k \right\|^2$$

が成り立つ．

(2) $\displaystyle\sum_{k=1}^{\infty} |(x, e_k)|^2$ は収束し，

$$\sum_{k=1}^{\infty} |(x, e_k)|^2 \leq \|x\|^2 \qquad \textbf{(ベッセルの不等式)}$$

が成り立つ．

(3) $\displaystyle\sum_{k=1}^{\infty} (x, e_k) e_k$ は収束する（この級数を x の**フーリエ級数**，e_k の係数 (x, e_k) を x の**フーリエ係数**という）．

[**解**] (1) まず，

$$s_n = \sum_{k=1}^{n} (x, e_k) e_k \qquad (n = 1, 2, \ldots) \tag{5.16}$$

とおく．このとき，$x = s_n + x - s_n$ の右辺において，s_n と $x - s_n$ は直交している．実際，$\{(x, e_k) e_k\}$ は直交系だから，例題 5.24 の (2) より

$$\|s_n\|^2 = \sum_{k=1}^{n} \|(x, e_k) e_k\|^2 = \sum_{k=1}^{n} |(x, e_k)|^2$$

なので，

$$(s_n, x - s_n) = (s_n, x) - \|s_n\|^2 = \sum_{k=1}^{n} |(x, e_k)|^2 - \sum_{k=1}^{n} |(x, e_k)|^2 = 0$$

だからである．よって，例題 5.24 の (1) より

$$\|x\|^2 = \|s_n\|^2 + \|x - s_n\|^2 = \sum_{k=1}^{n} |(x, e_k)|^2 + \left\| x - \sum_{k=1}^{n} (x, e_k) e_k \right\|^2$$

が成り立つ.

(2) (1) の等式から，任意の $n \in \mathbb{N}$ に対して，$\sum_{k=1}^{n} |(x, e_k)|^2 \leqq \|x\|^2$ が成り立つ．この左辺は n に関する有界な単調増加数列だから，$n \to \infty$ のとき収束する．したがって，ベッセルの不等式を得る.

(3) (1) と同様にして，

$$\|s_m - s_n\|^2 = \left\| \sum_{k=n+1}^{m} (x, e_k) e_k \right\|^2 = \sum_{k=n+1}^{m} |(x, e_k)|^2 \qquad (m > n)$$

である．$m < n$ のときは，m と n を入れ替えた等式が成り立つ．(2) より $\sum_{k=1}^{\infty} |(x, e_k)|^2$ は収束するので，$m, n \to \infty$ とすれば右辺は 0 に収束する．よって $\{s_n\}$ はコーシー列であるので収束列である． $\square$

任意の $x \in H$ に対して，(5.16) の s_n は重要なベクトルである．正規直交系 $\{e_1, e_2, \ldots, e_n\}$ によって張られる部分空間 $\mathrm{span}\{e_1, e_2, \ldots, e_n\}$ を S で表すとき，s_n は x の S の上への**正射影**とよばれる [*23]．正射影の特徴は，例題 5.30 の解でみたように，s_n と $x - s_n$ が直交していることである（図 5.9）．また定

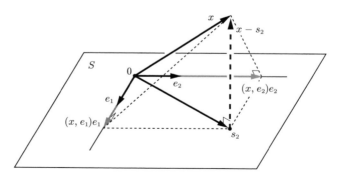

図 5.9　$x \in H = \mathbb{R}^3$ の $S = \mathrm{span}\{e_1, e_2\}$ の上への正射影 s_2

[*23] 特に $n = 1$ のときの $s_1 = (x, e_1) e_1$ は，x の e_1 の上への正射影とよばれる.

理 5.17 の意味において，正射影 s_n は x の S の上への射影であり，$P_S x = s_n$ であることがわかる（問題 5.17）.

■5.4.3 — シュミットの直交化法

正規直交系とは限らない一次独立な点列 $\{x_n\}$ があるとする[*24]．正射影を用いて，これをもとに正規直交系 $\{e_n\}$ をつくってみよう.

まず，イメージしやすいように，$\mathbb{R}^3$ において一次独立な 3 点 x_1, x_2, x_3 をもとにして正規直交系 $\{e_1, e_2, e_3\}$ をつくってみよう．e_1 は単に x_1 を長さ 1 に伸縮させたものとして，

$$e_1 = \frac{1}{\|x_1\|} x_1$$

と定義する.

次に，e_1 と x_2 を用いて，e_1 に直交するような e_2 をつくる．x_2 の e_1 の上への正射影 $(x_2, e_1)e_1$ を利用して，e_1 の法線ベクトル $v_2 = x_2 - (x_2, e_1)e_1$ をつくる．もし $v_2 = 0$ ならば x_2 は e_1，すなわち x_1 と平行になり x_1, x_2 が一次独立であることに反するので，$v_2 \neq 0$ である．よって，v_2 の長さを 1 に正規化して，$e_2 = \frac{1}{\|v_2\|} v_2$ と定義する（図 5.10）．この e_2 が e_1 に直交していることは，

$$(e_2, e_1) = \frac{1}{\|v_2\|}(v_2, e_1) = \frac{1}{\|v_2\|}((x_2, e_1) - (x_2, e_1)\delta_{11})) = 0$$

からわかる.

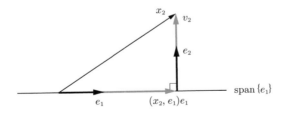

図 5.10 e_1 と x_2 から e_2 をつくる

最後に，e_1, e_2 と x_3 を用いて，e_1, e_2 のそれぞれと直交するような e_3 をつく

[*24] 一次独立であるから $x_n \neq 0$ $(n = 1, 2, \ldots)$ である.

る. x_3 の e_1, e_2 によって張られる平面 $\mathrm{span}\{e_1, e_2\}$ の上への正射影 $(x_3, e_1)e_1 + (x_3, e_2)e_2$ を利用して, その平面の法線ベクトル $v_3 = x_3 - ((x_3, e_1)e_1 + (x_3, e_2)e_2)$ をつくる. もし $v_3 = 0$ ならば x_3 は e_1, e_2 の一次結合, すなわち x_1, x_2 の一次結合となり x_1, x_2, x_3 が一次独立であることに反するので, $v_3 \neq 0$ である. よって v_3 の長さを 1 に正規化して, $e_3 = \dfrac{1}{\|v_3\|} v_3$ と定義する (図 5.11). この e_3 が e_1, e_2 に直交していることは, $k = 1, 2$ のとき,

$$(e_3, e_k) = \frac{1}{\|v_3\|}(v_3, e_k) = \frac{1}{\|v_3\|}((x_3, e_k) - (x_3, e_1)\delta_{1k} - (x_3, e_2)\delta_{2k}) = 0$$

からわかる. こうして, 正規直交系 $\{e_1, e_2, e_3\}$ を得ることができた.

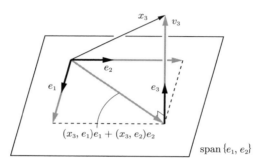

図 5.11 e_1, e_2 と x_3 から e_3 をつくる

このようにして一次独立な点列 $\{x_n\}$ から正規直交系 $\{e_n\}$ をつくる方法を**シュミットの直交化法**という. 一般に, シュミットの直交化法は以下の手順で行う:

(1) $e_1 = \dfrac{1}{\|x_1\|} x_1$ と正規化;

(2) $e_1, e_2, \dots, e_{n-1}$ $(n \geqq 2)$ までつくったとして, e_n をつくるために, x_n の $\mathrm{span}\{e_1, e_2, \dots, e_{n-1}\}$ の上への正射影を利用して法線ベクトル

$$v_n = x_n - \sum_{k=1}^{n-1} (x_n, e_k)e_k$$

をつくり;

(3) $e_n = \dfrac{1}{\|v_n\|} v_n$ と正規化.

例 5.31 $\mathbb{R}^3$ の基底 $x_1 = \begin{pmatrix} 1 \\ -1 \\ 0 \end{pmatrix}$, $x_2 = \begin{pmatrix} 1 \\ 0 \\ -1 \end{pmatrix}$, $x_3 = \begin{pmatrix} 1 \\ 2 \\ 3 \end{pmatrix}$ から，シュミッ

トの直交化法を用いて正規直交系をつくる．まず，

$$e_1 = \frac{1}{\|x_1\|}x_1 = \frac{1}{\sqrt{2}}\begin{pmatrix} 1 \\ -1 \\ 0 \end{pmatrix}$$

とする．次に，

$$v_2 = x_2 - (x_2, e_1)e_1 = \begin{pmatrix} 1 \\ 0 \\ -1 \end{pmatrix} - \frac{1}{\sqrt{2}} \cdot \frac{1}{\sqrt{2}}\begin{pmatrix} 1 \\ -1 \\ 0 \end{pmatrix} = \frac{1}{2}\begin{pmatrix} 1 \\ 1 \\ -2 \end{pmatrix}$$

より，

$$e_2 = \frac{1}{\|v_2\|}v_2 = \frac{1}{\sqrt{6}}\begin{pmatrix} 1 \\ 1 \\ -2 \end{pmatrix}$$

を得る．最後に，

$$v_3 = x_3 - ((x_3, e_1)e_1 + (x_3, e_2)e_2)$$

$$= \begin{pmatrix} 1 \\ 2 \\ 3 \end{pmatrix} + \frac{1}{\sqrt{2}} \cdot \frac{1}{\sqrt{2}}\begin{pmatrix} 1 \\ -1 \\ 0 \end{pmatrix} + \frac{3}{\sqrt{6}} \cdot \frac{1}{\sqrt{6}}\begin{pmatrix} 1 \\ 1 \\ -2 \end{pmatrix} = \begin{pmatrix} 2 \\ 2 \\ 2 \end{pmatrix}$$

より，

$$e_3 = \frac{1}{\|v_3\|}v_3 = \frac{1}{\sqrt{3}}\begin{pmatrix} 1 \\ 1 \\ 1 \end{pmatrix}$$

を得る．以上より，正規直交系

$$\left\{ \frac{1}{\sqrt{2}} \begin{pmatrix} 1 \\ -1 \\ 0 \end{pmatrix}, \ \frac{1}{\sqrt{6}} \begin{pmatrix} 1 \\ 1 \\ -2 \end{pmatrix}, \ \frac{1}{\sqrt{3}} \begin{pmatrix} 1 \\ 1 \\ 1 \end{pmatrix} \right\}$$

が得られた.

> **例題 5.32**　内積空間 $L^2 C[-1,1]$*25 において，$\{1,t,t^2\}$ からシュミットの直交化法を用いて正規直交系をつくれ.

[解]　$x_0(t)=1,\ x_1(t)=t,\ x_2(t)=t^2$ とする*26. まず，$e_0(t)=\dfrac{1}{\|x_0\|}x_0(t)=\dfrac{1}{\sqrt{2}}$ とする. 次に，

$$v_1(t)=x_1(t)-(x_1,e_0)e_0(t)=t-0\cdot\frac{1}{\sqrt{2}}=t$$

より，$e_1(t)=\dfrac{1}{\|v_1\|}v_1(t)=\sqrt{\dfrac{3}{2}}\,t$ を得る. 最後に，

$$v_2(t)=x_2(t)-((x_2,e_0)e_0(t)+(x_2,e_1)e_1(t))$$
$$=t^2-\frac{\sqrt{2}}{3}\cdot\frac{1}{\sqrt{2}}-0\cdot\sqrt{\frac{3}{2}}t=t^2-\frac{1}{3}$$

より，$e_2(t)=\dfrac{1}{\|v_2\|}v_2(t)=\dfrac{1}{2}\sqrt{\dfrac{5}{2}}(3t^2-1)$ を得る. 以上より，正規直交系 $\left\{\dfrac{1}{\sqrt{2}},\ \sqrt{\dfrac{3}{2}}t,\ \dfrac{1}{2}\sqrt{\dfrac{5}{2}}(3t^2-1)\right\}$ が得られた.　　□

■5.4.4 — 完全正規直交系とパーセバルの等式

H をヒルベルト空間とし，$\{e_n\}$ を H の正規直交系とする. $\{e_n\}$ にこれ以上付け足すべき直交方向がないとき，すなわち

---

*25 $L^2 C[a,b]$ の内積とノルムはそれぞれ (5.10) と (5.11) で定義されている.
*26 添え字を 0 から始めているのは，7.2.2 項で学ぶルジャンドル多項式（の定数倍）と合わせただけで本質的ではない.

$$(x, e_n) = 0 \quad (n = 1, 2, \cdots) \implies x = 0$$

が成り立つとき, $\{e_n\}$ は H の**完全正規直交系**であるという [*27]. 例えば, $H = \mathbb{R}^3$ とし, $e_1 = \frac{1}{\sqrt{2}}(1, -1, 0)$, $e_2 = \frac{1}{\sqrt{6}}(1, 1, -2)$ としよう. このとき, $\{e_1, e_2\}$ は $\mathbb{R}^3$ の正規直交系であるが, 完全正規直交系ではない. 実際, $(x, e_1) = (x, e_2) = 0$ であっても, $x = 0$ とは限らないからである ($x = (1, 1, 1)$ などとすればよい). そこで, $e_3 = \frac{1}{\sqrt{3}}(1, 1, 1)$ を付け足すと, $\{e_1, e_2, e_3\}$ は $\mathbb{R}^3$ の完全正規直交系である. 実際, これらは正規直交系であり, $x = (\xi_1, \xi_2, \xi_3)$ として $(x, e_n) = 0$ $(n = 1, 2, 3)$ を解くと $\xi_1 = \xi_2 = \xi_3 = 0$ となって $x = 0$ を得るからである.

完全正規直交系とは, 線形代数で学んだ有限次元の線形空間における正規直交基底に相当するものである. 実際, 次の定理が成り立つ.

定理 5.33 $\{e_n\}$ をヒルベルト空間 H の正規直交系とする. このとき, 次の (i)–(iii) は同値である.

(i) $\{e_n\}$ は H の完全正規直交系である.

(ii) 任意の $x \in H$ に対して,

$$x = \sum_{k=1}^{\infty} (x, e_k) e_k \qquad \textbf{(フーリエ級数展開)}$$

が成り立つ.

(iii) 任意の $x \in H$ に対して,

$$\|x\|^2 = \sum_{k=1}^{\infty} |(x, e_k)|^2 \qquad \textbf{(パーセバルの等式)}$$

(ベッセルの不等式の等号) が成り立つ.

証明に入る前に, x を (5.15) のように展開できる可能性について, この定理が回答を与えているので説明する. 定理の (i) と (ii) の同値性は, 正規直交系が完全であるときに限り, すべての x に対してそのフーリエ級数が x に一致することを述べている. これは, (5.15) の展開が可能であるためには, 正規直交

[*27] CONS (complete orthonormal system) ともよばれる.

系 $\{e_n\}$ が H で完全であることが必要十分であることを意味する. 特に, x の $\{e_n\}$ による展開は一意的であるので, H の完全正規直交系はシャウダー基底である. また, パーセバルの等式はピタゴラスの定理に相当する.

【証明】 (i) $\Rightarrow$ (ii) 任意の $x \in H$ をとる. このとき, 例題 5.30 の (3) により, x のフーリエ級数 $y = \sum_{k=1}^{\infty} (x, e_k) e_k$ が存在する.

さて, 任意に $m \in \mathbb{N}$ をとり固定する. このとき, $n \geqq m$ ならば,

$$\left(x - \sum_{k=1}^{n} (x, e_k) e_k, e_m \right) = (x, e_m) - \sum_{k=1}^{n} (x, e_k) \delta_{km} = (x, e_m) - (x, e_m) = 0$$

が成り立つ. よって $n \to \infty$ とすると, 内積の連続性により $(x - y, e_m) = 0$ である. m は任意だったから, $\{e_n\}$ が完全正規直交系であることにより $x - y = 0$, すなわち $x = y$ を得る.

(ii) $\Rightarrow$ (iii) (ii) は $\left\| x - \sum_{k=1}^{n} (x, e_k) e_k \right\| \to 0 \ (n \to \infty)$ の意味だから, 例題 5.30 (1) の等式

$$\|x\|^2 = \sum_{k=1}^{n} |(x, e_k)|^2 + \left\| x - \sum_{k=1}^{n} (x, e_k) e_k \right\|^2$$

において, $n \to \infty$ とすればよい.

(iii) $\Rightarrow$ (i) $(x, e_n) = 0 \ (n = 1, 2, \ldots)$ とする. このとき, $\|x\|^2 = \sum_{k=1}^{\infty} |(x, e_k)|^2 = 0$ だから $x = 0$ である. ゆえに $\{e_n\}$ は完全正規直交系である. ■

■5.4.5 — 可分なヒルベルト空間

次の定理は正規直交系の存在を仮定した定理 5.25 よりも強い主張である. 無限次元ヒルベルト空間が可分であれば, その稠密な可算部分集合を用いて可算個の元からなる完全正規直交系を構成することができる.

> **定理 5.34** 可分な無限次元ヒルベルト空間 H には, 可算個の元からなる完全正規直交系が存在する.

【証明】 H は可分であるから，稠密な可算部分集合 $\{x'_n\}$ をとれる．この $\{x'_n\}$ から一次独立な部分列 $\{x_n\}$ を次のようにして取り出すことができる．$x'_1 = 0$ なら省き，$x'_1 \neq 0$ なら省かない．$k \geq 2$ ならば，x'_k が $\mathrm{span}\{x'_1, x'_2, \ldots, x'_{k-1}\}$ に属すれば省き，属さなければ省かない．H は無限次元であるから，この操作を無限に繰り返したとき，無限個の点が省かれずに残る．これらの点を残った順に改めて番号づけした点列を $\{x_n\}$ とする．

この $\{x_n\}$ からシュミットの直交化法でつくった正規直交系を $\{e_n\}$ とする．この $\{e_n\}$ は完全であることが次のようにしてわかる．$(x, e_n) = 0 \, (n = 1, 2, \ldots)$ とすると，問題 5.18 により $(x, x_n) = 0 \, (n = 1, 2, \ldots)$ である．$\{x_n\}$ をつくる過程で省かれた x'_n は x_n の一次結合で表せるので，結局は $(x, x'_n) = 0 \, (n = 1, 2, \ldots)$ である．$\{x'_n\}$ は H で稠密であったから，$x = 0$ でなくてはならない．∎

次の定理は，可分な無限次元ヒルベルト空間は本質的に ℓ^2 しかないことを主張している．逆にいえば，「ℓ^2 は一般の可分な無限次元ヒルベルト空間と同程度に複雑な空間」ともいえる [*28]．

定理 5.35 可分な無限次元ヒルベルト空間 H はすべて ℓ^2 と同型である．

【証明】 定理 5.34 より，H には完全正規直交系 $\{e_n\}$ が存在する．このとき定理 5.33 より，任意の $x \in H$ は $x = \sum_{k=1}^{\infty} \alpha_k e_k \, (\alpha_k = (x, e_k))$ とフーリエ級数展開される．さらに，パーセバルの等式によれば，フーリエ係数の列 $a = \{\alpha_n\}$ は $\sum_{k=1}^{\infty} |\alpha_k|^2 = \sum_{k=1}^{\infty} |(x, e_k)|^2 = \|x\|^2$ を満たすから $a \in \ell^2$ であり，$\|a\|_{\ell^2} = \|x\|$ である．

いま，$x \in H$ に対してフーリエ係数の列 $a \in \ell^2$ を対応させる写像を T で表す．上で述べたことから，T は H から ℓ^2 への等長な線形作用素である．また，T は全射である．実際，$b = \{\beta_k\} \in \ell^2$ を任意にとる．このとき，例題 5.30 の (3) の証明と同様にすれば，$\sum_{k=1}^{\infty} \beta_k e_k$ は収束することがわかる．この級数を y とおこう．内積の連続性により $(y, e_l) = \sum_{k=1}^{\infty} \beta_k \delta_{kl} = \beta_l$ であるから，$Ty = b$ で

[*28] この観点は参考文献 [5] から教わった．

ある. よって, T は全射である. こうして, T により H と ℓ^2 は同型であることが示された. ■

5.5 表現定理

■5.5.1 —— リースの表現定理

ヒルベルト空間 H はノルム空間であるから, その共役空間 H^* を考えることができる. 簡単に復習しておくと,

$$H^* = \{f : H \to \mathbb{K} \mid f は H 上の有界線形汎関数\}$$

($\mathbb{K}$ は H の係数体) であり, H^* は $f, g \in H^*$, $\alpha \in \mathbb{K}$ に対して,

$$(f + g)(x) := f(x) + g(x) \qquad (x \in H),$$
$$(\alpha f)(x) := \alpha f(x) \qquad (\alpha \in \mathbb{K},\ x \in H),$$
$$\|f\| := \sup_{\substack{x \in H, \\ x \neq 0}} \frac{|f(x)|}{\|x\|}$$

と定義したときバナッハ空間になるのだった (4.5 節).

ここでは, H の内積を使って H^* に内積を定義することができ, H^* もヒルベルト空間になることをみる.

まず, $a \in H$ を固定して, 内積から定義される H 上の線形汎関数

$$f_a(x) = (x, a) \tag{5.17}$$

を考えてみよう. シュワルツの不等式 (定理 5.1) により $|f_a(x)| \leqq \|a\|\|x\|$ だから f_a は有界線形汎関数であるので, $f_a \in H^*$ である. ここで, f_a の**核**, すなわち, $f_a(x) = 0$ となる $x \in H$ の集合 $N(f_a) = \{x \in H \mid f_a(x) = 0\}$ に注目する. $x \in N(f_a)$ とすれば $f_a(x) = 0$, すなわち $(x, a) = 0$ となるから, $a \in N(f_a)^\perp$ でなくてはならないことがわかる.

実は逆に任意の $f \in H^*$ は, ある適当な $a \in N(f)^\perp$ を用いて (5.17) の形で表すことができるのである. 詳しくは, 次の定理が成り立つ.

> **定理 5.36（リースの表現定理）**　H をヒルベルト空間とする．このとき，
> 任意の $f \in H^*$ に対して，ある $a \in H$ が一意に存在し，
> $$f(x) = (x,a)_H \qquad (x \in H)$$
> が成り立つ．さらに，$\|f\|_{H^*} = \|a\|_H$ である．

【証明】　先に a の一意性を示す．$f(x) = (x,a_1) = (x,a_2)$ $(x \in H)$ と表せたとする．このとき，$(x,a_1 - a_2) = 0$ $(x \in H)$ が成り立つ．よって，$x = a_1 - a_2$ ととれば $\|a_1 - a_2\|^2 = 0$ であるので，$a_1 = a_2$ である．

次に a の存在を示す．任意の $f \in H^*$ をとる．

$N(f) = H$ の場合，$f(x) = 0$ $(x \in H)$ だから $a = 0$ とすればよい．またこのとき $\|f\| = 0 = \|a\|$ である．

以下，$N(f) \neq H$ の場合を考える．このとき，ある $z \in N(f)^\perp$ $(z \neq 0)$ が存在する．なぜなら，もしそのような z が存在しなければ $N(f)^\perp = \{0\}$ であるが，$N(f)$ は閉部分空間である[*29]から直交分解（定理 5.21）すると，

$$H = N(f) \oplus N(f)^\perp = N(f) \oplus \{0\} = N(f)$$

となってしまうからである．

この $z \in N(f)^\perp$ $(z \neq 0)$ を用いて a を構成する．任意の $x \in H$ をとる．このとき，$f(z)x - f(x)z \in N(f)$ である．実際，$f(f(z)x - f(x)z) = f(z)f(x) - f(x)f(z) = 0$ だからである．これと $z \in N(f)^\perp$ から，$0 = (f(z)x - f(x)z, z) = f(z)(x,z) - f(x)\|z\|^2$ である．これを $f(x)$ について解くと

$$f(x) = \frac{f(z)}{\|z\|^2}(x,z) = \left(x, \overline{\frac{f(z)}{\|z\|^2}}z\right)$$

を得る．ゆえに，$a = (\overline{f(z)}/\|z\|^2)z$ ととれば，$f(x) = (x,a)$ と表される．

$\|f\| = \|a\|$ を示す．まず，シュワルツの不等式より，$|f(x)| = |(x,a)| \leq \|a\|\|x\|$ であるから，$\|f\| \leq \|a\|$ である．また，$z, f(z) \neq 0$ より $a \neq 0$ であることに注

[*29] 実際，部分空間であることは f の線形性から，また閉集合であることは f の連続性からわかる．

意すると，$\|f\|$ の定義から，

$$\|f\| = \sup_{\substack{x \in H, \\ x \neq 0}} \frac{|f(x)|}{\|x\|} \geqq \frac{|f(a)|}{\|a\|} = \frac{\|a\|^2}{\|a\|} = \|a\|$$

であるから，$\|f\| \geqq \|a\|$ である．したがって，$\|f\| = \|a\|$ である． ∎

　リースの表現定理（定理 5.36）によって，H^* の元 f と H の元 a とは一対一に対応する．この対応を $J : H^* \to H$, $Jf = a$ と定義すると，J は全単射な共役線形作用素，すなわち

$$J(\alpha f + \beta g) = \overline{\alpha} Jf + \overline{\beta} Jg \qquad (f, g \in H^*,\ \alpha, \beta \in \mathbb{K}) \tag{5.18}$$

を満たし，

$$(f, g)_{H^*} := \overline{(Jf, Jg)_H} = (Jg, Jf)_H \qquad (f, g \in H^*) \tag{5.19}$$

は H^* の内積となる（問題 5.20）．この内積から導かれるノルムは，

$$\|f\| = \sqrt{(f, f)_{H^*}} = \sqrt{(Jf, Jf)_H} = \|Jf\|_H = \|a\|_H = \|f\|_{H^*}$$

となって，H^* の汎関数ノルムと一致する．このノルムに関しては H^* は完備であったから，ヒルベルト空間 H の共役空間 H^* はヒルベルト空間になることがわかった．

　H_1, H_2 を内積空間とする．H_1 から H_2 への全単射な線形作用素 T が存在して，

$$(Tx, Ty)_{H_2} = (x, y)_{H_1} \qquad (x, y \in H_1) \tag{5.20}$$

を満たすとき，H_1 と H_2 は内積空間として**同型**であるといい，$H_1 \cong H_2$ で表す（明らかに，内積空間として同型であればノルム空間としても同型（4.5 節）である）．したがって，H が実ヒルベルト空間の場合，$H_1 = H^*$, $H_2 = H$, $T = J$ と考えれば次の定理が得られる．

定理 5.37　実ヒルベルト空間 H の共役空間 H^* は H と内積空間として同型である：$H^* \cong H$.

例えば，$\mathbb{R}^n$ と ℓ^2 はそれぞれヒルベルト空間であるが，確かに $(\mathbb{R}^n)^* \cong \mathbb{R}^n$,
$(\ell^2)^* \cong \ell^2$ であることは第4章でみたとおりである．

➤**注意 5.38**　H が複素ヒルベルト空間の場合は，J が全単射な共役線形作用素であるため，いわば "共役線形な" 同型とでもいうべきものになる．また，二つの共役線形作用素の積は線形作用素になるから，（係数体によらず）$H^{**} \cong H$ となって H は回帰的であることがわかる．

　ヒルベルト空間においては，ハーン・バナッハの定理（定理4.47）に相当する定理をリースの表現定理（定理5.36）を用いて比較的容易に証明することができる．これは例題の形で述べる．

> **例題 5.39**（ハーン・バナッハの定理（ヒルベルト空間の場合））　H をヒルベルト空間とし，M を H の閉部分空間とする．このとき，任意の $f \in M^*$ に対して，ある $\tilde{f} \in H^*$ が存在し，
> $$\tilde{f}(x) = f(x) \quad (x \in M), \qquad \|\tilde{f}\|_{H^*} = \|f\|_{M^*}$$
> が成り立つことを証明せよ．

[**解**]　M は H の閉部分空間だから，それ自身が（内積を H のそれとして）ヒルベルト空間である．よって，リースの表現定理（定理5.36）により，任意の $f \in M^*$ に対して，ある $a \in M$ が存在し，

$$f(x) = (x, a)_M \quad (x \in M), \qquad \|f\|_{M^*} = \|a\|_M$$

である．一方，$\tilde{f}(x) := (x, a)_H \ (x \in H)$ とすると $\tilde{f} \in H^*$ であり，リースの表現定理の証明の最後の部分と同様にして $\|\tilde{f}\|_{H^*} = \|a\|_H$ を得る．$(x, a)_H = (x, a)_M \ (x \in M)$, $\|a\|_H = \|a\|_M$ なので，

$$\tilde{f}(x) = f(x) \quad (x \in M), \qquad \|\tilde{f}\|_{H^*} = \|f\|_{M^*}$$

が成り立つ．　　□

➤**注意 5.40**　ノルム空間 $X \neq \{0\}$ ではハーン・バナッハの定理（例題4.48）から，X^* の 0 ではない元の存在を証明できた（定理4.49）．ヒルベルト空間 $H \neq \{0\}$ ではそのよう

な元を（例題 5.39 を用いず）直接つくることができる．実際，0 でない勝手な $x_0 \in H$ を
とって，内積を用いて $\tilde{f}(x) := (x, x_0/\|x_0\|)$ とすれば，$\tilde{f}$ は $\|\tilde{f}\|_{H^*} = 1$，$\tilde{f}(x_0) = \|x_0\|_H$
を満たす H^* の元である．

■5.5.2 —— ラックス・ミルグラムの定理

リースの表現定理（定理 5.36）における内積による表現を双一次形式による
表現に拡張した，ラックス・ミルグラムの定理を説明する．この定理は微分方
程式を関数解析的に研究する際によく用いられる（7.4 節）．

本項では H を実ヒルベルト空間とする．特に内積の対称性 (I3′) が成り立つ
ことに注意する．

2 変数の汎関数 $f : H \times H \to \mathbb{R}$ が**双一次形式**であるとは，第 1 変数，第 2 変
数のそれぞれについて線形であること，すなわち，

$$f(\alpha u_1 + \beta u_2, v) = \alpha f(u_1, v) + \beta f(u_2, v) \quad (u_1, u_2, v \in H, \ \alpha, \beta \in \mathbb{R}),$$
$$f(u, \alpha v_1 + \beta v_2) = \alpha f(u, v_1) + \beta f(u, v_2) \quad (u, v_1, v_2 \in H, \ \alpha, \beta \in \mathbb{R})$$

が成り立つことである．

双一次形式 f が**有界**であるとは，定数 $C_1 > 0$ が存在し，

$$|f(u,v)| \leqq C_1 \|u\| \|v\| \qquad (u, v \in H)$$

が成り立つことである．また，双一次形式 f が**強圧的**であるとは，定数 $C_2 > 0$
が存在し，

$$f(u,u) \geqq C_2 \|u\|^2 \qquad (u \in H)$$

が成り立つことである．さらに，双一次形式 f が**対称**であるとは，

$$f(u,v) = f(v,u) \qquad (u, v \in H)$$

が成り立つことである．

定理 5.41（スタンパッキアの定理） H を実ヒルベルト空間とする．$f :$
$H \times H \to \mathbb{R}$ を有界かつ強圧的な双一次形式とし，A を H の空でない閉凸
集合とする．このとき，任意の $F \in H^*$ に対して，ある $u \in A$ が一意に存

在し,

$$f(u, v - u) \geqq F(v - u) \qquad (\forall v \in A) \tag{5.21}$$

が成り立つ. さらに, もし f が対称ならば, u は A 上の汎関数

$$I(v) = \frac{1}{2}f(v, v) - F(v)$$

の値を最小にする点として特徴づけられる:

$$u \in A \quad かつ \quad I(u) = \min_{v \in A} I(v). \tag{5.22}$$

【証明】 $u \in H$ を任意にとる. f の有界性で $f(u, \cdot) \in H^*$ となるから, リースの表現定理(定理 5.36)と (I3′) より, ある $a \in H$ が一意に存在して, $f(u, v) = (a, v)$ $(v \in H)$ が成り立つ. そこで, 作用素 $T : H \to H$ を $Tu = a$ で定義する. このとき f の性質から, T は線形作用素で

$$\|Tu\| \leqq C_1\|u\|, \qquad (Tu, u) \geqq C_2\|u\|^2 \tag{5.23}$$

を満たすことに注意する. 実際, 線形であることは, $Tu_k = a_k$ $(k = 1, 2)$ とすると f の第 1 変数に関する線形性により

$$f(\alpha u_1 + \beta u_2, v) = \alpha f(u_1, v) + \beta f(u_2, v)$$
$$= \alpha(a_1, v) + \beta(a_2, v) = (\alpha a_1 + \beta a_2, v)$$

であるので, $T(\alpha u_1 + \beta u_2) = \alpha a_1 + \beta a_2 = \alpha Tu_1 + \beta Tu_2$ となることからわかる. $\|Tu\| \leqq C_1\|u\|$ であることは, f の有界性により $\|Tu\|^2 = (Tu, Tu) = f(u, Tu) \leqq C_1\|u\|\|Tu\|$ からわかる. $(Tu, u) \geqq C_2\|u\|^2$ であることは, f の強圧性により $(Tu, u) = f(u, u) \geqq C_2\|u\|^2$ からわかる.

さて, 任意の $F \in H^*$ をとる. 再びリースの表現定理により, ある $b \in H$ が一意に存在して, $F(v) = (b, v)$ $(v \in H)$ が成り立つ. よって, (5.21) は次と同値である:

$$(Tu, v - u) \geqq (b, v - u) \qquad (\forall v \in A).$$

正の定数 ρ（あとで都合よく定める）を用いると，これは次と同値である：

$$(\rho b - \rho Tu + u - u, v - u) \leqq 0 \qquad (\forall v \in A).$$

さらに定理 5.17 と射影作用素 P_A の定義から，これは

$$u = P_A(\rho b - \rho Tu + u)$$

と同値である．ゆえに，(5.21) を満たす $u \in A$ が一意に存在することを示すには，作用素 S を $Sv := P_A(\rho b - \rho Tv + v)$ と定義したときに，S が A の中にただ一つの不動点 u をもつことを示せばよい．まず A は H の閉集合だから完備である．次に，任意の $v_1, v_2 \in A$ に対して，例題 5.18 と (5.23) より，

$$\begin{aligned}
\|Sv_1 - Sv_2\|^2 &\leqq \|(\rho b - \rho Tv_1 + v_1) - (\rho b - \rho Tv_2 + v_2)\|^2 \\
&= \|w - \rho Tw\|^2 \qquad (w := v_1 - v_2) \\
&= \|w\|^2 - 2\rho(Tw, w) + \rho^2\|Tw\|^2 \\
&\leqq \|w\|^2 - 2C_2\rho\|w\|^2 + C_1^2\rho^2\|w\|^2 = (1 - 2C_2\rho + C_1^2\rho^2)\|w\|^2
\end{aligned}$$

が成り立つ．よって，$\rho > 0$ を $1 - 2C_2\rho + C_1^2\rho^2 \in (0, 1)$ となるように十分小さく選べば[*30]，S は縮小写像である．ゆえにバナッハの不動点定理（定理 2.29）から，ある $u \in A$ が一意に存在して $Su = u$，すなわち (5.21) が成り立つことが示された．

さらに f は対称であるとする．このとき，$f(u, v)$ は内積の定義 (I1)–(I5)（ただし (I3) は (I3$'$) とする）を満たすので，H 上の内積となる．そこで，$\|u\| = \sqrt{f(u, u)}$ と定義すると，f の強圧性と有界性から，

$$\sqrt{C_2}\|u\| \leqq \|u\| \leqq \sqrt{C_1\|u\|\|u\|} = \sqrt{C_1}\|u\|$$

となるので，$\|u\|$ は $\|u\|$ と同値である．よって H は内積 $f(u, v)$，ノルム $\|u\|$ に関してもヒルベルト空間である．ゆえに，リースの表現定理より，ある $c \in H$ が一意に存在して，$F(v) = f(c, v)$ $(v \in H)$ が成り立つ．このとき，(5.21) は $f(c - u, v - u) \leqq 0$ $(v \in A)$ となる．よって定理 5.17 から，$u = P_A c$ であり

[*30] ρ を実際にどの程度小さく選べばよいか考えてみよ．

$\|c - u\| = \min_{v \in A} \|c - v\|$ を満たすことがわかる．さらに

$$\|c - v\| = \sqrt{f(c - v, c - v)} = \sqrt{f(c, c) + 2I(v)}$$

に注意すれば，u は $I(v)$ を最小にする $v \in A$ のことだから (5.22) を得る．　■

　スタンパッキアの定理（定理 5.41）から，次のラックス・ミルグラムの定理が導かれる．ラックス・ミルグラムの定理は，リースの表現定理（定理 5.36）において内積を有界で強圧的な双一次形式に拡張した定理である．

> **定理 5.42（ラックス・ミルグラムの定理）** H を実ヒルベルト空間とする．$f : H \times H \to \mathbb{R}$ を有界かつ強圧的な双一次形式とする．このとき，任意の $F \in H^*$ に対して，ある $u \in H$ が一意に存在し，
>
> $$F(v) = f(u, v) \qquad (\forall v \in H)$$
>
> が成り立つ．さらに，もし f が対称ならば，u は H 上の汎関数
>
> $$I(v) = \frac{1}{2} f(v, v) - F(v)$$
>
> の値を最小にする点として特徴づけられる：
>
> $$u \in H \quad \text{かつ} \quad I(u) = \min_{v \in H} I(v).$$

【証明】 H は閉凸集合なので，スタンパッキアの定理（定理 5.41）より（$A = H$ として），ある $u \in H$ が一意に存在し，$f(u, w - u) \geqq F(w - u)$ $(\forall w \in H)$ が成り立つ．$w = tv$ $(t \in \mathbb{R}, v \in H)$ とすると，$f(u, tv - u) \geqq F(tv - u)$，すなわち $t(f(u, v) - F(v)) \geqq f(u, u) - F(u)$ となる．これが任意の $t \in \mathbb{R}$ で成り立つから，$f(u, v) - F(v) = 0$，すなわち $F(v) = f(u, v)$ $(v \in H)$ である．後半はスタンパッキアの定理の後半と同じである．　■

➤**注意 5.43** $f(u, v) = (u, v)$（内積）の場合，ラックス・ミルグラムの定理の前半の主張はリースの表現定理のことである．

5.6 弱収束

■ 5.6.1 ── 弱収束の定義

ヒルベルト空間 H の点列 $\{x_n\}$ が $x_0 \in H$ に **弱収束** するとは，任意の $y \in H$ に対して

$$\lim_{n \to \infty} (x_n, y) = (x_0, y) \tag{5.24}$$

が成り立つことである．これは (I3) より $\lim_{n \to \infty} (y, x_n) = (y, x_0)$ であるといっても同じことである．弱収束することを「$x_n \rightharpoonup x_0 \ (n \to \infty)$」，「$w\text{-}\lim_{n \to \infty} x_n = x_0$」などと表す．誤解の恐れがないときは「$n \to \infty$」を省略することもある．また，$x_0$ を $\{x_n\}$ の **弱極限** という．弱極限は存在すれば一意である（問題 5.21）．弱収束と区別するために，従来のノルムに関する収束 $\lim_{n \to \infty} \|x_n - x_0\| = 0$ のことを **強収束** ということもあり，「$x_n \to x_0 \ (n \to \infty)$」，「$s\text{-}\lim_{n \to \infty} x_n = x_0$」などと表すことがある．

例えば，$H = \ell^2$ で $\{x_n\}$ $(x_n = \{\xi_k^{(n)}\}_{k=1}^{\infty})$ が $x_0 = \{\xi_k^{(0)}\}$ に弱収束するとき，(5.24) において $y = \{\delta_{mk}\}_{k=1}^{\infty}$ （第 m 成分のみ 1 で他は 0）とすれば

$$\lim_{n \to \infty} \xi_m^{(n)} = \xi_m^{(0)} \qquad (m = 1, 2, \ldots)$$

である．これは x_n の第 m 成分が x_0 の第 m 成分に収束するということである．一般に，(5.24) において（$\|y\| = 1$ ととれば），(x_n, y) は "x_n の y 方向の成分"と考えられる[*31]．よって平たくいえば，弱収束は "成分ごとの収束" と考えられる．

■ 5.6.2 ── 弱収束の性質

次の定理は，弱収束が強収束よりも "弱い" 性質であることを示している．

定理 5.44 ヒルベルト空間 H において，$\{x_n\}$ が x_0 に強収束するならば，$\{x_n\}$ は x_0 に弱収束する．しかし逆は必ずしも成り立たない．

[*31] (5.14) の直後の説明も参照のこと.

【証明】 $\{x_n\}$ が x_0 に強収束するとしよう．このとき，シュワルツの不等式（定理 5.1）により，任意の $y \in H$ に対して，

$$|(x_n, y) - (x_0, y)| = |(x_n - x_0, y)| \leqq \|x_n - x_0\|\|y\| \to 0 \qquad (n \to \infty)$$

が成り立つ．よって $\lim_{n\to\infty}(x_n, y) = (x_0, y)$ であるので，$\{x_n\}$ は x_0 に弱収束する．

しかし逆は必ずしも成り立たない．反例を挙げる．$H = \ell^2$ において点列 $\{e_n\}$ を考えよう．ここで，$e_n = \{0, \ldots, 0, 1, 0, \ldots\} = \{\delta_{nk}\}_{k=1}^{\infty}$ である．$\{e_n\}$ は $0 = \{0, 0, \ldots\}$ に弱収束する．実際，任意の $y = \{\eta_1, \eta_2, \ldots\} \in \ell^2$ に対して，

$$|(e_n, y) - (0, y)| = |(e_n, y)| = |\overline{\eta_n}| = |\eta_n| \to 0 \qquad (n \to \infty)$$

だからである [*32]．一方，$\{e_n\}$ は強収束はしない．実際，強収束するならばその極限は弱極限と一致するので 0 であるが，

$$\|e_n - 0\| = \sqrt{\sum_{k=1}^{\infty}|\delta_{nk}|^2} = 1 \nrightarrow 0 \qquad (n \to \infty)$$

だからである．

定理 5.45 ヒルベルト空間 H において，$\{x_n\}$ が弱収束するならば，$\{x_n\}$ は有界である．

この性質は 4.7 節で紹介した基本原理の一つである一様有界性の原理（定理 4.42）を用いて証明される．

【証明】 $\{x_n\}$ の弱極限を x とすると，任意の $y \in H$ に対して $(x_n, y) \to (x, y)$ である．これより $\{(x_n, y)\}$ は有界数列なので，ある定数 $c_y \geqq 0$ が存在し，$|(x_n, y)| \leqq c_y$ とできる．そこで $f_n : H \to \mathbb{K}$ を $f_n(y) = (x_n, y)$ $(n = 1, 2, \ldots)$ と定義すれば，$f_n \in H^* = B(H, \mathbb{K})$ であって $|f_n(y)| \leqq c_y$ $(n = 1, 2, \ldots)$ である．よって一様有界性の原理により，ある定数 $c \geqq 0$ が存在し，$\|f_n\| \leqq c$ $(n = 1, 2, \ldots)$ が成り立つ．一方，リースの表現定理（定理 5.36）の証明の最後の部分と同様

[*32] $\sum_{n=1}^{\infty}|\eta_n|^2 < \infty$ であるから $\eta_n \to 0$ でなくてはならない．注意 3.22 を参照のこと．

にして $\|f_n\| = \|x_n\|$ が示せる. ゆえに $\|x_n\| \leqq c \ (n = 1, 2, \dots)$ である. ∎

例題 5.46 ヒルベルト空間 H の点列 $\{x_n\}$ について, 次のことを証明せよ.

(1) $x_n \rightharpoonup x_0$ ならば, $\{\|x_n\|\}$ は有界数列で $\|x_0\| \leqq \liminf\limits_{n \to \infty} \|x_n\|$ である.

(2) $x_n \to x_0$ であることと, $x_n \rightharpoonup x_0$ かつ $\|x_n\| \to \|x_0\|$ であることは同値である.

(3) H の閉凸集合 A は**弱閉集合**である. すなわち, $\{x_n\} \subset A$, $x_n \rightharpoonup x_0$ ならば, $x_0 \in A$ である.

[解] (1) $x_n \rightharpoonup x_0$, すなわち, 任意の $y \in H$ に対して $\lim\limits_{n \to \infty} (x_n, y) = (x_0, y)$ とする. $\{\|x_n\|\}$ が有界数列であることは定理 5.45 で示した. また, シュワルツの不等式 (定理 5.1) を用いると

$$|(x_0, y)| = \lim_{n \to \infty} |(x_n, y)| = \liminf_{n \to \infty} |(x_n, y)| \leqq \liminf_{n \to \infty} \|x_n\| \|y\|$$

であり [*33], 特に $y = x_0$ とすると $\|x_0\|^2 \leqq (\liminf\limits_{n \to \infty} \|x_n\|) \|x_0\|$ である. $\|x_0\| \neq 0$ のときは, この両辺を $\|x_0\|$ で割ればよい. $\|x_0\| = 0$ のときは, 示すべき不等式は左辺が 0 なので明らかである.

(2) $x_n \to x_0$ とすると, 定理 5.44 と例題 3.12 より, $x_n \rightharpoonup x_0$, $\|x_n\| \to \|x_0\|$ である. 逆に $x_n \rightharpoonup x_0$, $\|x_n\| \to \|x_0\|$ とする. このとき, $\mathrm{Re}(\cdot)$ の連続性により

$$\begin{aligned} \|x_n - x_0\|^2 &= \|x_n\|^2 - 2\mathrm{Re}\,(x_n, x_0) + \|x_0\|^2 \\ &\to \|x_0\|^2 - 2\mathrm{Re}\,(x_0, x_0) + \|x_0\|^2 \qquad (n \to \infty) \\ &= 2\|x_0\|^2 - 2\|x_0\|^2 = 0 \end{aligned}$$

であるから $x_n \to x_0$ である.

(3) $\{x_n\} \subset A$, $x_n \rightharpoonup x_0$ とする. A は閉凸集合だから定理 5.17 (ii) より, $y = P_A x_0$ は $\mathrm{Re}(x_0 - y, z - y) \leqq 0 \ (z \in A)$ を満たす. $\{x_n\} \subset A$ だから, 特に $z = x_n \in A$ ととれば $\mathrm{Re}(x_0 - y, x_n - y) \leqq 0 \ (n = 1, 2, \dots)$ が成り立つ. さらに $x_n \rightharpoonup x_0$ より $x_n - y \rightharpoonup x_0 - y$ だから, $n \to \infty$ として $\mathrm{Re}(x_0 - y, x_0 - y) \leqq$

[*33] $\lim_{n \to \infty} \|x_n\|$ が存在するとは限らないので下極限を考える.

$0 \ (n = 1, 2, \ldots)$, すなわち $\|x_0 - y\|^2 \leqq 0$ を得る. よって, $x_0 = y \in A$ である. □

例題 5.46 の (1) で示した不等式について補足する. ヒルベルト空間 H 上の汎関数 $f : H \to \mathbb{R}$ が $x_0 \in H$ で**下半連続**であるとは, $x_n \to x_0$（強収束）のとき

$$f(x_0) \leqq \liminf_{n \to \infty} f(x_n) \tag{5.25}$$

であることをいう [*34]. また, f が x_0 で**上半連続**であるとは, $x_n \to x_0$ のとき

$$\limsup_{n \to \infty} f(x_n) \leqq f(x_0) \tag{5.26}$$

であることをいう [*35]. 下半連続で, かつ上半連続であるときは, (5.25) と (5.26) から極限 $\lim\limits_{n \to \infty} f(x_n)$ が存在し, 通常の意味で x_0 において連続となる：

$$\lim_{n \to \infty} f(x_n) = f(x_0).$$

同様に, $x_n \rightharpoonup x_0$（弱収束）のときに (5.25), (5.26) が成り立つならば, それぞれ f は x_0 で**弱下半連続**, **弱上半連続**であるという. 例題 5.46 の (1) はノルムが弱下半連続な汎関数であることを示している. ノルムの弱下半連続性は 7.4 節で述べる変分法において重要である.

定理 5.44 でみたように, $x_n \rightharpoonup x_0$ のとき $\|x_n - x_0\| \to 0$ とは限らないが, 弱極限 x_0 は $\liminf\limits_{n \to \infty} \|x_n - y\|$ が最小になる y として次のように特徴づけられる.

例題 5.47（オピアルの定理） $\{x_n\}$ をヒルベルト空間 H の点列とする. $x_n \rightharpoonup x_0$ ならば, 任意の $y \neq x_0$ に対して

$$\liminf_{n \to \infty} \|x_n - x_0\| < \liminf_{n \to \infty} \|x_n - y\|$$

が成り立つことを証明せよ.

[**解**] 展開すると,

[*34] $\forall \varepsilon > 0 \ \exists N \in \mathbb{N} : \forall n \in \mathbb{N} \ [n \geqq N \implies f(x_0) - \varepsilon < f(x_n)]$ であることと同値である.

[*35] $\forall \varepsilon > 0 \ \exists N \in \mathbb{N} : \forall n \in \mathbb{N} \ [n \geqq N \implies f(x_n) < f(x_0) + \varepsilon]$ であることと同値である.

$$\|x_n - y\|^2 = \|x_n - x_0 + x_0 - y\|^2$$
$$= \|x_n - x_0\|^2 + 2\operatorname{Re}(x_n - x_0, x_0 - y_0) + \|x_0 - y\|^2$$

である．両辺の下極限をとると，

$$\liminf_{n\to\infty} \|x_n - y\|^2$$
$$\geqq \liminf_{n\to\infty} \|x_n - x_0\|^2 + 2\liminf_{n\to\infty}\operatorname{Re}(x_n - x_0, x_0 - y_0) + \|x_0 - y\|^2$$
$$= \liminf_{n\to\infty} \|x_n - x_0\|^2 + \|x_0 - y\|^2$$

が成り立つ*36．$\|x_0 - y\|^2 > 0$ により，示すべき不等式を得る．　□

■5.6.3 ── 弱収束とコンパクト性

　系 3.30 で示したように，ヒルベルト空間 H が有限次元の場合，有界な点列は（強）収束する部分列を含む．H が一般のヒルベルト空間の場合には次の定理が成り立つ．

> **定理 5.48**　ヒルベルト空間 H の有界な点列は，H で弱収束する部分列を含む．

【証明】　$\{x_n\}$ を H の有界な点列とする．このとき，ある定数 $C > 0$ が存在し，$\|x_n\| \leqq C$ $(n = 1, 2, \ldots)$ である．$M = \overline{\operatorname{span}\{x_1, x_2, \ldots, x_n, \ldots\}}$ とすると*37，M は可分な閉部分空間であるから（問題 5.6），M で稠密な可算部分集合 $\{y_1, y_2, \ldots, y_n, \ldots\}$ が存在する．

　さて，各 m に対して，$|(y_m, x_n)| \leqq \|y_m\|\|x_n\| \leqq C\|y_m\|$ であるから，数列 $\{(y_m, x_n)\}_{n=1}^{\infty}$ は有界である．よって，まず $\{(y_1, x_n)\}$ から収束部分列 $\{(y_1, x_{1,n})\}$ が取り出せる．次に，$\{(y_2, x_{1,n})\}$ から収束部分列 $\{(y_2, x_{2,n})\}$ が取り出せる．さらに，$\{(y_3, x_{2,n})\}$ から収束部分列 $\{(y_3, x_{3,n})\}$ が取り出せる．これを繰り返して，$\{x_{m-1,n}\}_{n=1}^{\infty}$ の部分列 $\{x_{m,n}\}_{n=1}^{\infty}$ を，$\{(y_m, x_{m,n})\}_{n=1}^{\infty}$

---

*36 極限ではなく下極限をとったのは，$\|x_n - y\|$ と $\|x_n - x_0\|$ の極限が存在するとは限らないからである．また，$\lim_{n\to\infty}(x_n - x_0, x_0 - y_0) = 0$ なので，右辺第 2 項の下極限は極限と一致して 0 である．

*37 この M を $\{x_1, x_2, \ldots, x_n, \ldots\}$ によって**張られる閉線形部分空間**という．

が収束するように取り出せる. このとき $\{x_{n,n}\}$ については, すべての m に対して $\{(y_m, x_{n,n})\}_{n=1}^{\infty}$ が収束する.

以下, $\{x_{n,n}\}$ が弱収束することを示す.

まず, 任意の $y \in M$ に対して数列 $\{(y, x_{n,n})\}$ が収束することを示す. M は可分だから, 任意の $\varepsilon > 0$ に対して, m を十分大きくとれば $\|y_m - y\| < \varepsilon$ とできる. この m に対して, $\{(y_m, x_{n,n})\}_{n=1}^{\infty}$ は収束するからコーシー列であるので, ある N が存在し, $n, k \geqq N$ ならば $|(y_m, x_{n,n}) - (y_m, x_{k,k})| < \varepsilon$ が成り立つ. よって, $n, k \geqq N$ ならば,

$$|(y, x_{n,n}) - (y, x_{k,k})|$$
$$\leqq |(y, x_{n,n}) - (y_m, x_{n,n})|$$
$$\quad + |(y_m, x_{n,n}) - (y_m, x_{k,k})| + |(y_m, x_{k,k}) - (y, x_{k,k})|$$
$$\leqq (\|x_{n,n}\| + \|x_{k,k}\|)\|y - y_m\| + |(y_m, x_{n,n}) - (y_m, x_{k,k})| \leqq (2C+1)\varepsilon$$

である. ゆえに, 任意の $y \in M$ に対して, $\{(y, x_{n,n})\}$ は $\mathbb{K}$ のコーシー列であるから収束する.

次に, 任意に $z \in H$ をとる. M は閉部分空間であったから, $y = P_M z$ とすると, 問題 5.9 の (3) より,

$$(z, x_{n,n}) = (z, P_M x_{n,n}) = (P_M z, x_{n,n}) = (y, x_{n,n})$$

である. 前段落の議論から $\{(y, x_{n,n})\}$ は収束するので, $\{(z, x_{n,n})\}$ も収束する. そこで, $f(z) = \lim_{n \to \infty}(z, x_{n,n})$ とおく. $|f(z)| \leqq C\|z\|$ なので, $f \in H^*$ である. よって, リースの表現定理 (定理 5.36) により, ある $x_0 \in H$ が一意に存在し, $f(z) = (z, x_0)$ が成り立つ. ゆえに, 任意の $z \in H$ に対して $\lim_{n \to \infty}(z, x_{n,n}) = (z, x_0)$ であるから, $x_{n,n} \rightharpoonup x_0$ であることが示された. ∎

特に例題 5.46 の (3) によれば閉凸集合は弱閉集合であったから, 定理 5.48 と合わせれば次の系を得る.

系 5.49 ヒルベルト空間 H の閉凸集合 A は**弱点列コンパクト**である. すなわち, A の任意の有界な点列は A のある元に弱収束する部分列を含む.

H_1, H_2 をヒルベルト空間とする．4.6.2 項において，コンパクト作用素は強い連続性をもつと述べた．詳しくは次の定理が成り立つ．

定理 5.50　H_1, H_2 をヒルベルト空間とし，T を H_1 から H_2 への線形作用素とする．このとき，T がコンパクト作用素であるためには，T が H_1 の弱収束列を H_2 の強収束列に写すことが必要十分である：

$$x_n \rightharpoonup x_0 \implies Tx_n \to Tx_0.$$

【証明】　$(\Rightarrow)$ T をコンパクト作用素とし，$x_n \rightharpoonup x_0$ とする．

まず，$Tx_n \rightharpoonup Tx_0$ を示す．任意の $y \in H_2$ をとる．$f_y(x) := (Tx, y)_{H_2}$ $(x \in H_1)$ と定義すると，T の有界性（定理 4.38）により，

$$|f_y(x)| \le \|Tx\|\|y\| \le \|T\|\|y\|\|x\| \qquad (x \in H_1)$$

であるから，$f_y \in H_1^*$ である．よってリースの表現定理（定理 5.36）より，ある $a_y \in H_1$ が存在して，$f_y(x) = (x, a_y)_{H_1}$ と表せる．ゆえに，

$$(Tx_n, y)_{H_2} = f_y(x_n) = (x_n, a_y)_{H_1} \to (x_0, a_y)_{H_1} = (Tx_0, y)_{H_2}$$

であるから，$Tx_n \rightharpoonup Tx_0$ である．

次に，$Tx_n \to Tx_0$ を示す．$\{Tx_n\}$ の任意の部分列 $\{Tx_{n_j}\}$ をとる．このとき，$\{x_{n_j}\}$ は定理 5.45 より H_1 で有界で，T はコンパクトであるから，$\{Tx_{n_j}\}$ は H_2 で収束する部分列 $\{Tx_{n'_j}\}$ をもち，その極限は前半の議論から弱極限 Tx_0 に等しい．こうして，$\{Tx_n\}$ の任意の部分列が同一の極限 Tx_0 に収束する部分列をもつので，$\{Tx_n\}$ 自身も Tx_0 に収束することがわかる（問題 3.8）．

$(\Leftarrow)$ $\{x_n\}$ を H_1 の有界列とする．$\{Tx_n\}$ が H_2 で収束する部分列を含むことを示せばよい．$\{x_n\}$ はヒルベルト空間の有界列であるから弱点列する部分列 $\{x_{n_j}\}$ を含む（定理 5.48）．その弱極限を x_0 とすれば，T の性質から $Tx_{n_j} \to Tx_0$ である．こうして，$\{Tx_n\}$ が収束部分列 $\{Tx_{n_j}\}$ を含むので，T はコンパクト作用素である．　■

本書ではヒルベルト空間の点列に関する弱収束のみを扱うが，弱収束の概念

は一般のノルム空間に対して定義できるのでここで簡単に触れておく．ノルム空間 X の点列 $\{x_n\}$ が $x_0 \in X$ に **弱収束** するとは，任意の $f \in X^*$ に対して

$$\lim_{n \to \infty} f(x_n) = f(x_0) \tag{5.27}$$

が成り立つことである．弱極限 x_0 が一意に決まることは次のように示される：$x_n \rightharpoonup x_0,\ x_n \rightharpoonup x_0'$ とする．このとき，任意の $f \in X^*$ に対して，

$$f(x_0 - x_0') = f(x_0) - f(x_0') = \lim_{n \to \infty} (f(x_n) - f(x_n)) = 0$$

である．よって，ハーン・バナッハの定理の系 4.50 から $x_0 = x_0'$ となる．

特に X がヒルベルト空間 H の場合には，リースの表現定理（定理 5.36）により，ある $y \in H$ が存在して $f(x) = (x, y)$ と表せるので，(5.27) は (5.24) のことになる．$f \in H^*$ と $y \in H$ は一対一に対応しているので，$f \in H^*$ を任意にとることと $y \in H$ を任意にとることは同じである．こうしてノルム空間で弱収束を定義すると，定理 5.44，定理 5.45，例題 5.46 の (1) はノルム空間で成り立ち，定理 5.48 と定理 5.50 は回帰的バナッハ空間で成り立つ[*38]．

5.7 非拡大写像の不動点定理

$X = (X, d)$ を距離空間とする．X から X への写像 T が **非拡大写像** であるとは，任意の $x, y \in X$ に対して $d(Tx, Ty) \leqq d(x, y)$ が成り立つことをいう．この条件は縮小写像の定義 (2.17) で $r = 1$ としたものである．X がノルム空間のときは，$T : X \to X$ が非拡大写像であるとは，

$$\|Tx - Ty\| \leqq \|x - y\|$$

が成り立つことである．例えば A をヒルベルト空間 H の閉凸集合とするとき，射影作用素 $P_A : H \to H$ は非拡大写像である（例題 5.18）．

T を非拡大写像とする．このとき，2 点 x, y の距離は T によって（拡大はし

[*38] 参考文献 [6] または [7] を参照のこと．特に定理 5.48 については [6] の定理 7.13，または [7] の定理 8.13 を，定理 5.50 については [6] の定理 11.5，または [7] の定理 9.2 と定理 9.3 を参照のこと．

ないが）必ずしも縮小せず T は縮小写像とはいえないので，バナッハの不動点定理（定理 2.29）は適用できない．しかしながら，次のことが成り立つ．

> **定理 5.51** A をヒルベルト空間 H の閉凸集合とし，$T : A \to A$ は非拡大写像であるとする．このとき，次の (i) (ii) は同値である．
> (i) T の不動点全体の集合 $F(T) = \{x \in A \mid Tx = x\}$ は空でない．
> (ii) ある $x \in A$ が存在して，点列 $\{T^n x\}$ は有界である．
> さらにこのとき，$F(T)$ は閉凸集合である．

【証明】 (i) ⇒ (ii) $x \in F(T) \neq \emptyset$ をとると，$\{T^n x\}$ は一点集合 $\{x\}$ となるから明らかに有界である．

(ii) ⇒ (i) ある $x \in A$ が存在して，点列 $\{T^n x\}$ は有界であるとする．T は非拡大なので，任意の $y \in A$ に対して

$$\|T^{k+1}x - Ty\| = \|T(T^k x) - Ty\| \leqq \|T^k x - y\|$$

が成り立つ．よって，$T^k x - y = T^k x - Ty + Ty - y$ に注意して

$$\begin{aligned}
0 &\leqq \|T^k x - y\|^2 - \|T^{k+1}x - Ty\|^2 \\
&= \|T^k x - Ty\|^2 + 2\,\mathrm{Re}\,(T^k x - Ty, Ty - y) \\
&\quad + \|Ty - y\|^2 - \|T^{k+1}x - Ty\|^2
\end{aligned}$$

となる．この式を $k = 0$ から $k = n-1$ まで加えて n で割ると，

$$\begin{aligned}
0 &\leqq \frac{1}{n}\sum_{k=0}^{n-1}(\|T^k x - Ty\|^2 - \|T^{k+1}x - Ty\|^2) \\
&\quad + \frac{2}{n}\sum_{k=0}^{n-1}\mathrm{Re}\,(T^k x - Ty, Ty - y) + \|Ty - y\|^2 \\
&= \frac{1}{n}(\|x - Ty\|^2 - \|T^n x - Ty\|^2) \\
&\quad + 2\,\mathrm{Re}\,(S_n x - Ty, Ty - y) + \|Ty - y\|^2 \tag{5.28}
\end{aligned}$$

を得る．ここで，$S_n x = \dfrac{1}{n}\sum_{k=0}^{n-1} T^k x$ である．$\{T^k x\}$ は有界であったから $\|T^k x\|$

$\leqq M$ とすると,$\|S_n x\| \leqq \dfrac{1}{n} \sum_{k=0}^{n-1} \|T^k x\| \leqq M$ となって $\{S_n x\}$ も有界である.さらに $\{S_n x\} \subset A$(問題 5.25)であり,A は閉凸集合であるから,系 5.49 より,$\{S_n x\}$ の部分列 $\{S_{n'} x\}$ で,ある $p \in A$ に弱収束するものが存在する.また,$n' \to \infty$ のとき

$$\left| \frac{1}{n'} (\|x - Ty\|^2 - \|T^{n'} x - Ty\|^2) \right| \leqq \frac{1}{n'} (\|x - Ty\|^2 + (M + \|Ty\|)^2) \to 0$$

であるから,(5.28) で $n = n' \to \infty$ とすれば,任意の $y \in A$ に対して

$$0 \leqq 2 \operatorname{Re} (p - Ty, Ty - y) + \|Ty - y\|^2$$

が成り立つ.特に,$y = p \ (\in A)$ とすれば

$$0 \leqq -2\|Tp - p\|^2 + \|Tp - p\|^2 = -\|Tp - p\|^2$$

を得る.ゆえに $Tp = p$ であるので,$p \in F(T)$ である.したがって,$F(T) \neq \emptyset$ である.

最後に $F(T)$ が閉凸集合であることを示す.

閉集合であることを示す.$\{x_n\} \subset F(T)$,$x_n \to x_0$ とする.T は非拡大であることと $Tx_n = x_n$ であることから

$$\|Tx_0 - x_0\| \leqq \|Tx_0 - Tx_n\| + \|Tx_n - x_0\| \leqq \|x_0 - x_n\| + \|x_n - x_0\| \to 0$$

であるから $Tx_0 = x_0$,すなわち $x_0 \in F(T)$ である.

凸であることを示す.$x, y \in F(T)$ をとる.このとき,$z = (1 - t)x + ty \in F(T) \ (0 < t < 1)$ を示せばよい.背理法で示すため,ある $t \in (0, 1)$ に対して $z \notin F(T)$,すなわち $Tz \neq z$ と仮定する.中線定理(定理 5.8)より

$$\left\| \frac{z + Tz}{2} - x \right\|^2 + \frac{1}{4}\|z - Tz\|^2 = \frac{1}{2}\|z - x\|^2 + \frac{1}{2}\|Tz - x\|^2$$

であるが,$\|Tz - x\| = \|Tz - Tx\| \leqq \|z - x\|$ であるので,

$$\left\| \frac{z + Tz}{2} - x \right\|^2 + \frac{1}{4}\|z - Tz\|^2 \leqq \|z - x\|^2$$

である.ここで $\|z - Tz\| > 0$ に注意すると,

$$\left\| \frac{z + Tz}{2} - x \right\|^2 < \|z - x\|^2$$

を得る. 同様にして x を y にした不等式も成り立つから,

$$\|x - y\| \leqq \left\| x - \frac{z + Tz}{2} \right\| + \left\| \frac{z + Tz}{2} - y \right\| < \|z - x\| + \|z - y\| \quad (5.29)$$

となる. $z = (1 - t)x + ty$ であるから, 右辺は $t\|x - y\| + (1 - t)\|x - y\| = \|x - y\|$ に等しいが, これは (5.29) の左辺に等しく不合理である. したがって, $z \in F(T)$ $(0 < t < 1)$ である. ∎

系 5.52 H をヒルベルト空間とし, A を H の空でない有界閉凸集合とする. このとき, $T : A \to A$ が非拡大写像であるならば, T は A に不動点をもつ [*39].

【証明】 A が有界であるから, 任意の $x \in A$ に対して, $\{T^n x\} \subset A$ は有界である. よって, 定理 5.51 の (ii) が成り立つから (i) が成り立つ. すなわち, T の不動点が存在する. ∎

章末問題 5

5.1 内積の性質 (I4′) (I5′) を証明せよ.

5.2 $\|\overline{(x, y)}x - \|x\|^2 y\|^2 \geqq 0$ の左辺を展開することにより, シュワルツの不等式 (定理 5.1) を導け.

5.3 バナッハ空間 $C[a, b] = (C[a, b], \|\cdot\|_C)$ はヒルベルト空間ではないことを証明せよ.

5.4 $\mathbb{R}^n$, ℓ^2 のノルムについて, 内積 (5.6) がそれぞれ $(x, y)_{\mathbb{R}^n}$, $(x, y)_{\ell^2}$ であること

[*39] 特に $H = \mathbb{R}^n$ のときは, T が非拡大でなくても連続でありさえすれば不動点の存在が保証される (**ブラウワーの不動点定理**). 例えば増田久弥『非線型数学』(朝倉書店) の定理 9.1 を参照のこと.

を証明せよ.

5.5 ノルム空間 X の球 $B = \{x \in X \mid \|x - a\| \leqq r\}$ は閉凸集合であることを証明せよ.

5.6 M をノルム空間 X の可算集合とするとき, $\overline{\operatorname{span} M}$ は X の可分な閉部分空間であることを証明せよ.

5.7 $M\,(\neq \{0\})$ をヒルベルト空間 H の閉部分空間とする. このとき, M の上への射影作用素 P_M は有界線形作用素であり, $\|P_M\| = 1$ であることを証明せよ.

5.8 A をヒルベルト空間 H の部分集合とするとき, $(A^\perp)^\perp \supset A$ であることを証明せよ.

5.9 M をヒルベルト空間 H の閉部分空間とするとき, 次の性質を証明せよ.
 (1) $(M^\perp)^\perp = M$ である.
 (2) $P_M + P_{M^\perp} = I$（恒等作用素）である.
 (3) $(P_M x_1, x_2) = (x_1, P_M x_2)\ (x_1, x_2 \in H)$ である [*40].

5.10 例題 5.24 の (2) を, 左辺を展開することによって証明せよ.

5.11 ヒルベルト空間 H の正規直交系 $\{e_n\}$ は一次独立であること, すなわち, 任意の有限個の元 $e_{n_1}, e_{n_2}, \ldots, e_{n_m}$ が一次独立であることを証明せよ.

5.12 (5.12), (5.13) を確認せよ.

5.13 注意 5.29 を証明せよ.

5.14 例題 5.30 (1) の等式を, $\left\| x - \sum_{k=1}^{n} (x, e_k) e_k \right\|^2$ を直接展開することによって証明せよ.

5.15 $\{e_n\}$ をヒルベルト空間 H の正規直交系とし, $x \in H$ を任意にとる. このとき, $\sum_{k=1}^{\infty} (x, e_k) e_k = x$ が成り立たないような $H, \{e_n\}, x$ の例を挙げよ.

5.16 $\{e_1, e_2, \ldots, e_n\}$ をヒルベルト空間 H の正規直交系とし, $x \in H$ を固定する. このとき, $\left\| x - \sum_{k=1}^{n} \alpha_k e_k \right\|$ が最小となるのは, $\alpha_k = (x, e_k)\ (k = 1, 2, \ldots, n)$ のときであり, またそのときに限ることを証明せよ.

[*40] 射影作用素の**自己共役性**という.

5.17 $\{e_1, e_2, \ldots, e_n\}$ をヒルベルト空間 H の正規直交系とし，$S = \mathrm{span}\{e_1, e_2, \ldots, e_n\}$ とする．このとき，(5.16) の正射影 s_n は x の S の上への射影であり，$P_S x = s_n$ であることを証明せよ．

5.18 $\{x_n\}$ をヒルベルト空間 H の一次独立な点列とし，$\{e_n\}$ を $\{x_n\}$ からシュミットの直交化法を用いてつくった正規直交系であるとする．このとき，任意の自然数 n に対して $\mathrm{span}\,\{x_k\}_{k=1}^{n} = \mathrm{span}\,\{e_k\}_{k=1}^{n}$ であることを証明せよ．

5.19 $\{e_n\}$ をヒルベルト空間 H の完全正規直交系とする．このとき，次の性質を証明せよ．

(1) $\{e_n\}$ によって張られる部分空間 $\mathrm{span}\{e_n\}$ は H で稠密である．

(2) 任意の $x, y \in H$ に対して，$(x, y) = \sum\limits_{k=1}^{\infty} (x, e_k)\overline{(y, e_k)}$ が成り立つ．

5.20 リースの表現定理（定理 5.36）によって定義された作用素 J について，共役線形性 (5.18) を示し，さらに (5.19) が H^* の内積になることを証明せよ．

5.21 ヒルベルト空間 H の弱収束について，次の性質を証明せよ．

(1) $x_n \rightharpoonup x_0$, $y_n \rightharpoonup y_0$ ならば $\alpha x_n + \beta y_n \rightharpoonup \alpha x_0 + \beta y_0$ $(\alpha, \beta \in \mathbb{K})$ である．

(2) $\{x_n\}$ が弱収束するとき，弱極限は一意である．

5.22 定理 5.44 をノルム空間 X の場合に証明せよ．

5.23 定理 5.45 をノルム空間 X の場合に証明せよ．

5.24 例題 5.46 の (1) をノルム空間 X の場合に証明せよ．

5.25 定理 5.51 の証明において，$\{S_n x\} \subset A$ $(x \in A)$ であることを証明せよ．

6 ルベーグ積分のまとめ

CHAPTER

【この章の目標】

　本章ではルベーグ積分の定義と性質を簡単に説明する．ルベーグ積分はリーマン積分が抱える弱点を克服しつつ拡張した積分である．リーマン積分可能な関数はルベーグ積分可能で積分値が等しく，さらにリーマン積分は不可能だがルベーグ積分可能であるような関数が実際に存在するのが拡張といわれる理由である．ルベーグ積分論は測度論と積分論とに大きく分けられるが，ここでは積分論を重視し，ルベーグ積分を道具として使えるようになることを目標とする．

6.1 ルベーグ積分

　ルベーグ積分論の導入の仕方には大きく二つの流儀があり，測度論から入り積分論に至るルベーグの流儀[*1]と，積分論から入り測度論に至るリースの流儀[*2]がある．ルベーグ流はユークリッド空間に限らず一般の集合上で測度と積分を定義するため，確率論など他分野への応用に適している．リース流はユークリッド空間に限定して積分を直接的に定義するので明快である．本書の範囲では測度論の知識はほとんど必要ないので，リース流でルベーグ積分を導入する．なお，ルベーグ流については 6.5 節で少し述べる．

　ルベーグ積分の定義に用いる関数を準備しておく．X を集合とする．f が $A \subset X$ を定義域とする実数値関数で，$f(A)$ が有限集合であるとき，f は A 上の**単関数**であるという．特に，ある $E \subset A$ に対して，

[*1] H. Lebesgue（吉田耕作，松原　稔　訳）『ルベーグ　積分・長さおよび面積』（現代数学の系譜 3），共立出版，1969（ルベーグの学位論文（1902）の翻訳）

[*2] F. Riesz and B. Sz.-Nagy, "Functional Analysis" (Translated by L.F. Boron. Reprint of the 1955 original), Dover, 1990

$$\chi_E(x) = \begin{cases} 1 & (x \in E), \\ 0 & (x \in A \setminus E) \end{cases}$$

である単関数 χ_E を，（A を定義域とする）E の**特性関数**という（図 6.1）.

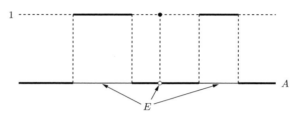

図 6.1　E の特性関数 χ_E

　集合 A 上で定義された二つの関数 f, g について，任意の $x \in A$ に対して $f(x) \leqq g(x)$ であるとき，$f \leqq g$ で表す．特に関数列 $\{f_n\}$ が $f_n \leqq f_{n+1}$ $(n = 1, 2, \ldots)$ を満たすとき，$\{f_n\}$ は単調増加列であるという.

　本節では，(a, b), $[a, b]$, $(a, b]$, $[a, b)$ $(-\infty \leqq a \leqq b \leqq \infty)$ を区別せずすべて "区間" とよび，$b - a$ をその "長さ" という．$A \subset \mathbb{R}$ が**ルベーグ零集合**であるとは，任意の $\varepsilon > 0$ に対して，高々可算個の区間の列 $\{I_n\}$ が存在し，

$$A \subset \bigcup_{n=1}^{\infty} I_n, \qquad \sum_{n=1}^{\infty} |I_n| < \varepsilon$$

とできることとする．ここで，$|I|$ は区間 I の長さを表す．各 $x \in \mathbb{R}$ に対して定まる命題 $P(x)$ がルベーグ零集合を除いて成り立つとき，"$P(x)$ は（$\mathbb{R}$ の）**ほとんど至るところ** (a.e.) で成り立つ" という．例えば，"$f_n(x) \to f(x)$ (a.e.)" であるとは「あるルベーグ零集合を除いて $f_n(x) \to f(x)$」ということである．この用語については次節でもう少し詳しく述べる.

　区間 $I = (a, b)$ 上のルベーグ積分を定義する.

　まず，階段関数の積分を定義する．I に含まれる，互いに交わらない有限個の有界区間 $\{I_k\}_{k=1}^{n}$ $(|I_k| < \infty)$ に対する単関数 $\varphi(x) = \displaystyle\sum_{k=1}^{n} c_k \chi_{I_k}(x)$ を**階段関数**ということにする．階段関数は一般の単関数と違い区間の特性関数からつく

られており，すでに長さ $|I_k|$ が定義されていることに注意する *3. このことが
リースによる積分の定義の核心である．I 上の階段関数全体の集合を S_0 で表
す．このとき，$\varphi \in S_0$ の積分を

$$\int_I \varphi(x)\,dx := \sum_{k=1}^n c_k |I_k|$$

で定義する．以下，階段関数はギリシャ文字 φ, ψ で表す．

次に，関数が積分可能であることとその積分を定義する．S_0 の単調増加列
$\{\varphi_n\}$ $(\varphi_1 \leqq \varphi_2 \leqq \cdots)$ が，ある定数 $M \geqq 0$ に対して

$$\int_I \varphi_n(x)\,dx \leqq M \qquad (n = 1, 2, \ldots)$$

を満たすとする．このとき，数列 $\{\varphi_n(x)\}$ は I 上のほとんど至るところで有限
値に収束することが証明できる *4. この極限値を $f(x)$ で表し，こうして決ま
る関数 f 全体の集合を S_1 で表す．左辺の数列 $\left\{\int_I \varphi_n(x)\,dx\right\}$ は上に有界な単
調増加数列であるから，$n \to \infty$ のとき収束する．そこで，$f \in S_1$ の積分を

$$\int_I f(x)\,dx := \lim_{n\to\infty} \int_I \varphi_n(x)\,dx \tag{6.1}$$

で定義する．ここで，f を極限関数とする S_0 の単調増加列はこの $\{\varphi_n\}$ だけと
は限らないが，その選び方によらず (6.1) の右辺の極限はただ一つに決まること
に注意する *5. さらに，S_1 の関数の差で表される関数全体を S_2 で表し，S_2 に
属する関数を**ルベーグ積分可能**，または**ルベーグ可積分**であるという．$f \in S_2$
の積分を次のように定義する：$f = f_1 - f_2$ $(f_1, f_2 \in S_1)$ としたとき，

$$\int_I f(x)\,dx := \int_I f_1(x)\,dx - \int_I f_2(x)\,dx. \tag{6.2}$$

---

*3 ルベーグ積分の文献において，「階段関数」という用語は単関数と同じ意味として用いられ
ることが多い．本書ではこれらを区別し，階段の "踏面" が有限個の有界区間（長さが 0 のも
のも含む）になっている単関数を階段関数とよぶことにする．
*4 参考文献 [21] の第 3 章 §1 の定理 3 を参照のこと．
*5 実際，もしそのような S_0 の列が $\{\varphi_n\}$ の他にあったとして，それを $\{\psi_n\}$ とすれば，
$\lim_{n\to\infty} \int_I \varphi_n(x)\,dx = \lim_{n\to\infty} \int_I \psi_n(x)\,dx$ であることが証明できる．したがって，(6.1)
による定義は well-defined である．

ここで, f を S_1 の関数の差で表す表し方はこの $f_1 - f_2$ だけとは限らないが, その表し方によらず (6.2) の右辺の値はただ一つに決まることに注意する [*6].

　階段関数列（単調増加列とは限らない）のほとんど至るところでの極限であるような関数を**ルベーグ可測関数**という. ルベーグ積分可能な関数はルベーグ可測関数である. 実際, ルベーグ積分可能な関数 $f \in S_2$ は $f = f_1 - f_2$ $(f_1, f_2 \in S_1)$ と表せ, さらに $\varphi_{1,n}(x) \to f_1(x)$ (a.e.), $\varphi_{2,n}(x) \to f_2(x)$ (a.e.) となる階段関数の単調増加列 $\{\varphi_{1,n}\}$, $\{\varphi_{2,n}\}$ が存在するから, $\varphi_n = \varphi_{1,n} - \varphi_{2,n}$ とおけば $\varphi_n \in S_0$ であり $\varphi_n(x) \to f(x)$ (a.e.) となる. しかし, 逆にルベーグ可測関数がいつでもルベーグ積分可能であるとは限らない. それは例えば, $f(x) = 1$ は $\varphi_n = \chi_{(-n,n)}$ の極限だからルベーグ可測だが, $\mathbb{R}$ 上ではルベーグ積分可能でないことからわかる.

　なお, 上記の考察を続けると次の定理が得られる [*7]. この定理はルベーグ積分可能な関数が階段関数によって（面積の意味で）近似できるという著しい特徴を示している.

定理 6.1　I 上でルベーグ積分可能な任意の関数 f に対して, 階段関数の列 $\{\varphi_n\}$ が存在し, $\varphi_n(x) \to f(x)$ (a.e.) かつ

$$\int_I |\varphi_n(x) - f(x)|\, dx \to 0 \qquad (n \to \infty)$$

が成り立つ.

　さて, これまで $\mathbb{R}$ の区間 I 上の積分を考えてきたが, I の（区間とは限らない）部分集合 A 上での積分を定義する. A の特性関数 χ_A が I 上でルベーグ可測関数であるとき, A は**ルベーグ可測集合**であるという. さらに, その**ルベーグ測度**を,

---

[*6] 実際, もしそのような表し方が $f_1 - f_2$ の他にあったとして, それを $f = g_1 - g_2$ $(g_1, g_2 \in S_1)$ とすれば, $f_1 + g_2 = g_1 + f_2 \in S_1$ であることから, $\int_I f_1(x)\, dx - \int_I f_2(x)\, dx = \int_I g_1(x)\, dx - \int_I g_2(x)\, dx$ であることが証明できる. したがって, (6.2) による定義は well-defined である.
[*7] 具体的には定理 7.11 の証明で $p = 1$ とし, x_J に対して φ_N をとっている部分と同様にすればよい. なお, $p = 1$ のときはルベーグの優収束定理は必要なく定義 (6.1) を使えばよいことに注意する.

$$m(A) := \begin{cases} \displaystyle\int_I \chi_A(x)\,dx & (\chi_A \text{ が } I \text{ 上でルベーグ積分可能のとき}), \\ \infty & (\text{その他}) \end{cases}$$

と定義する．特に $m(A) = 0$ であることと A がルベーグ零集合であることは同値である．f を区間 I 上で定義された関数で，$A \subset I$ をルベーグ可測集合とする．f が A 上で**ルベーグ積分可能（ルベーグ可測）**であるとは，$f\chi_A$ が I 上でルベーグ積分可能（ルベーグ可測）であることとし，A 上のルベーグ積分を

$$\int_A f(x)\,dx := \int_I f(x)\chi_A(x)\,dx$$

で定義する．

f, g が A でルベーグ可測ならば，$\alpha f + \beta g$ $(\alpha, \beta \in \mathbb{R})$, fg, f/g, $|f|$ も A でルベーグ可測である．また，f_n $(n = 1, 2, \dots)$ が A でルベーグ可測ならば，$\displaystyle\sup_{n\geq 1} f_n(x)$, $\displaystyle\inf_{n\geq 1} f_n(x)$, $\displaystyle\limsup_{n\to\infty} f_n(x) = \lim_{n\to\infty} \sup_{m\geq n} f_m(x)$, $\displaystyle\liminf_{n\to\infty} f_n(x) = \lim_{n\to\infty} \inf_{m\geq n} f_m(x)$ も A でルベーグ可測である．したがって，特に $\displaystyle\lim_{n\to\infty} f_n(x)$ が存在するときは，$\displaystyle\lim_{n\to\infty} f_n(x)$ も A でルベーグ可測である．このような性質のおかげで，応用上扱う関数のほとんどがルベーグ可測であると考えてよい．しかし，$\mathbb{R}$ 上の関数でルベーグ可測でないものも存在する [*8]．

6.2　ルベーグ零集合

前節で定義したルベーグ零集合について，もう少し詳しく述べる．

空集合 $\emptyset$，一点集合，有限集合，可算集合はルベーグ零集合である．またルベーグ零集合の可算個の和集合はルベーグ零集合である．さらに非可算集合のルベーグ零集合も存在し，有名な例として**カントール集合** [*9] がある．

[*8] ルベーグは自身の積分論を著した学位論文（本章脚注 1）において「私は可測でないいかなる函数も知らないし，それが存在するかどうかも知らない」と述べている．その後ヴィタリが $\mathbb{R}$ の非可測集合を構成した（1905 年）．非可測集合上の特性関数はルベーグ可測ではないが，そのような集合や関数は応用上はほとんど出会わないので気にしないでよい．なお非可測集合の詳細については，参考文献 [19] の第 II 章 §8 または [20] の付録 §6 を参照のこと．

[*9] 例えば参考文献 [19] の §7 や [20] の第 III 章 §12 を参照のこと．

　ルベーグ積分は荒っぽくいうと "ルベーグ零集合を無視する積分" である *10. すなわち，次の定理が成り立つ.

定理 6.2　A をルベーグ可測集合とし，f を A でルベーグ積分可能な関数とする. このとき，$N \subset A$ がルベーグ零集合ならば，

$$\int_N f(x)\,dx = 0, \qquad \int_{A \setminus N} f(x)\,dx = \int_A f(x)\,dx$$

が成り立つ.

　ルベーグ可測集合 A の点に関係した命題があって，その命題がルベーグ零集合 $N \subset A$ の点以外のすべての点で成り立つとき，その命題は A の上で**ほとんど至るところ**，または**ほとんどすべての** $x \in A$ に対して成り立つという. 「ほとんど至るところ」，「ほとんどすべての $x \in A$」をそれぞれ「a.e.」(almost everywhere)，「a.e. $x \in A$」(almost every $x \in A$) で表す. 例えば，二つの関数 f, g がほとんどすべての $x \in A$ に対して等しい ($f(x) = g(x)$ (a.e. $x \in A$)) とは，集合 $\{x \in A \mid f(x) \neq g(x)\}$ がルベーグ零集合であるという意味である.
　次の二つの定理は，ルベーグ可測関数の "ほとんど至るところ" での性質が導かれており，この用語の例文として適切であるし，また本書でも実際にこれらの性質を用いるので挙げておく.

定理 6.3　f が A でルベーグ積分可能な非負値関数で $\displaystyle\int_A f(x)\,dx = 0$ ならば，$f(x) = 0$ (a.e. $x \in A$) である.

定理 6.4　f が A でルベーグ積分可能な関数ならば，$-\infty < f(x) < +\infty$ (a.e. $x \in A$) である.

　定理 6.3 は $\{x \in A \mid f(x) \neq 0\}$ がルベーグ零集合であることを，また定理 6.4 は $\{x \in A \mid f(x) = +\infty\} \cup \{x \in A \mid f(x) = -\infty\}$ がルベーグ零集合であるこ

---

*10 確率密度関数のように，各点での値にはほとんど意味がなく，区間に対する積分値に意味があるような関数に適している.

とを主張している.

6.3 ルベーグ積分の諸定理

■ 6.3.1 — リーマン積分との関係

リーマン積分は有界閉区間 $[a,b]$ $(-\infty < a < b < \infty)$ 上の有界な関数 f に対して定義された（必ずしも連続性は仮定しなくてよい）. ルベーグ積分はリーマン積分の拡張であることを述べたのが次の定理である.

> **定理 6.5** 有界閉区間 $[a,b]$ で有界な関数 f がリーマン積分可能ならば, ルベーグ積分可能であって, その積分はリーマン積分に等しい.

この定理の逆は真ではない. 例えば, f を $f(x) = \chi_{\mathbb{Q}}(x)$, すなわち, 有理数で 1, 無理数で 0 をとる関数[*11]とすれば, f は $[a,b]$ でルベーグ積分可能で $\displaystyle\int_{[a,b]} f(x)\,dx = \int_{[a,b]\backslash\mathbb{Q}} 0\,dx = 0$ である（定理 6.2）. 一方, $[a,b]$ の任意の分割に対して, その小区間には常に有理数と無理数が属しリーマン和が一定値に収束しないため, f はリーマン積分可能ではない.

また, リーマン積分可能であることはルベーグ零集合で特徴づけられる.

> **定理 6.6** 有界閉区間 $[a,b]$ で有界な関数 f がリーマン積分可能であるためには, f の不連続点全体の集合がルベーグ零集合となることが必要十分である.

リーマン積分を区間や関数が非有界な場合に拡張したものが広義リーマン積分であった[*12]. 一般に, 広義リーマン積分可能でもルベーグ積分可能であるとは限らない. 例えば $(0,\infty)$ で定義された $f(x) = \dfrac{\sin x}{x}$ は, $\displaystyle\int_0^\infty f(x)\,dx = \pi/2$

[*11] **ディリクレ関数**という. $f(x) = \lim_{n\to\infty} \lim_{k\to\infty} \cos^{2k}(n!\pi x)$ と表せる.

[*12] 同様にして "広義ルベーグ積分" なるものも考えることはできるであろうが, ルベーグ積分はもともと区間や関数の有界性を必ずしも必要としないので, それがどこまで有意義なものなのかは筆者にはわからない.

（広義リーマン積分）であるが，$\displaystyle\int_{(0,\infty)}|f(x)|\,dx=\infty$（ルベーグ積分）であるので，あとで述べる定理 6.16 によってルベーグ積分可能ではない[*13].

しかし，$|f(x)|$ が広義リーマン積分可能であれば次の定理が成り立つ.

定理 6.7　$A=(a,b)$ $(-\infty\leqq a<b\leqq\infty)$ に含まれる任意の有界閉区間で f はリーマン積分可能で，$|f|$ が A で広義リーマン積分可能ならば，f は A でルベーグ積分可能であって，その積分は広義リーマン積分に等しい.

▌6.3.2 ── 収束定理など

例題 2.9 でみたように，リーマン積分では一様収束のもとで項別積分が許されたが，ルベーグ積分ではもっと弱い仮定で項別積分が許される.以下，$A\subset\mathbb{R}$ をルベーグ可測集合とする.

定理 6.8（単調収束定理）　f_n $(n=1,2,\dots)$ が A でルベーグ可測な非負値関数で，$f_n\leqq f_{n+1}$ $(n=1,2,\dots)$ ならば，

$$\int_A \lim_{n\to\infty}f_n(x)\,dx=\lim_{n\to\infty}\int_A f_n(x)\,dx$$

が成り立つ.

定理 6.9（項別積分定理）　f_n $(n=1,2,\dots)$ が A でルベーグ可測な非負値関数ならば，

$$\int_A\sum_{n=1}^{\infty}f_n(x)\,dx=\sum_{n=1}^{\infty}\int_A f_n(x)\,dx$$

が成り立つ.

定理 6.10（ファトゥの補題）　f_n $(n=1,2,\dots)$ が A でルベーグ可測な非

[*13] $\operatorname{sinc}x=\frac{\sin x}{x}$ $(x\neq0)$, $=1$ $(x=0)$ は**シンク関数**とよばれ，信号処理などの情報理論の分野でよく用いられる.また，$\int_0^{\infty}\operatorname{sinc}x\,dx=\pi/2$ を**ディリクレ積分**という.

負値関数ならば,

$$\int_A \liminf_{n\to\infty} f_n(x)\,dx \le \liminf_{n\to\infty} \int_A f_n(x)\,dx$$

が成り立つ.

定理 6.11（ルベーグの優収束定理[*14]**）**　$f_n\ (n=1,2,\dots)$ は A でルベーグ可測な関数で, $\lim_{n\to\infty} f_n(x) = f(x)$ とする. さらに A でルベーグ積分可能な関数 g（n に無関係）が存在して

$$|f_n(x)| \le g(x) \qquad (x \in A,\ n=1,2,\dots) \tag{6.3}$$

とする. このとき,

$$\int_A \lim_{n\to\infty} f_n(x)\,dx = \int_A f(x)\,dx = \lim_{n\to\infty} \int_A f_n(x)\,dx \tag{6.4}$$

が成り立つ.

ルベーグの優収束定理（定理 6.11）において, 条件 (6.3) を満たすルベーグ積分可能な関数 g が存在するという仮定は重要である. 実際, 区間 $[0,1]$ 上の関数列 $\{f_n\}$ を

$$f_n(x) = \begin{cases} 1/x & (x \in [1/(2n), 1/n)), \\ 0 & (x \in [0,1] \setminus [1/(2n), 1/n)) \end{cases}$$

と定義すると, $\lim_{n\to\infty} f_n(x) = 0$, $\displaystyle\int_{[0,1]} f_n(x)\,dx = \log 2$ であるから (6.4) は成り立たない. この場合, (6.3) を満たすルベーグ積分可能な関数 g は存在しないのである. なぜなら, もしそのような g が存在すれば, $g(x) \ge 1/x\ (0 < x \le 1)$ となって, $1/x$ もルベーグ積分可能でなくてはならない. しかし, $1/x$ は $(0,1)$ でルベーグ積分可能ではないことが単調収束定理（定理 6.8）からわかる[*15].

[*14] リーマン積分の範疇でも対応する定理（アルツェラの定理）がある. 詳しくは小平邦彦『解析入門 I』（岩波書店）の定理 5.10 を参照せよ.
[*15] あとで述べる例 6.18 の後半のようにすればよい.

　ルベーグの優収束定理の特別な場合として，A が $m(A) < +\infty$（例えば有界区間）で，$\{f_n\}$ が一様有界（$|f_n(x)| \leqq M$）であるときは，(6.3) を満たす g として $g(x) \equiv M$ がとれるので ^{*16}，(6.4) が成り立つ．これを**有界収束定理**という．

➤**注意 6.12**　収束定理は積分区間が n に依存して変化する場合にも次のようにして適用できる：特性関数を用いて

$$\lim_{n\to\infty}\int_{(0,n)}f(x)\,dx = \lim_{n\to\infty}\int_{(0,\infty)}f(x)\chi_{(0,n)}(x)\,dx$$

などと変形し，$f_n(x) = f(x)\chi_{(0,n)}(x)$ として収束定理を用いる．

定理 6.13（積分記号下の微分）　$f(x,t)$ $(x \in A,\ t \in (c,d))$ は x の関数として A でルベーグ積分可能，t の関数として微分可能であるとする．さらに A でルベーグ積分可能な関数 g（t に無関係）が存在して，

$$\left|\frac{\partial f}{\partial t}(x,t)\right| \leqq g(x) \qquad (x \in A,\ t \in (c,d))$$

とする．このとき，$\int_A f(x,t)\,dx$ は t の関数として微分可能であって，

$$\frac{d}{dt}\int_A f(x,t)\,dx = \int_A \frac{\partial f}{\partial t}(x,t)\,dx$$

が成り立つ．

➤**注意 6.14**　定理 6.8 の条件「$f_n \leqq f_{n+1}$」や定理 6.11 の条件「$\lim_{n\to\infty}f_n(x) = f(x)$」「$|f_n(x)| \leqq g(x)$」，そして定理 6.13 の条件「$\left|\frac{\partial f}{\partial t}(x,t)\right| \leqq g(x)$」は，$A$ のすべての点で仮定されている必要はなく，ほとんど至るところで仮定されていればよい．例えば，定理 6.8 であれば，「$f_n \leqq f_{n+1}$ (a.e.)」で十分である．実際，このとき，各 n に対し，あるルベーグ零集合 N_n が存在して $f_n \leqq f_{n+1}$ が $A \setminus N_n$ の各点で成り立つ．よって，$N = \bigcup_{n=1}^{\infty} N_n$（これもルベーグ零集合）として，$A \setminus N$ の各点で $f_n \leqq f_{n+1}$ が成り立つとして定理を用いればよい．

　本書で用いるその他の性質を二つ挙げておく．一つは不定積分の連続性（絶

---

^{*16} $\int_A g(x)\,dx = Mm(A) < +\infty$ であるから，g は A でルベーグ積分可能である．

対連続性）である.

定理 6.15　f を A でルベーグ積分可能な関数とすると，任意の $\varepsilon > 0$ に対して，ある $\delta > 0$ が存在し，

$$E \subset A, \ m(E) < \delta \implies \left| \int_E f(x)\, dx \right| < \varepsilon$$

が成り立つ.

もう一つは積分可能性の必要十分条件である．リーマン積分の場合は一般には成り立たない [*17].

定理 6.16　f が A でルベーグ積分可能であるためには，$|f|$ が A でルベーグ積分可能であることが必要十分である.

■ 6.3.3 ── 積分の順序交換

2 変数関数のルベーグ積分を定義する．6.1 節で $\mathbb{R}$ の場合に述べたのと同様に，

$$(a, b) \times (c, d) = \{(x, y) \in \mathbb{R}^2 \mid a < x < b, \ c < y < d\}$$

をはじめ，右辺の不等号に等号を含めたものや，$a = b$ または $c = d$ となったものを総称して $\mathbb{R}^2$ の区間ということにする．また，区間 I に対して面積 $|I| = (b - a)(d - c)$ を定義する．さらに $\mathbb{R}$ の場合と同様にして，区間の面積 $|I|$ を利用して，$\mathbb{R}^2$ のルベーグ可測集合 A 上のルベーグ可測関数 f に対するルベーグ積分を同様に定義でき，$\iint_A f(x, y)\, dxdy$ で表す．これまで 1 変数関数について述べた定理はすべて同様に成り立つ．さらに重積分と累次積分の関係 [*18]，および累次積分の順序交換に関する次の重要な定理が成り立つ.

[*17] リーマン積分の場合は $f(x) = \chi_{\mathbb{Q}}(x) - \chi_{\mathbb{Q}^c}(x)$（$x$ が有理数のとき $f(x) = 1$，無理数のとき $f(x) = -1$）とすると，有界区間において，f はリーマン積分可能ではないが $|f| = 1$ はリーマン積分可能である.

[*18] 重積分 $\iint_{X \times Y} f(x, y)\, dxdy$ は $(x, y) \in X \times Y$ に関する積分，累次積分 $\int_Y \int_X f(x, y)\, dx\, dy = \int_Y (\int_X f(x, y)\, dx)\, dy$ はまず $f(x, y)$ を $x \in X$ で積分し，次にその $\int_X f(x, y)\, dx$ を $y \in Y$ で積分する 2 回の積分のこと.

定理 6.17（フビニ・トネリの定理） $X = (a, b)$, $Y = (c, d)$ とする. f が $X \times Y$ でルベーグ可測な関数で

$$\int_Y \int_X |f(x, y)| \, dx \, dy, \quad \int_X \int_Y |f(x, y)| \, dy \, dx, \quad \iint_{X \times Y} |f(x, y)| \, dxdy$$

のうちのどれか一つが有限値であれば，他の二つも有限値であって三つとも等しい. さらにこのとき f は $X \times Y$ でルベーグ積分可能であり，

$$\int_Y \int_X f(x, y) \, dx \, dy = \int_X \int_Y f(x, y) \, dy \, dx = \iint_{X \times Y} f(x, y) \, dxdy$$

が成り立つ.

定理 6.17 は $X \times Y$ が長方形領域の場合であるが，一般のルベーグ可測集合 A の場合にも次のようにすれば使うことができる. f を $\mathbb{R}^2$ 上の関数に適当に拡張（例えば A の外では 0 とする）したうえで，$\mathbb{R}^2$ を定義域とする A の特性関数 χ_A を用いると，

$$\iint_A f(x, y) \, dxdy = \iint_{\mathbb{R}^2} f(x, y) \chi_A(x, y) \, dxdy$$

と表せる. よって右辺の積分に，$X = Y = \mathbb{R}$ として定理 6.17 を用いればよい.

6.4 ルベーグ積分の計算例

リーマン積分の優れている点は，積分値を計算する際に微積分の基本定理を使えることである. 一方，ルベーグ積分の優れている点は，積分と極限の順序交換がかなり緩い条件で行えることである. それぞれの長所を組み合わせて計算した例をいくつか紹介する [19].

例 6.18 $\alpha > 0$ とする. このとき，$f(x) = x^{\alpha - 1}$ は $(0, 1)$ においてルベーグ

---

[19] 本書では本節以外で具体的な関数の積分値をルベーグ積分を用いて計算することはほとんどないので，先を急ぐ読者は本節を飛ばしてもよい.

積分可能であり $\displaystyle\int_{(0,1)} f(x)\,dx = 1/\alpha$ である（（広義）リーマン積分の値と等しい）．このことを確認してみよう．

$\alpha \geqq 1$ のときは，$f \in C[0,1]$ であるから，f はリーマン積分可能である．よって定理 6.5 により，f はルベーグ積分可能であり

$$\int_{(0,1)} f(x)\,dx = \int_0^1 f(x)\,dx = \left[\frac{1}{\alpha}x^\alpha\right]_0^1 = \frac{1}{\alpha}$$

である．

$0 < \alpha < 1$ のときを考える．このとき，f は $(0,1)$ に含まれる任意の有界閉区間では連続なのでリーマン積分可能であり，また

$$\lim_{\varepsilon \to +0} \int_\varepsilon^1 |f(x)|\,dx = \lim_{\varepsilon \to +0}\left[\frac{1}{\alpha}x^\alpha\right]_\varepsilon^1 = \lim_{\varepsilon \to +0}\frac{1}{\alpha}(1 - \varepsilon^\alpha) = \frac{1}{\alpha}$$

であるから，$|f|$ は $(0,1)$ で広義リーマン積分可能である．よって定理 6.7 により，f は $(0,1)$ においてルベーグ積分可能であり $\displaystyle\int_{(0,1)} f(x)\,dx = 1/\alpha$ である．

$0 < \alpha < 1$ のときは，定理 6.7 を用いずに次のようにしてもよい（定理 6.7 の証明も同様にしてできる）．

$$f_n(x) = \min\{f(x), n\} = \begin{cases} n & (0 \leqq x < n^{-\frac{1}{1-\alpha}}), \\ \dfrac{1}{x^{1-\alpha}} & (n^{-\frac{1}{1-\alpha}} \leqq x \leqq 1) \end{cases}$$

と定義する．$f_n \in C[0,1]$ であるから，f_n はリーマン積分可能である．よって，定理 6.5 により，

$$\int_{(0,1)} f_n(x)\,dx = \int_0^1 f_n(x)\,dx$$

$$= \int_0^{n^{-\frac{1}{1-\alpha}}} f_n(x)\,dx + \int_{n^{-\frac{1}{1-\alpha}}}^1 f_n(x)\,dx = n^{-\frac{\alpha}{1-\alpha}} + \frac{1}{\alpha}(1 - n^{-\frac{\alpha}{1-\alpha}})$$

である．この両辺で $n \to \infty$ とする．$0 \leqq f_n \leqq f_{n+1}$ $(n = 1, 2, \ldots)$，$\displaystyle\lim_{n\to\infty} f_n(x) = f(x)$ であるから，単調収束定理（定理 6.8）より $\displaystyle\int_{(0,1)} f(x)\,dx = 1/\alpha$ を得る．

例 6.19　広義リーマン積分 $I = \displaystyle\int_0^1 \frac{1}{1-x} \log \frac{1}{x}\, dx$ を計算する.

　被積分関数を $f(x)$ とおく. $|f|$ は $(0,1)$ において連続であり, $\displaystyle\lim_{x \to +0} \sqrt{x}\,|f(x)|$ $= 0,\ \displaystyle\lim_{x \to 1-0} |f(x)| = 1$ であるから, $|f|$ は $(0,1)$ 上で広義リーマン積分可能である. よって定理 6.7 より, f は $(0,1)$ 上でルベーグ積分可能で, 広義リーマン積分はルベーグ積分に等しい. ゆえに, $I = \displaystyle\int_{(0,1)} f(x)\, dx$ である. ここで, $f_n(x) = x^n \log (1/x)\ (n = 0, 1, 2, \ldots)$ とおくと,

$$f_n(x) \geqq 0, \qquad f(x) = \sum_{n=0}^{\infty} f_n(x) \qquad (0 < x < 1)$$

であるので, 項別積分定理（定理 6.9）から $I = \displaystyle\sum_{n=0}^{\infty} \int_{(0,1)} f_n(x)\, dx$ を得る. f_n は $(0,1)$ 上で広義リーマン積分可能な非負値関数であるから, ルベーグ積分の値は広義リーマン積分の値に等しい（定理 6.7）. よって,

$$\int_{(0,1)} f_n(x)\, dx = \int_0^1 x^n \log \frac{1}{x}\, dx = \frac{1}{(n+1)^2}$$

である. ゆえに, $I = \displaystyle\sum_{n=0}^{\infty} \frac{1}{(n+1)^2} = \frac{\pi^2}{6}$ となる[20].

例 6.20　広義リーマン積分の極限値 $I = \displaystyle\lim_{n \to \infty} \int_0^{\infty} \frac{n}{x(1+x^2)} \sin \frac{x}{n}\, dx$ を求める. 極限と積分の順序を交換するために, まずこの積分をルベーグ積分とみなせることを確認し, そのあとに収束定理を使ってみよう.

　定理 6.7 の条件を確認する. 被積分関数を $f_n(x)$ と表す. f_n は $(0, \infty)$ に含まれる任意の有界閉区間でリーマン積分可能である. また, $|\sin t| \leqq |t|$ より

$$|f_n(x)| \leqq \frac{1}{1+x^2} \tag{6.5}$$

であり, さらに $\dfrac{1}{1+x^2}$ は $(0, \infty)$ で広義リーマン積分可能であるから, $|f_n(x)|$ もそうである. よって定理 6.7 により, f_n は $(0, \infty)$ でルベーグ積分可能で,

---

[20] 公式 $\sum_{n=1}^{\infty} \frac{1}{n^2} = \frac{\pi^2}{6}$ を用いた. この公式については例題 2.26 と注意 2.27 を参照のこと.

$$I = \lim_{n \to \infty} \int_{(0,\infty)} f_n(x)\,dx \tag{6.6}$$

である.

そこで，(6.6) の右辺を求めよう．f_n は (6.5) を満たし，その右辺の $\dfrac{1}{1+x^2}$ は $(0,\infty)$ で広義リーマン積分可能な非負値関数であるから，定理 6.7 によりルベーグ積分可能である．よって，ルベーグの優収束定理（定理 6.11）から，

$$\lim_{n \to \infty} \int_{(0,\infty)} f_n(x)\,dx = \int_{(0,\infty)} \lim_{n \to \infty} f_n(x)\,dx = \int_{(0,\infty)} \frac{1}{1+x^2}\,dx$$

である．再び定理 6.7 より，この最後の積分値は広義リーマン積分 $\displaystyle\int_0^\infty \frac{1}{1+x^2}\,dx$ $= [\tan^{-1} x]_0^\infty = \pi/2$ に等しい．ゆえに (6.6) より $I = \pi/2$ である.

さて，ここまではルベーグ積分を $\displaystyle\int_{(a,b)}$ で表し，リーマン積分を $\displaystyle\int_a^b$ で表して区別したが，**今後は値が一致する場合は常に** $\displaystyle\int_a^b f(x)\,dx$ **で表すことにする**.

例 6.21 広義リーマン積分の公式

$$\int_0^\infty e^{-x^2} x^{2n}\,dx = \frac{1 \cdot 3 \cdot 5 \cdot \cdots \cdot (2n-1)}{2^{n+1}}\sqrt{\pi}$$

を示す.

広義リーマン積分のガウス積分 $\displaystyle\int_{-\infty}^\infty e^{-x^2}\,dx = \sqrt{\pi}$ はよく知られている．これより，$\alpha > 0$ に対して，

$$\int_0^\infty e^{-\alpha x^2}\,dx = \frac{1}{2}\sqrt{\frac{\pi}{\alpha}} \tag{6.7}$$

が成り立つ．定理 6.7 により，(6.7) の左辺の広義リーマン積分はルベーグ積分とみなせるので，以下そのようにみなす.

この両辺を α で微分するために，左辺の被積分関数 $e^{-\alpha x^2}$ が定理 6.13 の条件を満たすことを確認する．$c \in (0,1)$ を任意にとり固定する．$e^{-\alpha x^2}$ は x の関数として $(0,\infty)$ でルベーグ積分可能で，α の関数として (c,∞) で微分可能であり，

$$\left| \frac{\partial (e^{-\alpha x^2})}{\partial \alpha} \right| = x^2 e^{-\alpha x^2} \leqq x^2 e^{-cx^2} \qquad (x \in (0, \infty),\ \alpha \in (c, \infty))$$

が成り立つ．ここで，$x^2 e^{-cx^2}$ は広義リーマン積分可能な非負値関数なのでルベーグ積分可能であることに注意する（定理 6.7）．よって定理 6.13 により，(6.7) の左辺は α で項別微分できて，

$$\int_0^\infty (-x^2) e^{-\alpha x^2}\, dx = \frac{1}{2} \left(-\frac{1}{2} \right) \alpha^{-3/2} \sqrt{\pi}$$

となる．同様の考察から，この式の左辺も項別微分できることがわかり，

$$\int_0^\infty (-x^2)^2 e^{-\alpha x^2}\, dx = \frac{1}{2} \left(-\frac{1}{2} \right) \left(-\frac{3}{2} \right) \alpha^{-5/2} \sqrt{\pi}$$

が得られる．この項別微分は何回でも行えることがわかるので，n 回行うと，

$$\int_0^\infty (-x^2)^n e^{-\alpha x^2}\, dx = \frac{1}{2} \left(-\frac{1}{2} \right) \left(-\frac{3}{2} \right) \cdots \left(-\frac{2n-1}{2} \right) \alpha^{-1/2-n} \sqrt{\pi}$$

となる．両辺を $(-1)^n$ で割って，特に $\alpha = 1 \in (c, \infty)$ とすると，

$$\int_0^\infty e^{-x^2} x^{2n}\, dx = \frac{1 \cdot 3 \cdot 5 \cdot \cdots \cdot (2n-1)}{2^{n+1}} \sqrt{\pi}$$

を得る．

例 6.22 $D = \{(x, y) \in \mathbb{R}^2 \mid 0 \leqq y \leqq \pi,\ y \leqq x \leqq \pi,\ (x, y) \neq (0, 0)\}$, $f(x, y) = \dfrac{y \sin x}{x}$ に対して，広義リーマン積分 $I = \displaystyle\iint_D f(x, y)\, dxdy$ を求める．

まず，$f(0, 0) = 0$ と定義すると，f は有界閉集合 $D \cup \{(0, 0)\}$ で連続であるから，D 上で広義リーマン積分可能な非負値関数である．よって，f は D 上でルベーグ積分可能であって，広義リーマン積分の値はルベーグ積分の値に等しい [*21]．以下，I をルベーグ積分とみなして考える．さらに

$$I = \iint_{\mathbb{R}^2} f(x, y) \chi_D(x, y)\, dxdy$$

と表せることに注意する．ここで，χ_D は D の特性関数である．フビニ・トネ

[*21] 定理 6.7 は多変数関数についても成り立つ．

リの定理（定理 6.17）を使うために，累次積分が有限値であるか確認しよう．x から先に積分する場合は，

$$\int_{\mathbb{R}}\int_{\mathbb{R}}|f(x,y)\chi_D(x,y)|\,dx\,dy=\int_{\mathbb{R}}\left(\int_{\mathbb{R}}|f(x,y)|\chi_{[y,\pi]}(x)\,dx\right)\chi_{[0,\pi]}(y)\,dy$$
$$=\int_0^\pi\int_y^\pi\frac{y\sin x}{x}\,dx\,dy \tag{6.8}$$

となるが，$\int_y^\pi\frac{y\sin x}{x}\,dx$ はこれ以上計算できない．そこで，$D=\{(x,y)\in\mathbb{R}^2\mid 0<x\leqq\pi,\ 0\leqq y\leqq x\}$ とも表せることに注意して，y から先に積分してみる．この場合，

$$\int_{\mathbb{R}}\int_{\mathbb{R}}|f(x,y)\chi_D(x,y)|\,dy\,dx=\int_{\mathbb{R}}\left(\int_{\mathbb{R}}|f(x,y)|\chi_{[0,x]}(y)\,dy\right)\chi_{[0,\pi]}(x)\,dx$$
$$=\int_0^\pi\int_0^x\frac{y\sin x}{x}\,dy\,dx$$

となり，$\int_0^x\frac{y\sin x}{x}\,dy=\frac{1}{2}x\sin x$ と計算できるので，

$$\int_{\mathbb{R}}\int_{\mathbb{R}}|f(x,y)\chi_D(x,y)|\,dy\,dx=\frac{1}{2}\int_0^\pi x\sin x\,dx=\frac{\pi}{2}<\infty$$

である．ゆえに，フビニ・トネリの定理により，f は D でルベーグ積分可能であり，$\iint_{\mathbb{R}^2}|f(x,y)\chi_D(x,y)|\,dxdy=\pi/2$ を得る（同時に (6.8) の値も $\pi/2$ とわかる）．D 上では $f\geqq0$ であるから，この式は $I=\pi/2$ を意味する．

6.5 ルベーグ流の定義

　本節ではオーソドックスなルベーグ積分の定義を説明する．先を急ぐ読者はここを飛ばして次章へ進んでもよい．

　まず一般の集合 X（$\mathbb{R}^n$ の部分集合でなくてもよい）においてルベーグ式の測度と積分を定義し，特に $X=\mathbb{R}^n$ としたルベーグ式の測度と積分としてルベーグ測度とルベーグ積分をそれぞれ定義する．

210　第 6 章　ルベーグ積分のまとめ

■ 6.5.1 — σ 加法族と測度

集合 X の部分集合の族 $\mathcal{B}$ で次のような性質をもつものを考える.

定義 6.23（σ 加法族）　集合 X の部分集合族 $\mathcal{B}$ があって

(M1) $\emptyset \in \mathcal{B}$,

(M2) $E \in \mathcal{B}$ ならば $E^c \in \mathcal{B}$[*22],

(M3) $E_n \in \mathcal{B}\ (n = 1, 2, \ldots)$ ならば $\displaystyle\bigcup_{n=1}^{\infty} E_n \in \mathcal{B}$　（**完全加法性**）

を満たすとき，$\mathcal{B}$ は X 上の **σ 加法族**であるという.

　(M2), (M3) より，$E_n \in \mathcal{B}\ (n = 1, 2, \ldots)$ ならば，$\displaystyle\bigcap_{n=1}^{\infty} E_n = \left(\bigcup_{n=1}^{\infty} E_n^c\right)^c \in \mathcal{B}$ である. よって σ 加法族とは，その中において（高々可算個の範囲で）和集合と共通集合をとり続けることができるような集合族である.

例 6.24　$\mathbb{R}$ の開集合全体を含む最小の σ 加法族を $\mathbb{R}$ の**ボレル集合族**という. ボレル集合族は開集合だけでなく（開集合の補集合である）閉集合全体や，開集合と閉集合から可算個の和集合と共通集合をとる操作を高々可算回繰り返して得られる集合をすべて含むような，非常に大きな σ 加法族である.

　σ 加法族の各元に対して，一つの量（測度）を対応させる.

定義 6.25（測度）　集合 X とその部分集合の σ 加法族 $\mathcal{B}$ があって，すべての $A \in \mathcal{B}$ に対して定義された集合関数 $\mu(A)$ が

(L1) $0 \leqq \mu(A) \leqq \infty$, $\mu(\emptyset) = 0$　（非負値性），

(L2) $A_n \in \mathcal{B}\ (n = 1, 2, \ldots)$, $A_j \cap A_k = \emptyset\ (j \neq k)$ ならば
$$\mu\left(\bigcup_{n=1}^{\infty} A_n\right) = \sum_{n=1}^{\infty} \mu(A_n) \quad （\textbf{完全加法性}）$$

を満たすとき，μ は $\mathcal{B}$ で定義された**測度**であるという.

　集合 X と σ 加法族 $\mathcal{B}$，そして測度 μ を組にした $(X, \mathcal{B}, \mu)$ を**測度空間**という.

例 6.26　X を任意の集合，$\mathcal{B} = \{\emptyset, X\}$ とし，$\mu(\emptyset) = 0$, $\mu(X) = \infty$ とする. このとき，$(X, \mathcal{B}, \mu)$ は測度空間である.

[*22] E^c は E の補集合で，$E^c = X \setminus E$ のことである.

例 6.27 $\Omega = \{1,2,3,4,5,6\}$ とし，2^Ω を Ω のすべての部分集合からなる集合族とする．さらに，p を，$p(\{1\}) = p(\{2\}) = \cdots = p(\{6\}) = 1/6$ とおいて，ここから加法性によって任意の部分集合に対して自然に定義される集合関数とする．例えば，$\{1,3,5\} \in 2^\Omega$ に対して $p(\{1,3,5\}) = p(\{1\}) + p(\{3\}) + p(\{5\}) = 1/6 \times 3 = 1/2$ と定義する．特に $p(\Omega) = 1$ である．このとき，$(\Omega, 2^\Omega, p)$ は測度空間である [*23].

■ 6.5.2 —— ルベーグ式積分の定義

$(X, \mathcal{B}, \mu)$ を測度空間とする．

f は $A \in \mathcal{B}$ を定義域とする $[-\infty, +\infty]$ 値の関数であるとする．任意の $c \in \mathbb{R}$ に対して

$$\{x \in A \mid f(x) > c\} \in \mathcal{B} \tag{6.9}$$

ならば，f は A 上の $\mathcal{B}$ **可測関数**，または A で $\mathcal{B}$ 可測であるという．

以下，$A \in \mathcal{B}$ とし，A におけるルベーグ式積分を段階的に定義する．

◉ 第 1 段階 非負値単関数のルベーグ式積分

A で $\mathcal{B}$ 可測な非負値単関数 $f = \sum_{k=1}^{n} c_k \chi_{A_k}$ $(c_k \geqq 0,\ A = \bigcup_{k=1}^{n} A_k,\ A_k \in \mathcal{B},$

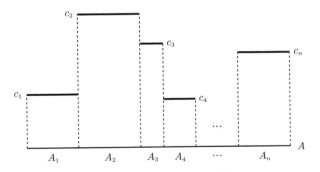

図 6.2 非負値単関数のルベーグ式積分

[*23] 一般に測度空間 $(X, \mathcal{B}, \mu)$ において $\mu(X) = 1$ が成り立つとき，確率論の文脈では $(X, \mathcal{B}, \mu)$ を**確率空間**といい，X を**標本空間**，$\mathcal{B}$ の元を**事象**，μ を**確率測度**という．$(\Omega, 2^\Omega, p)$ は確率空間である．

$A_k \cap A_l = \emptyset \; (k \neq l))$ の A におけるルベーグ式積分を

$$\int_A f(x)\, d\mu(x) := \sum_{k=1}^{n} c_k \mu(A_k)$$

で定義する（図 6.2）.

● 第 2 段階　非負値関数のルベーグ式積分

A で $\mathcal{B}$ 可測な非負値関数 f に対して, $h_n \leqq h_{n+1} \;(n=1,2,\ldots)$, $\displaystyle \lim_{n\to\infty} h_n(x) = f(x) \;(x \in A)$ となるような $\mathcal{B}$ 可測な非負値単関数列 $\{h_n\}$ がとれる. 例えば次のような h_n をとればよい（図 6.3）[*24] :

$$h_n(x) = \begin{cases} n & (f(x) \geqq n), \\[4pt] \dfrac{n2^n-1}{2^n} & \left(\dfrac{n2^n-1}{2^n} \leqq f(x) < \dfrac{n2^n}{2^n}\right), \\[2pt] \vdots & \\[4pt] \dfrac{k-1}{2^n} & \left(\dfrac{k-1}{2^n} \leqq f(x) < \dfrac{k}{2^n}\right), \\[2pt] \vdots & \\[4pt] \dfrac{2}{2^n} & \left(\dfrac{2}{2^n} \leqq f(x) < \dfrac{3}{2^n}\right), \\[4pt] \dfrac{1}{2^n} & \left(\dfrac{1}{2^n} \leqq f(x) < \dfrac{2}{2^n}\right), \\[4pt] 0 & \left(0 \leqq f(x) < \dfrac{1}{2^n}\right). \end{cases}$$

このとき, A における f のルベーグ式積分を

$$\int_A f(x)\, d\mu(x) := \lim_{n\to\infty} \int_A h_n(x)\, d\mu(x)$$

で定義する. この右辺の極限値は, $\{h_n\}$ のとり方によらないことが証明できる.

[*24] $A(f(x) > c) = \{x \in A \mid f(x) > c\}$ のように表すと, $A(a \leqq f(x) < b) = A(f(x) \geqq a) \cap A(f(x) \geqq b)^c = \bigcap_{n=1}^{\infty} A(f(x) > a - 1/n) \cap (\bigcup_{n=1}^{\infty} A(f(x) > b - 1/n)^c)$ のように (6.9) の形の集合の補集合・和集合・共通集合で表されるから, f が $\mathcal{B}$ 可測ならば h_n も $\mathcal{B}$ 可測である. なお, f の値域を分割して近似関数 h_n をつくることから, ルベーグ積分は「y 軸を分割する積分」などといわれることがある. これはリーマン積分が「x 軸を分割する積分」であることと対照的である.

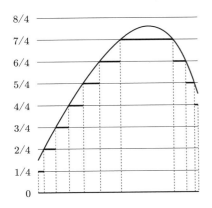
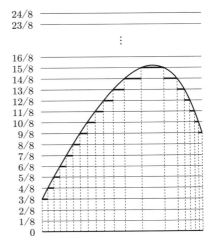

図 6.3 非負値関数のルベーグ式積分

◉ 第 3 段階　一般の関数のルベーグ式積分

関数 f に対して，$f^+(x) = \max\{f(x), 0\}$, $f^-(x) = \max\{-f(x), 0\}$ とすると，f^+, f^- はともに非負値関数であり $f = f^+ - f^-$ と表せる.

f を A で $\mathcal{B}$ 可測な関数とする. 非負値関数のルベーグ式積分

$$\int_A f^+(x)\, d\mu(x), \qquad \int_A f^-(x)\, d\mu(x) \tag{6.10}$$

の少なくとも一方が有限値ならば，f は A で**ルベーグ式積分確定**であるといい，f の A におけるルベーグ式積分を

$$\int_A f(x)\, d\mu(x) := \int_A f^+(x)\, d\mu(x) - \int_A f^-(x)\, d\mu(x)$$

と定義する（$\pm\infty$ となることもある）. 特に (6.10) の両方とも有限値ならば $\int_A f(x)\, d\mu(x)$ は有限値となり，f は A で**ルベーグ式積分可能**，または**ルベーグ式可積分**であるという.

■ 6.5.3 ── ルベーグ積分の定義

$X = \mathbb{R}^n$ として，以下のように σ 加法族と測度を定義したときのルベーグ式

積分を特にルベーグ積分という．ここでは簡単のため $n = 1$ として説明する．

$\mathbb{R}$ の左半開区間 $I = (a, b]$ に対して $|I| = b - a$ と定義する．集合 $A \subset \mathbb{R}$ の（1 次元）**ルベーグ外測度** $m^*(A)$ を

$$m^*(A) = \inf\left\{\sum_{n=1}^{\infty} |I_n| \;\middle|\; \begin{array}{l} \{I_n\}_{n=1}^{\infty} \text{ は } A \subset \bigcup_{n=1}^{\infty} I_n \text{ を満たす} \\ \text{任意の左半開区間列} \end{array}\right\}$$

で定義する．外測度は（∞ をとることも許せば）$\mathbb{R}$ の任意の集合 A に対して定義される．特に，$m^*(A) = 0$ となる A を**ルベーグ零集合**という．

定義 6.28（ルベーグ可測集合）　$A \subset \mathbb{R}$ が任意の $E \subset \mathbb{R}$ に対して

$$m^*(E) = m^*(E \cap A) + m^*(E \cap A^c)$$

を満たすとき，A を**ルベーグ可測集合**という [*25]．

$\mathbb{R}$ のルベーグ可測集合全体の集合族を $\mathcal{L}$ で表す．$\mathcal{L}$ は $\mathbb{R}$ のボレル集合族をも真に含む巨大な σ 加法族となる [*26]．重要なのは，m^* の定義域を $\mathcal{L}$ に制限したものを $m := m^*|_{\mathcal{L}}$ とすると，m は完全加法性をもち $\mathcal{L}$ で定義された測度となることである．この m を（1 次元）**ルベーグ測度**という [*27]．こうして得られた測度空間 $(\mathbb{R}, \mathcal{L}, m)$ において，$A \in \mathcal{L}$ を定義域とする $\mathcal{L}$ 可測関数 f を A 上の**ルベーグ可測関数**，またそのルベーグ式積分を**ルベーグ積分**といい，

$$\int_A f(x)\, dm(x) \qquad \text{あるいは} \qquad \int_A f(x)\, dx$$

で表す．例えば f が A 上で連続であるときは，問題 2.12 により，任意の $c \in \mathbb{R}$ に対して集合 $\{x \in A \mid f(x) > c\}$ は開集合であるから (6.9) が $\mathcal{B} = \mathcal{L}$ として成り立つので，f はルベーグ可測である．

[*25] 可測集合のこの定義はカラテオドリ（Constantin Carathéodory, 1873–1950）による．カラテオドリ友の会（Σύνδεσμος Φίλων Καραθεοδωρή）のウェブサイト：https://www.karatheodori.gr/

[*26] ボレル集合ではないルベーグ可測集合の例は参考文献 [20] の付録 §7 を参照のこと．

[*27] ルベーグ零集合はルベーグ可測集合であることが示せるので，$m(A) = 0$ となるルベーグ可測集合 A のことであるといってもよい．

7 ルベーグ空間とソボレフ空間

【この章の目標】

　ルベーグ空間 $L^p(a,b)$ は，絶対値を p 乗すると (a,b) でルベーグ積分可能になるような関数全体の集合である．$L^p(a,b)$ はノルムにルベーグ積分を採用することで完備性をもち，バナッハ空間となる．$L^p(a,b)$ を基礎とし，その "導関数" も $L^p(a,b)$ に属するような関数全体の集合がソボレフ空間 $W^{1,p}(a,b)$ である．特に $p=2$ のとき，$L^2(a,b)$ や $W^{1,2}(a,b)$ は内積を定義でき，ヒルベルト空間になる．最後にこれらの空間をヒルベルト空間の一般論（第5章）とともに微分方程式の境界値問題に応用する．

7.1　ルベーグ空間 $L^p(a,b)$

■ 7.1.1 ── 基本的な不等式

　$p \geqq 1$ とし，区間 (a,b) $(-\infty \leqq a < b \leqq \infty)$ を有界区間または非有界区間とする．(a,b) 上でルベーグ可測な関数 x について，$|x(\cdot)|^p$ がルベーグ積分可能であるとき，すなわち，

$$\int_a^b |x(t)|^p \, dt < \infty$$

であるとき[*1]，x は (a,b) で **p 乗ルベーグ積分可能**であるという[*2]．(a,b) で p 乗ルベーグ積分可能な関数全体の集合を $L^p(a,b)$ で表す．この集合については次項で詳しく説明するとし，ここでは記法だけ先取りして使うことにする．

[*1] 数列の級数の場合（1.1 節）と同様の記法である．なお，本章ではルベーグ積分 $\int_{(a,b)}$ を $\int_a^b$ で表す．

[*2] 特に定理 6.16 から，1 乗ルベーグ積分可能であることとルベーグ積分可能であることは同値である．

$L^p(a,b)$ の関数の積分に関して成り立つ不等式をいくつか準備する．どの不等式も，対応する級数版の不等式がすでに第1章で証明され，数列空間 ℓ^p を調べる際に頻繁に用いられたものである．

定理 7.1　(a,b) を有界区間または非有界区間とする．実数値または複素数値関数 x が $x \in L^1(a,b)$ ならば，x は (a,b) でルベーグ積分可能であり，かつ

$$\left| \int_a^b x(t)\,dt \right| \le \int_a^b |x(t)|\,dt$$

が成り立つ．

定理 7.2（ヘルダーの不等式（積分版））　(a,b) を有界区間または非有界区間とし，$p,q > 1$，$1/p + 1/q = 1$ とする．このとき，実数値または複素数値関数 $x \in L^p(a,b)$, $y \in L^q(a,b)$ に対して，$xy \in L^1(a,b)$ であり *3，かつ

$$\int_a^b |x(t)y(t)|\,dt \le \left(\int_a^b |x(t)|^p\,dt \right)^{1/p} \left(\int_a^b |y(t)|^q\,dt \right)^{1/q} \tag{7.1}$$

が成り立つ．

定理 7.2 の証明は級数の場合（定理 1.8）と同様である（問題 7.1）．ヘルダーの不等式に現れる q を p の**共役指数**ということも，級数の場合と同様である．

ヘルダーの不等式 (7.1) において $p = q = 2$ とすると，

$$\int_a^b |x(t)y(t)|\,dt \le \sqrt{\int_a^b |x(t)|^2\,dt} \sqrt{\int_a^b |y(t)|^2\,dt} \tag{7.2}$$

となる．これはいわゆる**シュワルツの不等式（積分版）**である．

定理 7.3（ミンコフスキーの不等式（積分版））　(a,b) を有界区間または非有界区間とし，$p \ge 1$ とする．このとき，実数値または複素数値関数

---

*3 xy は $(xy)(t) := x(t)y(t)$ で定義される関数である．

$x, y \in L^p(a,b)$ に対して, $x+y \in L^p(a,b)$ であり, かつ

$$\left(\int_a^b |x(t)+y(t)|^p \, dt\right)^{1/p} \leqq \left(\int_a^b |x(t)|^p \, dt\right)^{1/p} + \left(\int_a^b |y(t)|^p \, dt\right)^{1/p}$$

が成り立つ.

証明は級数の場合(定理 1.9)と同様である(問題 7.2).

特に $p=2$ のときは

$$\sqrt{\int_a^b |x(t)+y(t)|^2 \, dt} \leqq \sqrt{\int_a^b |x(t)|^2 \, dt} + \sqrt{\int_a^b |y(t)|^2 \, dt} \tag{7.3}$$

となる.

■ 7.1.2 —— $L^p(a,b)$ の定義

$p \geqq 1$ に対して, p 乗ルベーグ積分可能である実数値の関数全体を $L^p(a,b)$ で表す [*4] :

$$L^p(a,b) := \left\{ x \, \middle| \, \begin{array}{l} x \text{ は } (a,b) \text{ 上の実数値ルベーグ可測関数で,} \\ \int_a^b |x(t)|^p \, dt < \infty \end{array} \right\}.$$

場合によっては複素数値関数の全体を考えることもあるが, 以下で述べることはその場合でもまったく同様である.

$L^p(a,b)$ において, 二つの関数 $x, y \in L^p(a,b)$ が $x=y$ であるとは, $x(t)=y(t)$ (a.e. $t \in (a,b)$))であることと定義する. 特に $x \in L^p(a,b)$ が $x=0$ であるとは, $x(t)=0$ (a.e. $t \in (a,b)$))ということである. これはルベーグ空間の理論において基礎となる約束で, (a,b) でほとんど至るところ 0 であるような関数は $L^p(a,b)$ の零元 0 とみなすということである. したがって, $L^p(a,b)$ の元に関しては, 零集合上で値が違っていても同じ関数とみなすことになるので, 区間 (a,b) の特

[*4] $L^p(a,b)$ を最初に導入したのは F. リース(1910)であるとされているが, 特にリースの名を冠することなく単に「L^p 空間」あるいは「ルベーグ空間」とよばれることが多い. 本書ではダンフォードとシュワルツの大著 [16] に倣い「**ルベーグ空間** (Lebesgue space)」とよぶことにする.

定の点 t_0 における $L^p(a,b)$ の関数 x の値 $x(t_0)$ について議論することは一般には意味がないことに注意する.

➤注意 7.4　$L^p(a,b)$ は厳密には次のように定義される. p 乗ルベーグ積分可能な実数値関数全体を $\mathcal{L}^p(a,b)$ で表すことにする. $x,y \in \mathcal{L}^p(a,b)$ が $x(t) = y(t)$ (a.e. $t \in (a,b)$) であるとき $x \sim y$ と表すことにすれば, $\sim$ は $\mathcal{L}^p(a,b)$ の同値関係になる. この同値関係による $\mathcal{L}^p(a,b)$ の商集合 $\mathcal{L}^p(a,b)/\sim$ を $L^p(a,b)$ で表す. したがって, $L^p(a,b)$ の元は厳密には関数ではなく関数の同値類なのだが, 同値類の演算を $[x] + [y] = [x+y]$, $\alpha[x] = [\alpha x]$ で定義し, 同値類の積分をその代表元の積分 (その値は代表元の選び方によらない！) と定義することによって, $[x]$ と代表元 x を同一視して議論してもよいことがわかる.

$x, y \in L^p(a,b)$ に対して, 和とスカラー倍を,

$$(x+y)(t) := x(t) + y(t), \qquad (\alpha x)(t) := \alpha x(t) \quad (\alpha \in \mathbb{R})$$

と定義すると, $L^p(a,b)$ は線形空間である. 実際, 不等式 (1.6) より,

$$\int_a^b |x(t) + y(t)|^p \, dt \leqq 2^{p-1} \left(\int_a^b |x(t)|^p \, dt + \int_a^b |y(t)|^p \, dt \right) < \infty,$$

$$\int_a^b |\alpha x(t)|^p \, dt = |\alpha|^p \int_a^b |x(t)|^p \, dt < \infty$$

なので, $x + y$, $\alpha x \in L^p(a,b)$ が成り立つからである [*5]. さらに,

$$\|x\|_{L^p} := \left(\int_a^b |x(t)|^p \, dt \right)^{1/p}$$

と定義すると, $L^p(a,b) = (L^p(a,b), \|\cdot\|_{L^p})$ はノルム空間になる. 実際, (N1), (N3) は容易にわかる. (N2) は定理 6.3 と上述の約束によって,

$$\|x\|_{L^p} = 0 \iff \int_a^b |x(t)|^p \, dt = 0$$

$$\iff x(t) = 0 \quad (\text{a.e. } t \in (a,b)) \iff x = 0$$

と示せる. (N4) はミンコフスキーの不等式 (定理 7.3) に他ならない.

ノルム空間 $L^p(a,b)$ において点列 $\{x_n\}$ がある x に収束するとき, すなわち

[*5] $x + y \in L^p(a,b)$ に関しては (1.7) やミンコフスキーの不等式 (定理 7.3) からもわかる.

$$\|x_n - x\|_{L^p} = \left(\int_a^b |x_n(t) - x(t)|^p \, dt\right)^{1/p} \to 0 \qquad (n \to \infty)$$

であるとき，$\{x_n\}$ は x に **p 次平均収束**するということがある．

次の定理が成り立つ．証明は本質的に例題 3.23 の (2) と同じである．

定理 7.5（リース・フィッシャーの定理） $L^p(a,b)$ $(1 \leqq p < \infty)$ は完備，したがってバナッハ空間である．

【証明】   以下，$L^p(a,b)$ のノルム $\|\cdot\|_{L^p}$ を $\|\cdot\|$ で表す．

$\{x_n\}$ を $L^p(a,b)$ のコーシー列とする：

$$\forall \varepsilon > 0 \ \exists N \in \mathbb{N}: \ \forall m, n \in \mathbb{N} \ [m, n \geqq N \implies \|x_m - x_n\| < \varepsilon].$$

まず，$\{x_n\}$ の部分列で隣り合う点の距離が少なくとも半減していくようなものを取り出す．$\varepsilon = 1/2$ に対して，ある $n_1 \in \mathbb{N}$ が存在し

$$m, n \geqq n_1 \implies \|x_m - x_n\| < \frac{1}{2}$$

である．特に $n = n_1$ とすれば

$$m \geqq n_1 \implies \|x_m - x_{n_1}\| < \frac{1}{2}$$

である．次に $\varepsilon = 1/2^2$ に対して $n_2 \in \mathbb{N}$ を，$n_2 > n_1$ かつ

$$m, n \geqq n_2 \implies \|x_m - x_n\| < \frac{1}{2^2}$$

となるように選ぶ．$n = n_2$ とすれば

$$m \geqq n_2 \implies \|x_m - x_{n_2}\| < \frac{1}{2^2}$$

である．これを続けて，$n_1 < n_2 < \cdots < n_k < \cdots$ かつ

$$m \geqq n_k \implies \|x_m - x_{n_k}\| < \frac{1}{2^k} \qquad (k = 1, 2, \ldots) \tag{7.4}$$

となる自然数の列 $\{n_k\}$ を選ぶ．特に $m = n_{k+1} \ (> n_k)$ とすると次を得る：

$$\|x_{n_{k+1}} - x_{n_k}\| < \frac{1}{2^k} \qquad (k = 1, 2, \ldots). \tag{7.5}$$

次に, 数列 $\{x_{n_k}(t)\}$ は a.e. $t \in (a,b)$ で有限な極限値をもつことを示す.

$$x_{n_k}(t) = x_{n_1}(t) + \sum_{j=1}^{k-1} (x_{n_{j+1}}(t) - x_{n_j}(t)) \tag{7.6}$$

と変形できることに注意する ^{*6}. よって, $k \to \infty$ のとき $x_{n_k}(t)$ が収束することを示すには, (7.6) の右辺の部分和が収束することを示せばよい. そのために, この部分和の各項に絶対値をつけた

$$y_k(t) := |x_{n_1}(t)| + \sum_{j=1}^{k-1} |x_{n_{j+1}}(t) - x_{n_j}(t)| \qquad (k = 1, 2, \ldots)$$

を考える. $y_k^p \in L^1(a,b)$ であり ^{*7}, $0 \le y_1(t)^p \le y_2(t)^p \le \cdots \le y_k(t)^p \le \cdots$ であるから, 単調収束定理 (定理 6.8) より

$$\int_a^b \lim_{k \to \infty} y_k(t)^p \, dt = \lim_{k \to \infty} \int_a^b y_k(t)^p \, dt = \lim_{k \to \infty} \|y_k\|^p \tag{7.7}$$

が成り立つ. また y_k の定義より, 数列 $\{\|y_k\|^p\}$ は k に関する単調増加数列である. さらにノルムの三角不等式 (N4) と (7.5) を用いると

$$\|y_k\| \le \|x_{n_1}\| + \sum_{j=1}^{k-1} \|x_{n_{j+1}} - x_{n_j}\| < \|x_{n_1}\| + \sum_{j=1}^{k-1} \frac{1}{2^j} < \|x_{n_1}\| + 1$$

を満たすから, $\{\|y_k\|^p\}$ は上に有界でもある. よって $\{\|y_k\|^p\}$ は収束するので, (7.7) の右辺の極限値, したがって左辺の積分は有限値である. ゆえに, その被積分関数 $\lim_{k \to \infty} y_k(t)^p$ は積分可能であるから, a.e. $t \in (a,b)$ において有限値である (定理 6.4). これより, $\{y_k(t)\}$ は a.e. $t \in (a,b)$ において収束する. その極限を $y(t)$ と表せば, $y \in L^p(a,b)$, $\|y\| \le \|x_{n_1}\| + 1$ である. 以上より, (7.6) の右辺の部分和は $k \to \infty$ のとき a.e. $t \in (a,b)$ において絶対収束することがわかったので, 左辺の $x_{n_k}(t)$ は a.e. $t \in (a,b)$ において収束する (定理 1.3). その極限を $x(t)$ と表す.

最後に, $x \in L^p(a,b)$, $\|x_n - x\| \to 0 \ (n \to \infty)$ であることを示す. $|x_{n_k}(t)| \le y_k(t)$ の両辺で $k \to \infty$ として $|x(t)| \le y(t)$ (a.e.) を得る. $y \in L^p(a,b)$ である

---

^{*6} 右辺の和を具体的に書き下してみればわかる. ただし, $\sum_{j=1}^0 := 0$ とする.

^{*7} $L^p(a,b)$ は線形空間であるから $y_k \in L^p(a,b)$ である.

から $x \in L^p(a,b)$ が成り立つ．さらに，(7.6) より

$$|x_{n_k}(t) - x(t)| \leqq \sum_{j=k}^{\infty} |x_{n_{j+1}}(t) - x_{n_j}(t)| \leqq y(t)$$

である．$y \in L^p(a,b)$ であるから，ルベーグの優収束定理（定理 6.11）により，$\|x_{n_k} - x\| \to 0 \ (k \to \infty)$ を得る．さらに (7.4) より，各 $k \in \mathbb{N}$ に対して，

$$\|x_n - x\| \leqq \|x_n - x_{n_k}\| + \|x_{n_k} - x\| \leqq \frac{1}{2^k} + \|x_{n_k} - x\| \qquad (n \geqq n_k)$$

であるから，

$$\limsup_{n \to \infty} \|x_n - x\| \leqq \frac{1}{2^k} + \|x_{n_k} - x\|$$

である．k は任意だから $k \to \infty$ とすれば右辺，したがって左辺は 0 となり，$\|x_n - x\| \to 0 \ (n \to \infty)$ が従う． ∎

一般に，区間 I で定義された関数 x が有界であるとは，ある $M \geqq 0$ が存在して $|x(t)| \leqq M \ (\forall x \in I)$ が成り立つことをいうのであった．しかしルベーグ空間のように，$x(t) = y(t)$ (a.e.) であるような二つの関数を同一視する場合には，この有界性では不都合である．なぜなら例えば，$I = (0, \infty)$ で定義された二つの関数

$$x(t) = 1, \qquad y(t) = \begin{cases} 1 & (t \in I \cap \mathbb{Q}^c), \\ 1/t & (t \in I \cap \mathbb{Q}) \end{cases}$$

は，零集合 $I \cap \mathbb{Q}$ を除いて $x(t) = y(t) = 1$ であるから同一視すべきであるが，x は明らかに有界であるのに対し，関数 y は有界ではないからである．そこで，ルベーグ空間の関数の特徴に合わせて "融通の利いた" 有界性を定義する：適当な零集合を除いて有界であるような関数，すなわち，ある $M \geqq 0$ が存在して $|x(t)| \leqq M$ (a.e. $t \in I$) であるような関数を，I で**本質的に有界**であるといい，そのような関数の**本質的上限**を

$$\operatorname*{ess\,sup}_{t \in I} |x(t)| := \inf\{M \mid |x(t)| \leqq M \text{ a.e. } t \in I\} = \inf_{N \in \mathcal{N}} \sup_{t \in I \setminus N} |x(t)|$$

と定義する．ここで，$\mathcal{N}$ は I に含まれるすべてのルベーグ零集合全体からなる

集合族である．例えば上記の例の y は，零集合 $I \cap \mathbb{Q}$ を除いて $|y(t)| \leqq 1$ であるから本質的に有界であり，$\underset{t \in I}{\operatorname{ess\,sup}} |y(t)| = 1$ である．また，x が I 上で連続な場合，本質的上限は通常の上限と一致する．

区間 (a, b) $(-\infty \leqq a < b \leqq \infty)$ 上でルベーグ可測であり，本質的に有界な実数値関数全体を $L^\infty(a, b)$ で表す：

$$L^\infty(a, b) := \left\{ x \ \middle| \ \begin{array}{l} x \text{ は } (a, b) \text{ 上の実数値ルベーグ可測関数で,} \\ \underset{t \in (a,b)}{\operatorname{ess\,sup}} |x(t)| < \infty \end{array} \right\}.$$

場合によっては複素数値関数の全体を考えることもあるが，以下で述べることはその場合もまったく同様である．また，$L^p(a, b)$ のときと同様に，$x(t) = y(t)$ (a.e.) であるとき，x と y を同一視する．

$x, y \in L^\infty(a, b)$ に対して，和・スカラー倍・ノルムを，

$$(x + y)(t) := x(t) + y(t), \qquad (\alpha x)(t) := \alpha x(t) \quad (\alpha \in \mathbb{R}),$$
$$\|x\|_{L^\infty} := \underset{t \in (a,b)}{\operatorname{ess\,sup}} |x(t)|$$

と定義する．

このとき $L^\infty(a, b)$ はノルム空間である．実際，(N1), (N3) は自明である．(N2) を示す．$x = 0$ ならば，$x(t) = 0$ (a.e.) であるから $\|x\|_{L^\infty} = 0$ である．逆に $\|x\|_{L^\infty} = 0$ であるとする．このとき本質的上限の定義から，任意の $n \in \mathbb{N}$ に対して，ある零集合 $N_n \subset (a, b)$ が存在し，$|x(t)| < 1/n$ $(t \in (a, b) \setminus N_n)$ である．$N = \bigcup_{n=1}^{\infty} N_n$ とおくと N は零集合であり，任意の $n \in \mathbb{N}$ に対して，

$$\sup_{t \in (a,b) \setminus N} |x(t)| \leqq \sup_{t \in (a,b) \setminus N_n} |x(t)| < \frac{1}{n} \qquad (n = 1, 2, \ldots)$$

である．よって，$\displaystyle \sup_{t \in (a,b) \setminus N} |x(t)| = 0$，すなわち $x(t) = 0$ (a.e. $t \in (a, b)$) である．したがって，$x = 0$ となる．(N4) は問題としておこう（問題 7.3）．

さらに，次の定理が成り立つ．

定理 7.6 $L^\infty(a, b)$ は完備，したがってバナッハ空間である．

【証明】 $\{x_n\}$ を $L^\infty(a,b)$ のコーシー列とする. これは,

$$\|x_m - x_n\|_{L^\infty} = \operatorname*{ess\,sup}_{t\in(a,b)} |x_m(t) - x_n(t)| \to 0 \qquad (m,n\to\infty),$$

すなわち

$$\forall \varepsilon > 0 \; \exists N \in \mathbb{N}: \; \forall m,n \in \mathbb{N} \left[m,n \geqq N \Longrightarrow \operatorname*{ess\,sup}_{t\in(a,b)} |x_m(t) - x_n(t)| < \varepsilon \right] \quad (7.8)$$

ということである. 一般に $|f(t)| \leqq \operatorname{ess\,sup}|f(t)|$ (a.e.) だから, $m,n \geqq N$ ならば

$$|x_m(t) - x_n(t)| < \varepsilon \qquad (\text{a.e. } t \in (a,b)) \tag{7.9}$$

ということである*8. よって, a.e. $t \in (a,b)$ において, 数列 $\{x_n(t)\}_{n=1}^\infty$ は $\mathbb{R}$ のコーシー列である. $\mathbb{R}$ は完備だったから, a.e. $t \in (a,b)$ において, $x(t) := \lim_{n\to\infty} x_n(t) \in \mathbb{R}$ が存在する (除いた零集合の上では $x(t) := 0$ と定義しておく). x は (a,b) から $\mathbb{R}$ への関数である.

次に $x \in L^\infty(a,b)$ かつ $\|x_n - x\|_{L^\infty} \to 0$ であることを示す. (7.9) において, n を固定して $m \to \infty$ とすると, $n \geqq N$ ならば,

$$|x(t) - x_n(t)| \leqq \varepsilon \qquad (\text{a.e. } t \in (a,b)) \tag{7.10}$$

である. よって特に $x - x_N \in L^\infty(a,b)$ であるから, $x = (x - x_N) + x_N \in L^\infty(a,b)$ である. このとき, (7.10) の左辺の本質的上限をとると, $n \geqq N$ ならば

$$\|x - x_n\|_{L^\infty} \leqq \varepsilon \qquad (\text{a.e. } t \in (a,b))$$

を得る. したがって, $\|x_n - x\|_{L^\infty} \to 0$ である. ■

定理 7.5, 7.6 より, $L^p(a,b)$ $(1 \leqq p \leqq \infty)$ はすべてバナッハ空間である.

---

*8 ここで除かれている零集合は m,n によらずにとれることに注意. 実際, m,n ごとにとった可算個の零集合すべての和集合を考えればよい. 今後は零集合に関するこのような議論は省くことにする.

■ **7.1.3 — $L^p(a,b)$ の性質**

> **例題 7.7**　(a,b) を有界区間とする．このとき，$1 \leqq p < q \leqq \infty$ ならば，$L^q(a,b) \subset L^p(a,b)$ であり，かつ次の不等式が成り立つことを証明せよ．
> (1) $\|x\|_{L^p} \leqq (b-a)^{1/p-1/q}\|x\|_{L^q}$　$(x \in L^q(a,b),\ 1 \leqq p < q < \infty)$,
> (2) $\|x\|_{L^p} \leqq (b-a)^{1/p}\|x\|_{L^\infty}$　$(x \in L^\infty(a,b),\ 1 \leqq p < \infty)$.

[解]　(1) $1 \leqq p < q < \infty$ の場合を示す．$x \in L^q(a,b)$ をとる．$\alpha = q/(q-p)$, $\beta = q/p$ とおくと，$\alpha > 1$, $\beta > 1$, $1/\alpha + 1/\beta = 1$ である．よって，ヘルダーの不等式 (7.1) より，

$$\int_a^b |x(t)|^p \, dt \leqq \left(\int_a^b 1^\alpha \, dt\right)^{1/\alpha} \left(\int_a^b |x(t)|^{p\beta} \, dt\right)^{1/\beta}$$
$$= (b-a)^{1/\alpha}\|x\|_{L^q}^p < \infty$$

である [*9]．よって，$x \in L^p(a,b)$ である．したがって，$L^q(a,b) \subset L^p(a,b)$ が示せた．さらに両辺を $1/p$ 乗して $\|x\|_{L^p} \leqq (b-a)^{1/q-1/p}\|x\|_{L^q}$ を得る．

　(2) $1 \leqq p < q = \infty$ の場合を示す．$x \in L^\infty(a,b)$ とすると，

$$\int_a^b |x(t)|^p \, dt \leqq \operatorname*{ess\,sup}_{t \in (a,b)} |x(t)|^p \int_a^b dt = (b-a)\|x\|_{L^\infty}^p < \infty$$

であるから，$x \in L^p(a,b)$ である．したがって，$L^\infty(a,b) \subset L^p(a,b)$ が示せた．さらに両辺を $1/p$ 乗して $\|x\|_{L^p} \leqq (b-a)^{1/p}\|x\|_{L^\infty}$ を得る．　　□

➤**注意 7.8**　$L^p(a,b)$ と ℓ^p は定義が似ているが，例題 7.7 と例題 2.6 を比べると p に関する包含関係が異なっている．このことについて少し補足する．ℓ^p の元 $x = \{\xi_k\}$ は，$\mathbb{N}$ 上で定義された実数値関数 x $(x(t) = \xi_t)$ と同一視できる．また測度空間 $(\mathbb{N}, 2^{\mathbb{N}}, \mu)$ における p 乗ルベーグ式積分を考えれば，

$$\sum_{k=1}^{\infty} |\xi_k|^p = \int_{\mathbb{N}} |x(t)|^p \, d\mu(t)$$

と表せる．ここで，測度 μ は $2^{\mathbb{N}}$ 上の数え上げ測度（元の個数）である．よって，ℓ^p は次のようにルベーグ式積分を用いて表現できる：

[*9] (a,b) が有界区間（$b-a$ が有限値）であることは本質的である．

$$\ell^p = \left\{ x \;\middle|\; x \text{ は } \mathbb{N} \text{ 上の実数値 } 2^{\mathbb{N}} \text{ 可測関数で,} \int_{\mathbb{N}} |x(t)|^p \, d\mu(t) < \infty \right\}.$$

したがって,ℓ^p は "$(\mathbb{N}, 2^{\mathbb{N}}, \mu)$ 上の L^p 空間" であるとみなせる.$\mu(\mathbb{N}) = \infty$ であるから,問題 7.4 の (2) にあるように,例題 7.7 にある包含関係が成り立たなくても矛盾していないのである.

次の例題から,本質的に有界な関数全体を L^∞ で表す理由がわかる.

例題 7.9 (a,b) を有界区間とする.このとき,

$$\lim_{p \to \infty} \left(\int_a^b |x(t)|^p \, dt \right)^{1/p} = \operatorname*{ess\,sup}_{t \in (a,b)} |x(t)| \tag{7.11}$$

が成り立つ($\operatorname*{ess\,sup}_{t \in (a,b)} |x(t)| = \infty$ でもよい)ことを証明せよ.特に $x \in L^\infty(a,b)$ ならば,任意の $p \in [1,\infty]$ に対して $x \in L^p(a,b)$ であり,(7.11) は

$$\lim_{p \to \infty} \|x\|_{L^p} = \|x\|_{L^\infty} \tag{7.12}$$

と表せる.

[**解**] まず,$\alpha := \operatorname*{ess\,sup}_{t \in (a,b)} |x(t)| < \infty$ の場合を考える.このとき $\left(\int_a^b |x(t)|^p \, dt \right)^{1/p} \leqq (b-a)^{1/p} \alpha$ であるから,両辺の p に関する上極限をとって,

$$\limsup_{p \to \infty} \left(\int_a^b |x(t)|^p \, dt \right)^{1/p} \leqq \alpha \tag{7.13}$$

を得る^{*10}.一方,任意の $\beta < \alpha$ をとり,$B = \{t \in (a,b) \mid |x(t)| > \beta\}$ とすると,$0 < m(B) \leqq b - a < \infty$($m$ はルベーグ測度)であり^{*11},

$$\left(\int_a^b |x(t)|^p \, dt \right)^{1/p} \geqq \left(\int_B |x(t)|^p \, dt \right)^{1/p} \geqq \beta m(B)^{1/p}$$

---

^{*10} (極限ではなく)上極限をとったのは,この時点では左辺の極限が存在する保証がないからである.(7.14) の下極限も同様である.
^{*11} $m(B) = 0$ とすると,$|x(t)| \leqq \beta$ (a.e.) となるから,$\beta < \alpha \leqq \beta$ となって矛盾する.

である．よって両辺の下極限をとると，

$$\liminf_{p \to \infty} \left(\int_a^b |x(t)|^p \, dt \right)^{1/p} \geqq \beta \tag{7.14}$$

を得る．β は α にいくらでも近くとれるから，(7.13) の上極限と (7.14) の下極限は一致する．したがって極限が存在して，それは α に等しい：

$$\lim_{p \to \infty} \left(\int_a^b |x(t)|^p \, dt \right)^{1/p} = \alpha = \operatorname*{ess\,sup}_{t \in (a,b)} |x(t)|.$$

$\alpha = \infty$ の場合は，任意の β に対して (7.14) が成り立つので，$\beta \to \infty$ とすればよい．これで (7.11) が示せた．

$x \in L^\infty(a,b)$ ならば例題 7.7 により，任意の $p \in [1, \infty]$ に対して $x \in L^p(a,b)$ である．よって (7.11) をノルムの記号で表せば (7.12) を得る．　　　　□

p 次平均収束する関数列からは，ほとんど至るところで収束する部分列を取り出せる．

定理 7.10　$1 \leqq p \leqq \infty$ とし，$\{x_n\} \subset L^p(a,b)$，$x \in L^p(a,b)$ が $\|x_n - x\|_{L^p} \to 0$ $(n \to \infty)$ を満たすとする．このとき，次の (i) (ii) を同時に満たす $\{x_n\}$ の部分列 $\{x_{n_k}\}$ が存在する：

(i) $x_{n_k}(t) \to x(t)$　(a.e. $t \in (a,b)$)

(ii) ある $y \in L^p(a,b)$ が存在して，任意の $k \in \mathbb{N}$ に対して $|x_{n_k}(t)| \leqq y(t)$ (a.e. $t \in (a,b)$) が成り立つ．

【証明】　まず $p = \infty$ の場合を示す．$\{x_n\}$ は $L^\infty(a,b)$ の収束列であるから，$n \to \infty$ のとき

$$|x_n(t) - x(t)| \leqq \|x_n - x\|_{L^\infty} \to 0 \qquad (\text{a.e. } t \in (a,b))$$

である．よって，$x_n(t) \to x(t)$ (a.e. $t \in (a,b)$) であることがわかる．このとき，ある $N \in \mathbb{N}$ が存在して $n \geqq N$ のとき $|x_n(t)| \leqq |x(t)| + 1$ (a.e. $t \in (a,b)$) が成り立つから，$x_{n_k} = x_{N+k}$ とし $y(t) = |x(t)| + 1$ とすればよい．

次に $1 \leqq p < \infty$ の場合を示す．$\{x_n\}$ は $L^p(a,b)$ において収束列であるから

コーシー列である. 定理 7.5 の証明をそのまま適用すれば, ほとんど至るところの $t \in (a,b)$ に対して, $\{x_n(t)\}$ の部分列 $\{x_{n_k}(t)\}$ と $z(t)$ が存在し, $x_{n_k}(t) \to z(t)$ (a.e. $t \in (a,b)$) が成り立つことがわかる [*12]. さらに (7.6) により,

$$|x_{n_k}(t) - z(t)| \leqq \sum_{j=k}^{\infty} |x_{n_{j+1}}(t) - x_{n_j}(t)| \leqq w(t)$$

である. ただし,

$$w(t) = |x_{n_1}(t)| + \sum_{j=1}^{\infty} |x_{n_{j+1}}(t) - x_{n_j}(t)| \in L^p(a,b)$$

である. これとルベーグの優収束定理 (定理 6.11) から, $z \in L^p(a,b)$, $\|x_{n_k} - z\|_{L^p} \to 0$ $(k \to \infty)$ を得る. よって, 極限の一意性から $z = x$ となって (i) がいえる. (ii) は $|x_{n_k}(t)| \leqq |x(t)| + w(t)$ が成り立つから $y(t) = |x(t)| + w(t)$ とすればよい. ∎

有界または非有界区間 (a,b) 上で連続な関数 f に対して,

$$\mathrm{supp}\, f := \overline{\{x \in (a,b) \mid f(x) \neq 0\}} \cap (a,b)$$

を f の**台**という [*13]. また, 台が (a,b) に含まれるコンパクト集合 (有界閉集合) であるような連続関数全体の集合を $C_0(a,b)$ で表す. $C_0(a,b)$ の関数は区間 (a,b) の両端点 a, b の近傍でべったり 0 となっているのが大きな特徴である (図 7.1).

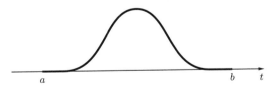

図 7.1 $C_0(a,b)$ の関数

さて, 次の定理は, $L^p(a,b)$ の関数を連続関数によってある意味で近似でき

[*12] この時点では $z = x$ であるかどうかは不明である.

[*13] この閉包は $\mathbb{R}$ における閉包とする. または同じことだが相対位相の考え方で, $\mathrm{supp}\, f$ は距離空間 $X = ((a,b), d_{\mathbb{R}})$ における $A = \{x \in X \mid f(x) \neq 0\}$ の閉包 $\overline{A}^X$ であるといってもよい.

ることを示している．これにより L^p 関数に関する議論を連続関数に関する議論に落とし込めたりする．

定理 7.11 $C_0(a,b)$ は $L^p(a,b)$ $(1 \le p < \infty)$ において稠密である．

【証明】 $I = (a,b)$ とし，任意の $x \in L^p(I)$ をとり固定する．任意の $\varepsilon > 0$ に対して，ある $y \in C_0(I)$ が存在し，$\|x - y\|_{L^p} < \varepsilon$ であることを示せばよい．

まず，x を階段関数で近似できることを示す．I に含まれる任意の有界閉区間 $J \subset I$ に対して，x を J で切断した関数を x_J とする：

$$x_J(t) = \begin{cases} x(t) & (t \in J), \\ 0 & (t \in I \setminus J). \end{cases}$$

このとき，$x_J \in L^p(I)$ である．特に，ある適当な J が存在して，

$$\|x - x_J\|_{L^p} < \frac{\varepsilon}{4} \tag{7.15}$$

が成り立つようにできる（定理 6.15）．さらに，$L^p(J) \subset L^1(J)$（例題 7.7）と $L^1(J)$ の定義 (6.2) から，$x_J = x_1 - x_2$ $(x_1, x_2 \in S_1)$ と表せる．S_1 の定義から，S_0 の単調増加列 $\{\varphi_{1,n}\}$ で $\varphi_{1,n}(t) \to x_1(t)$ (a.e. $t \in J$) であるものが存在する．$(x_1 - \varphi_{1,n})^p \le (x_1 - \varphi_{1,1})^p \in L^1(J)$ であるから，ルベーグの優収束定理（定理 6.11）により，$\|\varphi_{1,n} - x_1\|_{L^p(J)} \to 0$ $(n \to \infty)$ である．同様にして，S_0 の単調増加列 $\{\varphi_{2,n}\}$ が存在して，$\|\varphi_{2,n} - x_2\|_{L^p(J)} \to 0$ $(n \to \infty)$ である．よって，$\varphi_n := \varphi_{1,n} - \varphi_{2,n}$ とおけば，$\varphi_n \in S_0$ かつ，

$$\|x_J - \varphi_n\|_{L^p(J)} \le \|x_1 - \varphi_{1,n}\|_{L^p(J)} + \|\varphi_{2,n} - x_2\|_{L^p(J)} \to 0$$

である．ゆえに十分大きい N をとって，$\varphi_N(t) = 0$ $(t \in I \setminus J)$ と拡張すれば，

$$\|x_J - \varphi_N\|_{L^p} < \frac{\varepsilon}{4} \tag{7.16}$$

とできる．したがって (7.15)，(7.16) より，ある階段関数 $\varphi = \varphi_N \in S_0$ がとれて，

$$\|x - \varphi\|_{L^p} \leqq \|x - x_J\|_{L^p} + \|x_J - \varphi\|_{L^p} < \frac{\varepsilon}{2} \tag{7.17}$$

が成り立つ.

次に，階段関数 φ を $C_0(a,b)$ の関数で近似できることを示す. 階段関数の定義から，I に含まれる互いに交わらない有限個の有限区間 $\{I_k\}_{k=1}^n$ ($|I_k| < \infty$) が存在して，$\varphi(t) = \sum_{k=1}^n c_k \chi_{I_k}(t)$ と表せる. ここで各 $k = 1, 2, \ldots, n$ に対して，$|I_k| = 0$ ならば任意の $\delta > 0$ に対して $y_{k,\delta}(t) = 0$ とし，$|I_k| > 0$ ならば任意の $\delta \in (0, |I_k|/2)$ に対して

$$y_{k,\delta}(t) = \begin{cases} 0 & (a < t < \alpha_k), \\ (t - \alpha_k)/\delta & (\alpha_k \leqq t \leqq \alpha_k + \delta), \\ 1 & (\alpha_k + \delta < t < \beta_k - \delta), \\ (\beta_k - t)/\delta & (\beta_k - \delta \leqq t \leqq \beta_k), \\ 0 & (\beta_k < t < b) \end{cases}$$

と定義する. ただし，α_k, β_k はそれぞれ区間 I_k の下限と上限である. $\delta \to 0$ のとき $y_{k,\delta}(t) \to \chi_{I_k}(t)$ (a.e.) である. そこで十分小さい $\delta > 0$ に対して $y_\delta(t) = \sum_{k=1}^n c_k y_{k,\delta}(t)$ とおくと，ルベーグの優収束定理から，

$$\|y_\delta - \varphi\|_{L^p} \leqq \sum_{k=1}^n |c_k| \|y_{k,\delta} - \chi_{I_k}\|_{L^p} \to 0 \qquad (\delta \to 0)$$

である. したがって，ある $y = y_\delta \in C_0(I)$ がとれて [14]，

$$\|\varphi - y\|_{L^p} < \frac{\varepsilon}{2} \tag{7.18}$$

が成り立つ.

以上，(7.17), (7.18) より，

$$\|x - y\|_{L^p} \leqq \|x - \varphi\|_{L^p} + \|\varphi - y\|_{L^p} < \varepsilon$$

である.

---

[14] $\varphi(t) = 0$ ($t \in I \setminus J$) だったから，$\operatorname{supp} y = \operatorname{supp} \varphi$ は I に含まれる有界閉集合である.

区間 (a,b) で定義された無限回微分可能な関数で,台が (a,b) に含まれるコンパクト集合であるような関数全体の集合を $C_0^\infty(a,b)$ で表す.このような関数は十分なめらかで境界付近ではべったりと 0 であるため,微分積分に大変都合がよい.このとき,定理 7.11 よりも強い次の定理が成り立つ.

> **定理 7.12** $C_0^\infty(a,b)$ は $L^p(a,b)$ $(1 \leqq p < \infty)$ において稠密である.

また,$L^p(a,b)$ の共役空間 $(L^p(a,b))^*$ については次の定理が知られている.

> **定理 7.13** $(L^p(a,b))^* \cong L^q(a,b)$ $(1 \leqq p < \infty,\ 1/p + 1/q = 1)$ である [*15].
> すなわち,任意の $f \in (L^p(a,b))^*$ に対して,ある $y \in L^q(a,b)$ が一意的に存在し,
> $$f(x) = \int_a^b x(t)y(t)\,dt \qquad (x \in L^p(a,b))$$
> と表すことができる.

定理 7.12,7.13 の証明は省略する [*16].

➤ **注意 7.14** $1 < p < \infty$ のとき,$(L^p(a,b))^{**} = ((L^p(a,b))^*)^* \cong (L^q(a,b))^* \cong L^p(a,b)$ $(1/p + 1/q = 1)$ であるから,$L^p(a,b)$ $(1 < p < \infty)$ は回帰的である.また,$(L^\infty(a,b))^*$ は $L^1(a,b)$ と同型ではなく,$L^1(a,b)$ と同型な空間を真に含んでいることが知られている.

7.2 ヒルベルト空間としての $L^2(a,b)$

7.2.1 — $L^2(a,b)$ の内積

定理 7.5 と定理 7.6 により,$L^p(a,b)$ $(1 \leqq p \leqq \infty)$ はバナッハ空間である [*17].

[*15] ただし,$p = 1$ のときは $q = \infty$ とする.
[*16] 定理 7.12 の証明には軟化子 (mollifier) を導入する.参考文献 [14] の定理 1.15,[5] の定理 6.6,または [13] の系 IV.23 を参照のこと.定理 7.13 の証明は例えば参考文献 [6] の定理 8.5,または [7] の §8.3 を参照のこと.
[*17] $0 < p < 1$ の場合,$L^p(a,b)$ はノルム空間ではない.しかしこの場合,$d(x,y) = \|x - y\|_{L^p}^p$ と定義すると,$(L^p(a,b), d)$ は完備距離空間になる.

$L^p(a,b)$ がヒルベルト空間になる場合を考える. ある $p \in [1, \infty]$ に対して $L^p(a,b)$ がヒルベルト空間であるならば, そのノルム $\| \cdot \|_{L^p}$ は任意の x, y に対して中線定理:

$$\|x + y\|_{L^p}^2 + \|x - y\|_{L^p}^2 = 2(\|x\|_{L^p}^2 + \|y\|_{L^p}^2) \tag{7.19}$$

を満たさなければならない (定理 5.8). そこで例えば, $x, y \in L^p(a,b)$ として

$$x(t) = \begin{cases} 1 & (a < t \leqq \frac{a+b}{2}), \\ 0 & (\frac{a+b}{2} < t < b), \end{cases} \qquad y(t) = \begin{cases} 0 & (a < t \leqq \frac{a+b}{2}), \\ 1 & (\frac{a+b}{2} < t < b) \end{cases}$$

をとり, (7.19) の両辺をそれぞれ計算してみる. $p = \infty$ のときは $2 = 4$ となって不合理であるから $p \neq \infty$ である. $1 \leqq p < \infty$ のときは $2(b-a)^{2/p} = 4 \left(\dfrac{b-a}{2} \right)^{2/p}$ となって, $p = 2$ でなくてはならないことがわかる. 逆に $p = 2$ の場合, $L^2(a,b)$ の内積は定理 5.9 の (5.6) から導かれる:

$$(x, y)_{L^2} = \frac{1}{4}(\|x + y\|_{L^2}^2 - \|x - y\|_{L^2}^2)$$

$$= \frac{1}{4} \left(\int_a^b |x(t) + y(t)|^2 \, dt - \int_a^b |x(t) - y(t)|^2 \, dt \right) = \int_a^b x(t) y(t) \, dt.$$

$L^2(a,b)$ が複素バナッハ空間の場合は, 同様に定理 5.9 の (5.7) から導かれる[*18]:

$$(x, y)_{L^2} = \int_a^b x(t) \overline{y(t)} \, dt.$$

以上のことを定理としてまとめておく.

定理 7.15 実バナッハ空間 $L^2(a,b)$ は内積

$$(x, y)_{L^2} = \int_a^b x(t) y(t) \, dt$$

に関して実ヒルベルト空間である. 複素バナッハ空間 $L^2(a,b)$ は内積

[*18] 物理では $(x, y)_{L^2} = \int_a^b \overline{x(t)} y(t) \, dt$ とすることが多いようなので, 他の本を読むときは注意すること.

$$(x,y)_{L^2} = \int_a^b x(t)\overline{y(t)}\,dt$$

に関して複素ヒルベルト空間である. さらに, バナッハ空間 $L^p(a,b)$ $(1 \leqq p \leqq \infty)$ がヒルベルト空間であるのは, $p = 2$ の場合に限る.

➤**注意 7.16** $L^2(a,b)$ の内積 $(x,y)_{L^2}$ は, 関数 $x \in L^2(a,b)$ を「"第 t 成分" が値 $x(t)$ であるようなベクトル」とみなすとき, x,y の成分の積の和 (積分) で定義されている. その意味で, $\mathbb{R}^n$ や ℓ^2 の内積の "連続版" となっている.

ヒルベルト空間 $L^2(a,b)$ においては第 5 章で学んだヒルベルト空間に関する性質がすべて成り立つ. 例えば定理 5.1 のシュワルツの不等式 (5.3) は (7.2) と同値である. またリースの表現定理 (定理 5.36) は定理 7.13 ($p = q = 2$) のことであり, $(L^2(a,b))^* \cong L^2(a,b) \cong \ell^2$ が成り立つ.

例題 7.17 $L^2(-1,1)$ の部分集合

$$A = \{x \in L^2(-1,1) \mid x(t) = x(-t) \ (\text{a.e. } t \in (-1,1))\}$$

について, 次の各問いに答えよ.

(1) A は閉部分空間であることを証明せよ.

(2) A の直交補空間 $A^\perp$ は

$$A^\perp = \{x \in L^2(-1,1) \mid x(t) = -x(-t) \ (\text{a.e. } t \in (-1,1))\}$$

であることを証明せよ.

(3) A, $A^\perp$ への射影作用素 P_A, $P_{A^\perp}$ をそれぞれ求めよ.

A は $L^2(-1,1)$ の偶関数全体の集合であることに注意する.

[**解**] (1) 偶関数の和とスカラー倍はどちらも偶関数であるから, A は部分空間である. A が閉集合であることを示す. $\{x_n\} \subset A$, $\|x_n - x\|_{L^2} \to 0$ とする. 定理 7.10 より, $\{x_n\}$ の部分列 $\{x_{n_k}\}$ が存在し, $x_{n_k}(t) \to x(t)$ (a.e.) である. いま任意の k に対して, $x_{n_k} \in A$ であるから $x_{n_k}(t) = x_{n_k}(-t)$ (a.e.) が成り立

つ. よって, $k \to \infty$ とすると $x(t) = x(-t)$ (a.e.) である. ゆえに $x \in A$ であるから, A は閉集合である.

(2) $B = \{x \in L^2(-1,1) \mid x(t) = -x(-t) \text{ (a.e. } t \in (-1,1))\}$ とし, $A^\perp = B$ を示す.

($\subset$) $x \in A^\perp$ をとる. $y(t) := x(t) + x(-t)$ としたとき, $y = 0$ がいえれば $x \in B$ が示される. そこで, $y = 0$ を示す. まず, $y(-t) = x(-t) + x(t) = y(t)$ であるから $y \in A$ である. さらに, 任意の $z \in A$ に対して,

$$(y,z) = (x,z) + \int_{-1}^1 x(-t)z(t)\,dt = \int_{-1}^1 x(-t)z(-t)\,dt = (x,z) = 0$$

であるから, $y \in A^\perp$ である. よって $y \in A \cap A^\perp = \{0\}$ (例題 5.20) であるから $y = 0$ が示された.

($\supset$) $x \in B$ をとる. 任意の $y \in A$ に対して,

$$(x,y) = \int_{-1}^1 x(t)y(t)\,dt = -\int_{-1}^1 x(-t)y(-t)\,dt = -(x,y)$$

が成り立つから $(x,y) = 0$ である. よって $x \in A^\perp$ が示された.

以上より, $A^\perp = B$ である.

(3) 任意の関数 x を

$$x(t) = \frac{x(t) + x(-t)}{2} + \frac{x(t) - x(-t)}{2} =: y(t) + z(t)$$

と変形する. $y(-t) = y(t)$, $z(-t) = -z(t)$ であるから, $x \in L^2(-1,1)$ ならば $y \in A$, $z \in B = A^\perp$ である. 一方, (1) より A は $L^2(-1,1)$ の閉部分空間であるから, 直交分解 $L^2(-1,1) = A \oplus A^\perp$ (定理 5.21) により, x のこのような分解は一意的である. よって,

$$(P_A x)(t) = y(t) = \frac{x(t) + x(-t)}{2}, \quad (P_{A^\perp} x)(t) = z(t) = \frac{x(t) - x(-t)}{2}$$

である. □

■ 7.2.2 — $L^2(a,b)$ の直交関数系

5.4 節において, 直交系の例を紹介した (例題 5.28, 5.32). そこではまだル

ベーグ空間を導入していなかったため，$C[a,b]$ に $L^2(a,b)$ と同じ内積を（リーマン積分で）定義した内積空間 $L^2C[a,b]$ における直交性のみを確認し，完全性には触れなかった．この項では，これらの直交系が $L^2(a,b)$ において完全であることを説明する．

I. 三角関数系

例題 5.28 で扱った関数系 $\{u_0, u_1, v_1, \ldots, u_n, v_n, \ldots\}$ は $L^2(-\pi, \pi)$ の完全正規直交系であることを示す．ここで，

$$u_0(t) = \frac{1}{\sqrt{2\pi}}, \qquad u_n(t) = \frac{1}{\sqrt{\pi}} \cos nt \quad (n = 1, 2, \ldots),$$

$$v_n(t) = \frac{1}{\sqrt{\pi}} \sin nt \quad (n = 1, 2, \ldots)$$

である．これらが $L^2(-\pi, \pi)$ の正規直交系であることの証明は例題 5.28 と同じなので，ここでは完全性について述べる．

任意の $x \in L^2(-\pi, \pi)$ をとる．x のフーリエ係数を

$$a_0 = (x, u_0)_{L^2} = \frac{1}{\sqrt{2\pi}} \int_{-\pi}^{\pi} x(t)\, dt,$$

$$a_n = (x, u_n)_{L^2} = \frac{1}{\sqrt{\pi}} \int_{-\pi}^{\pi} x(t) \cos nt\, dt,$$

$$b_n = (x, v_n)_{L^2} = \frac{1}{\sqrt{\pi}} \int_{-\pi}^{\pi} x(t) \sin nt\, dt$$

とし，x のフーリエ級数の部分和を

$$s_n(t) = a_0 u_0(t) + \sum_{k=1}^{n} (a_k u_k(t) + b_k v_k(t))$$

とする．このとき，任意の $\varepsilon > 0$ に対して，ある $N \in \mathbb{N}$ が存在し，

$$\|s_n - x\|_{L^2} < \varepsilon \qquad (n \geqq N) \tag{7.20}$$

であることが示せれば，$x = \lim_{n \to \infty} s_n$，すなわち x はフーリエ級数展開可能となるので，定理 5.33 によりこの正規直交系が完全であることがわかる．

さて，(7.20) を示す．任意の $\varepsilon > 0$ をとる．このとき，ある $y \in C_0(-\pi, \pi)$ が存在し，

$$\|x - y\|_{L^2} < \frac{\varepsilon}{3} \tag{7.21}$$

が成り立つ（定理 7.11）．次に，ワイエルシュトラスの多項式近似定理（定理 2.11）により，この y に対して，ある $z \in P[-\pi, \pi]$ が存在し，$\|y - z\|_C < \dfrac{\varepsilon}{3\sqrt{b-a}}$ とできる．よって，

$$\|y - z\|_{L^2} \leqq \sqrt{b-a}\,\|y - z\|_C < \frac{\varepsilon}{3} \tag{7.22}$$

が成り立つ．さらに，z は多項式であるから $z \in C^1[-\pi, \pi]$ であり，そのつくり方から $z(\pm\pi) = y(\pm\pi) = 0$ である（注意 2.12）．ゆえに，z のフーリエ級数の部分和 σ_n について，ある $N \in \mathbb{N}$ が存在し，$n \geqq N$ ならば $\|z - \sigma_n\|_C < \dfrac{\varepsilon}{3\sqrt{b-a}}$ であることを証明できる ^{*19}．よって，(7.22) と同様にして，

$$\|z - \sigma_n\|_{L^2} < \frac{\varepsilon}{3} \qquad (n \geqq N) \tag{7.23}$$

が成り立つ．最後に，問題 5.16 で扱ったフーリエ係数の最小性を用いると，$n \geqq N$ のとき，(7.21)–(7.23) より，

$$\|x - s_n\|_{L^2} \leqq \|x - \sigma_n\|_{L^2} \leqq \|x - y\|_{L^2} + \|y - z\|_{L^2} + \|z - \sigma_n\|_{L^2} < \varepsilon$$

が成り立つ．したがって，(7.20) が示された．

以上を定理としてまとめておく．

定理 7.18　三角関数系
$$\left\{\frac{1}{\sqrt{2\pi}}, \frac{1}{\sqrt{\pi}}\cos t, \frac{1}{\sqrt{\pi}}\sin t, \ldots, \frac{1}{\sqrt{\pi}}\cos nt, \frac{1}{\sqrt{\pi}}\sin nt, \ldots\right\}$$
は $L^2(-\pi, \pi)$ の完全正規直交系である．

通常は係数を整えて次の形で述べられることが多い．

---

^{*19} 区間 $[-\pi, \pi]$ において f は連続かつ区分的になめらかで，$f(-\pi) = f(\pi)$ ならば，f はフーリエ級数に展開される．この級数は一様かつ絶対収束である．証明は例えば，高木貞治『解析概論』（岩波書店）の定理 65 を参照せよ．

系 7.19　任意の $x \in L^2(-\pi, \pi)$ は,

$$x(t) = \frac{\alpha_0}{2} + \sum_{n=1}^{\infty} (\alpha_n \cos nt + \beta_n \sin nt)$$

と表せる. ただし, 等号は

$$\left\| x(t) - \left(\frac{\alpha_0}{2} + \sum_{n=1}^{N} (\alpha_n \cos nt + \beta_n \sin nt) \right) \right\|_{L^2} \to 0 \quad (N \to \infty)$$

の意味である. ここで,

$$\alpha_n = \frac{1}{\pi} \int_{-\pi}^{\pi} x(t) \cos nt \, dt \qquad (n = 0, 1, 2, \ldots),$$

$$\beta_n = \frac{1}{\pi} \int_{-\pi}^{\pi} x(t) \sin nt \, dt \qquad (n = 1, 2, \ldots)$$

である. α_n, β_n もフーリエ係数とよばれる.

➤**注意 7.20**　指数関数系

$$\left\{ \frac{1}{\sqrt{2\pi}} e^{int} \;\middle|\; n \in \mathbb{Z} \right\}$$

は複素ヒルベルト空間 $L^2(-\pi, \pi)$ の完全正規直交系である.

II.　ルジャンドル多項式系

例題 5.32 と同様に, $L^2(-1, 1)$ において, $\{1, t, t^2, \ldots, t^n, \ldots\}$ からシュミットの直交化法を用いて正規直交系 $\{e_0, e_1, e_2, \ldots, e_n, \ldots\}$ をつくったとする. 最初の数項を求めると,

$$e_0(t) = \frac{1}{\sqrt{2}}, \qquad\qquad e_1(t) = \sqrt{\frac{3}{2}}\, t,$$

$$e_2(t) = \frac{1}{2}\sqrt{\frac{5}{2}}\,(3t^2 - 1), \qquad e_3(t) = \frac{1}{2}\sqrt{\frac{7}{2}}\,(5t^3 - 3t),$$

$$e_4(t) = \frac{1}{8}\sqrt{\frac{9}{2}}\,(35t^4 - 30t^2 + 3), \quad e_5(t) = \frac{1}{8}\sqrt{\frac{11}{2}}\,(63t^5 - 70t^3 + 15t)$$

である. これが $L^2(-1, 1)$ の完全正規直交系であることは, 三角関数系の場合

と同様にして示せる [20].

いま，各 $e_n(t)$ の根号以外の部分を $P_n(t)$ とおいて，

$$e_n(t) = \sqrt{\frac{2n+1}{2}}\,P_n(t) \qquad (n = 0, 1, 2, \ldots)$$

と表すとしよう．すなわち，最初の数項は

$$P_0(t) = 1, \qquad\qquad P_1(t) = t,$$
$$P_2(t) = \frac{1}{2}(3t^2 - 1), \qquad P_3(t) = \frac{1}{2}(5t^3 - 3t),$$
$$P_4(t) = \frac{1}{8}(35t^4 - 30t^2 + 3), \qquad P_5(t) = \frac{1}{8}(63t^5 - 70t^3 + 15t)$$

である．P_n は n 次の**ルジャンドル多項式** [21] とよばれる．

定理 7.21 ルジャンドル多項式系を $\{P_n\}$ とし，

$$e_n(t) = \sqrt{\frac{2n+1}{2}}\,P_n(t) \qquad (n = 0, 1, 2, \ldots)$$

とおく．このとき，$\{e_n\}$ は $L^2(-1, 1)$ の完全正規直交系である．

一般に，n 次のルジャンドル多項式は

$$P_n(t) = \frac{1}{2^n n!}\frac{d^n}{dt^n}((t^2 - 1)^n) \tag{7.24}$$

と表せることが知られている．これを**ロドリーグの公式**という．

$\{e_n\}$ はそのつくり方から明らかに正規直交系であるが，ロドリーグの公式を用いてこのことを直接示すことができる．これを例題としよう．

例題 7.22 $L^2(-1, 1)$ におけるルジャンドル多項式系 $\{P_n\}$ について，次のことを証明せよ．

---

[20] ただしその証明において，多項式 z を $\{e_n\}$ で近似する際，十分大きい n に対して $z \in \mathrm{span}\{e_0, \ldots, e_n\}$ であることを用いる．

[21] 数学者の A.-M. ルジャンドル（Adrien-Marie Legendre, 1752–1833）の肖像画は，2005 年までのおよそ 200 年間，政治家の L. ルジャンドル（Louis Legendre, 1752–1797）のものと間違えられていた．

> (1) $u_n = (t^2 - 1)^n$ のとき，$u_n^{(k)}(\pm 1) = 0 \; (k = 1, 2, \ldots, n-1)$ かつ $u_n^{(2n)}(t) \equiv (2n)!$ である.
>
> (2) ロドリーグの公式 (7.24) を用いて，$(P_m, P_n)_{L^2} = \dfrac{2}{2n+1} \delta_{mn}$ である（したがって，$(e_m, e_n)_{L^2} = \delta_{mn}$ である）.

[**解**]　(1) $u_n = (t^2 - 1)^n$ は $(n-1)$ 階の導関数まではすべて $t^2 - 1$ を因数にもつので，$u_n^{(k)}(\pm 1) = 0 \; (k = 1, 2, \ldots, n-1)$ である. また，u_n を展開すると最高次の項は t^{2n} だから $u_n^{(2n)}(t) \equiv (2n)!$ である.

(2) $m \geqq n$ とする. ロドリーグの公式 (7.24) と (1) の第 1 式より，

$$
2^m m! (P_m, P_n)_{L^2} = \int_{-1}^{1} u_m^{(m)} P_n \, dt = \left[u_m^{(m-1)} P_n \right]_{-1}^{1} - \int_{-1}^{1} u_m^{(m-1)} P_n' \, dt
$$
$$
= - \int_{-1}^{1} u_m^{(m-1)} P_n' \, dt
$$

が成り立つ. これを繰り返して，(7.24) と (1) の第 2 式を用いると，

$$
2^m m! (P_m, P_n)_{L^2} = (-1)^n \int_{-1}^{1} u_m^{(m-n)} P_n^{(n)} \, dt = (-1)^n \frac{(2n)!}{2^n n!} \int_{-1}^{1} u_m^{(m-n)} \, dt
$$

を得る. この式は，$m > n$ ならば

$$
2^m m! (P_m, P_n)_{L^2} = (-1)^n \frac{(2n)!}{2^n n!} \left[u_m^{(m-n+1)} \right]_{-1}^{1} = 0
$$

であり，$m = n$ ならば

$$
2^n n! (P_n, P_n)_{L^2} = (-1)^n \frac{(2n)!}{2^n n!} \int_{-1}^{1} u_n \, dt
$$
$$
= \frac{(2n)!}{2^{n-1} n!} \int_{0}^{\pi/2} \cos^{2n+1} s \, ds = \frac{2^{n+1} n!}{2n+1}
$$

である [*22]. 以上より，$(P_m, P_n)_{L^2} = \dfrac{2}{2n+1} \delta_{mn}$ である.　□

[*22] **ウォリスの公式**

$$
\int_{0}^{\frac{\pi}{2}} \sin^n x \, dx = \int_{0}^{\frac{\pi}{2}} \cos^n x \, dx = \begin{cases} \dfrac{n-1}{n} \dfrac{n-3}{n-2} \dfrac{n-5}{n-4} \cdots \dfrac{4}{5} \dfrac{2}{3} = \dfrac{(n-1)!!}{n!!} & (n \text{ は奇数}), \\[2mm] \dfrac{n-1}{n} \dfrac{n-3}{n-2} \dfrac{n-5}{n-4} \cdots \dfrac{3}{4} \dfrac{1}{2} \dfrac{\pi}{2} = \dfrac{(n-1)!!}{n!!} \dfrac{\pi}{2} & (n \text{ は偶数}). \end{cases}
$$

P_n は**ルジャンドルの微分方程式**，すなわち，

$$(1-t^2)P_n'' - 2tP_n' + n(n+1)P_n = 0 \qquad (7.25)$$

を満たす [*23]．次の例題でこれを証明してみよう．

例題 7.23 恒等式

$$(t^2-1)((t^2-1)^n)' = 2nt(t^2-1)^n \qquad (7.26)$$

とロドリーグの公式 (7.24) を利用して，P_n がルジャンドルの微分方程式
(7.25) を満たすことを証明せよ．

[解] ライプニッツの公式 [*24] によって (7.26) の両辺を $(n+1)$ 回微分する．このとき，左辺は

$$\sum_{k=0}^{n+1} {}_{n+1}C_k (t^2-1)^{(k)}((t^2-1)^n)^{(n+2-k)}$$
$$= (t^2-1)((t^2-1)^n)^{(n+2)} + 2(n+1)t((t^2-1)^n)^{(n+1)}$$
$$+ n(n+1)((t^2-1)^n)^{(n)}$$

となり，右辺は

$$2n\sum_{k=0}^{n+1} {}_{n+1}C_k (t)^{(k)}((t^2-1)^n)^{(n+1-k)}$$
$$= 2nt((t^2-1)^n)^{(n+1)} + 2n(n+1)((t^2-1)^n)^{(n)}$$

となる．これらが等しいので，整理すると，

$$(t^2-1)((t^2-1))^{(n+2)} + 2t((t^2-1)^n)^{(n+1)} - n(n+1)((t^2-1)^n)^{(n)} = 0$$

となる．ロドリーグの公式 $((t^2-1)^n)^{(n)} = 2^n n! P_n(t)$ を代入すると，

$$(1-t^2)P_n''(t) - 2tP_n'(t) + n(n+1)P_n(t) = 0$$

を得る． □

[*23] $((1-t^2)P_n')' + n(n+1)P_n = 0$ と表されることも多い．
[*24] 例えば参考文献 [22] の第 II 章命題 1.5 を参照のこと．

III. エルミート多項式系

今度は全区間 $\mathbb{R} = (-\infty, \infty)$ における $L^2(\mathbb{R})$ の完全正規直交系をつくってみよう．$\{1, t, t^2, \ldots, t^n, \ldots\}$ はどの関数も $L^2(\mathbb{R})$ に属さないので，代わりに "重み" をかけて $L^2(\mathbb{R})$ に属するようにした関数系

$$\{w(t), tw(t), t^2 w(t), \ldots, t^n w(t), \ldots\}, \qquad w(t) := e^{-t^2/2}$$

を考える．実際，任意の自然数 n に対して，ある M_n が存在し $|t^n w(t)| \leq M_n$ となるので，$\displaystyle \int_{-\infty}^{\infty} |t^n w(t)|^2 \, dt \leq M_{2n} \int_{-\infty}^{\infty} e^{-t^2/2} \, dt = \sqrt{2\pi} M_{2n} < \infty$ となって $t^n w \in L^2(\mathbb{R})$ である．

この関数系にシュミットの直交化法を施すと，完全正規直交系 $\{e_0, e_1, e_2, \ldots, e_n, \ldots\}$ を得る．ただし，

$$e_n(t) = \frac{1}{(2^n n! \sqrt{\pi})^{1/2}} H_n(t) w(t)$$

であり，H_n の最初の数項は

$$H_0(t) = 1, \qquad\qquad\qquad H_1(t) = 2t,$$
$$H_2(t) = 4t^2 - 2, \qquad\qquad H_3(t) = 8t^3 - 12t,$$
$$H_4(t) = 16t^4 - 48t^2 + 12, \qquad H_5(t) = 32t^5 - 160t^3 + 120t$$

である．H_n は n 次の**エルミート多項式**とよばれる．

定理 7.24　エルミート多項式系を $\{H_n\}$ とし，

$$e_n(t) = \frac{1}{(2^n n! \sqrt{\pi})^{1/2}} H_n(t) e^{-t^2/2} \qquad (n = 0, 1, 2, \ldots)$$

とおく．このとき，$\{e_n\}$ は $L^2(\mathbb{R})$ の完全正規直交系である．

一般に，エルミート多項式は

$$H_n(t) = (-1)^n e^{t^2} \frac{d^n}{dt^n} (e^{-t^2}) \tag{7.27}$$

と表せることが知られている．これも**ロドリーグの公式**という．H_n は**エルミー**

トの微分方程式, すなわち,

$$H_n'' - 2tH_n' + 2nH_n = 0 \tag{7.28}$$

を満たす [*25].

➤**注意 7.25 重み関数** $w(t)^2 = e^{-t^2}$ をあらかじめ内積に組み込んだ, **重みつき L^2 空間** を考えると見通しがよい.

$$L_w^2(\mathbb{R}) := \left\{ x \;\middle|\; \begin{array}{l} x \text{ は } \mathbb{R} \text{ 上の実数値ルベーグ可測関数で,} \\ \displaystyle\int_{-\infty}^{\infty} |x(t)|^2 e^{-t^2}\, dt < \infty \end{array} \right\}$$

と定義する. $L_w^2(\mathbb{R})$ は $(x,y)_{L_w^2} = \displaystyle\int_{-\infty}^{\infty} x(t)y(t)e^{-t^2}\, dt$ を内積としてヒルベルト空間になる [*26]. このとき, $L_w^2(\mathbb{R})$ において, $\{1, t, t^2, \ldots, t^n, \ldots\}$ にシュミットの直交化法を施したものは完全正規直交系 $\left\{ \dfrac{1}{(2^n n! \sqrt{\pi})^{1/2}} H_n \right\}_{n=0}^{\infty}$ になる.

IV. ラゲール多項式系

最後に非有界区間 $(0, \infty)$ における $L^2(0, \infty)$ の完全正規直交系について述べる. エルミート多項式のときと同様の理由から, 重みをかけて $L^2(0, \infty)$ に属するようにした関数系

$$\{w(t), tw(t), t^2 w(t), \ldots, t^n w(t), \ldots\}, \qquad w(t) := e^{-t/2}$$

を考える.

この関数系にシュミットの直交化法を施すと, 完全正規直交系 $\{e_0, e_1, e_2, \ldots, e_n, \ldots\}$ を得る. ただし,

$$e_n(t) = e^{-t/2} L_n(t)$$

であり, L_n の最初の数項は

$$L_0(t) = 1, \qquad\qquad L_1(t) = 1 - t,$$

[*25] $(e^{-t^2} H_n')' + 2n e^{-t^2} H_n = 0$ と表されることも多い.

[*26] ノルムは $\|x\|_{L_w^2} = \sqrt{(x,x)_{L_w^2}} = \sqrt{\int_{-\infty}^{\infty} x(t)^2 e^{-t^2}\, dt}$ である.

$$L_2(t) = 1 - 2t + \frac{1}{2}t^2, \qquad L_3(t) = 1 - 3t + \frac{3}{2}t^2 - \frac{1}{6}t^3,$$

$$L_4(t) = 1 - 4t + 3t^2 - \frac{2}{3}t^3 + \frac{1}{24}t^4,$$

$$L_5(t) = 1 - 5t + 5t^2 - \frac{5}{3}t^3 + \frac{5}{24}t^4 - \frac{1}{120}t^5$$

である．L_n は n 次の**ラゲール多項式**とよばれる．

定理 7.26　ラゲール多項式系を $\{L_n\}$ とし，

$$e_n(t) = L_n(t)e^{-t/2} \qquad (n = 0, 1, 2, \ldots)$$

とおく．このとき，$\{e_n\}$ は $L^2(0, \infty)$ の完全正規直交系である．

一般に，ラゲール多項式は

$$L_n(t) = \frac{e^t}{n!}\frac{d^n}{dt^n}(t^n e^{-t}) \tag{7.29}$$

と表せることが知られている．これも**ロドリーグの公式**という．L_n は**ラゲールの微分方程式**，すなわち，

$$tL_n'' + (1-t)L_n' + nL_n = 0 \tag{7.30}$$

を満たす[*27]．

➤**注意 7.27**　重み関数を $w(t)^2 = e^{-t}$ とした重みつき L^2 空間

$$L_w^2(0, \infty) := \left\{ x \ \middle| \ \begin{array}{l} x \text{ は } (0, \infty) \text{ 上の実数値ルベーグ可測関数で，} \\ \displaystyle\int_0^\infty |x(t)|^2 e^{-t}\, dt < \infty \end{array} \right\}$$

は $(x, y)_{L_w^2} = \displaystyle\int_0^\infty x(t)y(t)e^{-t}\, dt$ を内積としてヒルベルト空間になる．$L_w^2(0, \infty)$ において，$\{1, t, t^2, \ldots, t^n, \ldots\}$ にシュミットの直交化法を施すと完全正規直交系 $\{L_n\}_{n=0}^\infty$ を得る．

　ルジャンドル多項式，エルミート多項式，ラゲール多項式など，その系が適

[*27] $(te^{-t}L_n')' + ne^{-t}L_n = 0$ と表されることも多い．

当な（重みつき）L^2 空間において直交している多項式を総称して**直交多項式**という．それらが満たす微分方程式は，それぞれ脚注で述べたように，

$$(p(t)x')' + (q(t) + \lambda r(t))x = 0 \qquad (7.31)$$

という形をしている．(7.31) は**スツルム・リウビルの微分方程式**とよばれる．スツルム・リウビルの微分方程式を調べることにより，これらの直交多項式を統一的に研究することができる [*28].

7.3 ソボレフ空間 $W^{1,p}(a,b)$

■ 7.3.1 — ソボレフ空間とは

第 3 章でみたように，連続関数全体の空間 $C[a,b]$ はバナッハ空間であり，これを基礎の空間として，微分可能であってその導関数が再び $C[a,b]$ に属するような関数の空間 $C^1[a,b]$ を定義した．本節では，これと同様の展開を $L^p(a,b)$ で考える．すなわち，バナッハ空間 $L^p(a,b)$ を基礎の空間として，その "導関数" が再び $L^p(a,b)$ に属するような関数の空間としてソボレフ空間 $W^{1,p}(a,b)$ を定義する．そのために，通常の意味では微分可能でない $L^p(a,b)$ の関数に対する導関数（弱導関数）の概念を導入する．最後にソボレフ空間を微分方程式の境界値問題へ応用する．

■ 7.3.2 — 弱 導 関 数

区間 (a,b) は特に断りのない限り，任意の開区間とする（$a = -\infty$ や $b = \infty$ も許す）．また，関数はすべて実数値とする．

区間 (a,b) 上のルベーグ可測関数 x が**局所可積分**であるとは，任意の有界閉区間 $[\alpha, \beta] \subset (a,b)$ に対して，$\int_\alpha^\beta |x(t)|\, dt < \infty$ となることである．(a,b) 上の局所可積分関数全体の集合を $L^1_{\text{loc}}(a,b)$ で表す．$L^1_{\text{loc}}(a,b)$ においても，$L^p(a,b)$ と同様に，(a,b) 上でほとんど至るところ等しい関数を同一視する．

[*28] 例えば，柳田英二・栄伸一郎『常微分方程式論』（朝倉書店）の第 4 章や，草野 尚『境界値問題入門』（朝倉書店）の第 2 章を参照のこと．

(a, b) 上の連続関数は $L^1(a, b)$ に属するとは限らないが,任意の有界閉区間 $[\alpha, \beta] \subset (a, b)$ においては端点を含めて連続なので積分可能であるから,$C(a, b) \subset L^1_{\mathrm{loc}}(a, b)$ である [*29]. また,有界区間 $[\alpha, \beta]$ においては例題 7.7 から $L^p(\alpha, \beta) \subset L^1(\alpha, \beta)$ $(1 \leqq p \leqq \infty)$ であるので,$L^p(a, b) \subset L^1_{\mathrm{loc}}(a, b)$ である.このように,$L^1_{\mathrm{loc}}(a, b)$ は $C(a, b)$ や $L^p(a, b)$ $(1 \leqq p \leqq \infty)$ を含む大きな空間である.

$L^1_{\mathrm{loc}}(a, b)$ の関数に対して弱導関数を定義する.

定義 7.28（弱導関数） $x \in L^1_{\mathrm{loc}}(a, b)$ に対して,

$$\int_a^b x(t) \frac{d\varphi}{dt}(t)\, dt = -\int_a^b y(t)\varphi(t)\, dt \qquad (\forall \varphi \in C_0^\infty(a, b)) \tag{7.32}$$

を満たす関数 $y \in L^1_{\mathrm{loc}}(a, b)$ が存在するとき,この y を x の**弱導関数**,あるいは**弱微分**といい,x' で表す.また,φ を**テスト関数**という.

ここで,(7.32) に現れる $x, y \in L^1_{\mathrm{loc}}(a, b)$ は $L^1(a, b)$ に属するとは限らないが,$\varphi \in C_0^\infty(a, b)$ のおかげで $x\dfrac{d\varphi}{dt}, y\varphi \in L^1(a, b)$ であることに注意する.

$x \in L^1_{\mathrm{loc}}(a, b)$ に対して,弱導関数 x' が存在すれば,それはただ一つに定まる.また,$x \in C^1(a, b)$ であれば,弱導関数 x' が存在し,通常の意味の導関数 $\dfrac{dx}{dt}$ と一致する.これらの基本的事項は次の定理から導かれる.

定理 7.29（変分法の基本補題） $x \in L^1_{\mathrm{loc}}(a, b)$ が

$$\int_a^b x(t)\varphi(t)\, dt = 0 \qquad (\forall \varphi \in C_0^\infty(a, b)) \tag{7.33}$$

を満たすならば,$x(t) = 0$ (a.e. $t \in (a, b)$) である.

【証明】 ここでは特に $x \in L^p(a, b)$ $(1 < p < \infty)$ の場合に限って証明する [*30].

$x \in L^p(a, b)$ $(1 < p < \infty)$ とし,(7.33) を満たすとする.このとき $y := |x|^{p-2}x$ とおくと,p の共役指数を $q \in (1, \infty)$ とすれば $y \in L^q(a, b)$ である.実際,

---

[*29] 例えば,$1/t \in C(0, 1)$ は $1/t \notin L^1(0, 1)$ であるが $1/t \in L^1_{\mathrm{loc}}(0, 1)$ である.

[*30] 一般の $x \in L^1_{\mathrm{loc}}(a, b)$ の場合は,参考文献 [5] の定理 6.5,または [14] の定理 1.16 を参照のこと.

$$\int_a^b |y(t)|^q\,dt = \int_a^b |x(t)|^{(p-1)q}\,dt = \int_a^b |x(t)|^p\,dt < \infty$$

だからである. $C_0^\infty(a,b)$ は $L^q(a,b)$ で稠密であるから (定理 7.12), ある $\{\varphi_n\} \subset C_0^\infty(a,b)$ が存在して, $\|\varphi_n - y\|_{L^q} \to 0$ である. (7.33) において $\varphi = \varphi_n$ とすれば,

$$\int_a^b x(t)\varphi_n(t)\,dt = 0 \qquad (n = 1, 2, \ldots) \tag{7.34}$$

である. ここでヘルダーの不等式 (定理 7.2) より, $n \to \infty$ のとき

$$\left|\int_a^b x(t)\varphi_n(t)\,dt - \int_a^b x(t)y(t)\,dt\right| \leqq \int_a^b |x(t)||\varphi_n(t) - y(t)|\,dt$$
$$\leqq \|x\|_{L^p}\|\varphi_n - y\|_{L^q} \to 0$$

であるから, (7.34) で $n \to \infty$ とすれば $\int_a^b x(t)y(t)\,dt = 0$, すなわち $\int_a^b |x(t)|^p\,dt = 0$ を得る. したがって, 定理 6.3 により $x(t) = 0$ (a.e. $t \in (a,b)$) である. ∎

変分法の基本補題 (定理 7.29) を用いて, 弱導関数の一意性を示す. $x \in L^1_{\mathrm{loc}}(a,b)$ に対して, 二つの弱導関数 $x_1', x_2' \in L^1_{\mathrm{loc}}(a,b)$ が存在したとする. このとき, 弱導関数の定義から,

$$\int_a^b x_1'(t)\varphi(t)\,dt = -\int_a^b x(t)\frac{d\varphi}{dt}(t)\,dt = \int_a^b x_2'(t)\varphi(t)\,dt \quad (\forall\varphi \in C_0^\infty(a,b))$$

が成り立つ. 左辺と右辺から特に,

$$\int_a^b (x_1'(t) - x_2'(t))\varphi(t)\,dt = 0 \qquad (\forall\varphi \in C_0^\infty(a,b))$$

が成り立つ. よって変分法の基本補題により, (a,b) において $x_1'(t) = x_2'(t)$ (a.e. $t \in (a,b)$) である. したがって, $x_1' = x_2'$ である.

また, $x \in C^1(a,b)$ であれば, 弱導関数 x' は通常の意味の導関数 $\frac{dx}{dt}$ に一致する. 実際, 弱導関数の定義から,

$$-\int_a^b x'(t)\varphi(t)\,dt = \int_a^b x(t)\frac{d\varphi}{dt}(t)\,dt \qquad (\forall \varphi \in C_0^\infty(a,b))$$

であるが，$x \in C^1(a,b)$ のとき右辺は部分積分できて，

$$\int_a^b x(t)\frac{d\varphi}{dt}(t)\,dt = \Big[x(t)\varphi(t)\Big]_a^b - \int_a^b \frac{dx}{dt}(t)\varphi(t)\,dt = -\int_a^b \frac{dx}{dt}(t)\varphi(t)\,dt$$

となる*31．ここで，$\varphi \in C_0^\infty(a,b)$ は境界 a,b の近傍で 0 であるから，$[x(t)\varphi(t)]_a^b$ の項は境界付近での x の挙動によらず 0 であることに注意する．よって，

$$\int_a^b \left(x'(t) - \frac{dx}{dt}(t)\right)\varphi(t)\,dt = 0 \qquad (\forall \varphi \in C_0^\infty(a,b))$$

である．ゆえに変分法の基本補題により，$x' = \dfrac{dx}{dt}$ である．特に $\dfrac{dx}{dt} \in C(I)$ だから，$x' \in C(a,b)$ とみなしてよい*32．

特に混乱の恐れがない限り，これ以降は C^1 級の関数 x の導関数 $\dfrac{dx}{dt}$ も x' で表すことにする．

■ 7.3.3 ── $W^{1,p}(a,b)$ の定義

ソボレフ空間 $W^{1,p}(a,b)$ を定義する．$x \in L^p(a,b)$ とする．$L^p(a,b) \subset L^1_{\mathrm{loc}}(a,b)$ であったから，x の弱導関数が存在するかどうかの議論が可能である．そこで，弱導関数 x' が存在し，さらに $x' \in L^p(a,b)$ であるような x 全体の集合を $W^{1,p}(a,b)$ で表す：$1 \le p \le \infty$ に対して

$$W^{1,p}(a,b) := \{x \in L^p(a,b) \mid x' \in L^p(a,b)\}.$$

例 7.30 (a,b) を有界区間とする．このとき，$x \in C^1[a,b]$ であれば $x \in W^{1,p}(a,b)$ である．実際，$x \in C^1[a,b]$ ならば $x, x' \in C[a,b] \subset L^p(a,b)$ だからである．

---

*31 この考察から，弱導関数の定義式 (7.32) は部分積分（積の微分）を背景としていることがわかる．

*32 x' は $L^1_{\mathrm{loc}}(a,b)$ の元だから，厳密には局所可積分関数の同値類である（注意 7.4）．その代表元として $\frac{dx}{dt} \in C(a,b)$ を選べるということ．

例題 7.31 $x(t) = (|t| + t)/2$ は $x \in W^{1,p}(-1,1)$ $(1 \le p \le \infty)$ であり, かつ $x' = H$ であることを証明せよ. ここで, H は

$$H(t) = \begin{cases} 1 & (0 < t < 1), \\ 0 & (-1 < t < 0) \end{cases}$$

で定義される関数である [*33].

[解] $x \in C[-1,1]$ だから $x \in L^p(-1,1)$ である. 任意の $\varphi \in C_0^\infty(-1,1)$ に対して

$$\int_{-1}^1 x(t)\varphi'(t)\,dt = \int_{-1}^0 0 \cdot \varphi'(t)\,dt + \int_0^1 t \cdot \varphi'(t)\,dt$$

$$= \Big[t\varphi(t)\Big]_0^1 - \int_0^1 \varphi(t)\,dt = -\int_0^1 \varphi(t)\,dt = -\int_{-1}^1 H(t)\varphi(t)\,dt$$

である. 明らかに $H \in L^1_{\mathrm{loc}}(-1,1)$ であるから, x の弱導関数 x' は存在し $x' = H$ である. さらに $H \in L^p(-1,1)$ であるので, $x \in W^{1,p}(-1,1)$ が示された. $\square$

例題 7.31 は平たくいうと次のことをいっている：$x(t) = (|t| + t)/2$ は通常の意味では $(-1,1)$ で（特に $t = 0$ で）微分可能ではないが, 微分できないところは無視できてその導関数はほぼ H である（図 7.2）. しかし, 一般には話はそう単純ではない. 例えば, H の弱導関数は 0 になるかというとそうではなく, そもそも H は弱導関数をもたないのである（問題 7.13）. この例からわかるよう

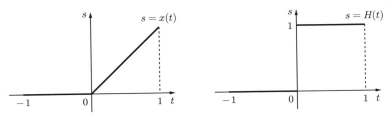

図 7.2 $x(t) = (|t| + t)/2$ とその弱導関数 H

[*33] H は**ヘビサイド関数**とよばれる. H の $t = 0$ における値は定義しなくてもよいし, あるいはどのような値に定義してもよい. いずれにしても $L^1_{\mathrm{loc}}(-1,1)$ の関数としては同じである.

に，弱導関数が存在するにはそれなりの連続性が必要である．

$W^{1,p}(a,b)$ は $L^p(a,b)$ の部分空間であるが閉部分空間ではなく，$L^p(a,b)$ の
ノルムに関しては完備ではない．そこで，$W^{1,p}(a,b)$ のノルムを（弱導関数の
情報も加えて）

$$\|x\|_{W^{1,p}} := \begin{cases} (\|x\|_{L^p}^p + \|x'\|_{L^p}^p)^{1/p} & (1 \leqq p < \infty), \\ \max\{\|x\|_{L^\infty}, \|x'\|_{L^\infty}\} & (p = \infty) \end{cases}$$

で定義すると *34，$W^{1,p}(a,b)$ はノルム空間となり，次の定理が成り立つ．

定理 7.32　$W^{1,p}(a,b) = (W^{1,p}(a,b), \|\cdot\|_{W^{1,p}})$ $(1 \leqq p \leqq \infty)$ は完備，し
たがって，バナッハ空間である．

【証明】　$\{x_n\} \subset W^{1,p}(a,b)$ をコーシー列とする：$\|x_m - x_n\|_{W^{1,p}} \to 0$ $(m, n \to \infty)$．このとき $\|x_m - x_n\|_{L^p} \to 0$, $\|x'_m - x'_n\|_{L^p} \to 0$ となるので，$\{x_n\}, \{x'_n\}$
は $L^p(a,b)$ のコーシー列である．$L^p(a,b)$ は完備なので，ある $x, y \in L^p(a,b)$
が存在し，

$$\|x_n - x\|_{L^p} \to 0, \quad \|x'_n - y\|_{L^p} \to 0 \qquad (n \to \infty) \tag{7.35}$$

である *35．ところで，弱微分の定義から

$$\int_a^b x_n(t)\varphi'(t)\, dt = -\int_a^b x'_n(t)\varphi(t)\, dt \qquad (\forall \varphi \in C_0^\infty(a,b)) \tag{7.36}$$

が成り立っている．ヘルダーの不等式 (7.1) と (7.35) により，$n \to \infty$ のとき

$$\left| \int_a^b x_n(t)\varphi'(t)\, dt - \int_a^b x(t)\varphi'(t)\, dt \right| \leqq \|x_n - x\|_{L^p} \|\varphi'\|_{L^q} \to 0,$$

$$\left| \int_a^b x'_n(t)\varphi(t)\, dt - \int_a^b y(t)\varphi(t)\, dt \right| \leqq \|x'_n - y\|_{L^p} \|\varphi\|_{L^q} \to 0$$

（q は p の共役指数）だから *36，(7.36) の両辺で $n \to \infty$ とすると，

---

*34 $(a^p + b^p)^{1/p} \to \max\{a, b\}$ $(p \to \infty)$ であるから，この場合分けは自然である．
*35 この時点ではまだ $y = x'$ とはいえない．
*36 テスト関数 φ は $\varphi, \varphi' \in C_0^\infty(a,b)$ だから，もちろん $\varphi, \varphi' \in L^q(a,b)$ である．

$$\int_a^b x(t)\varphi'(t)\,dt = -\int_a^b y(t)\varphi(t)\,dt \qquad (\forall \varphi \in C_0^\infty(a,b)) \tag{7.37}$$

を得る．よって，弱導関数の定義から $x' = y$ であり，かつ $y \in L^p(a,b)$ であるから $x \in W^{1,p}(a,b)$ である．またこのとき，(7.35) より $\|x_n - x\|_{W^{1,p}} \to 0\ (n \to \infty)$ であるから $\{x_n\}$ は収束列である． ∎

■ 7.3.4 — $W^{1,p}(a,b)$ から $C[a,b]$ への埋め込み

> **定理 7.33**　$I = (a,b)$ を有界または非有界区間とし，$x \in W^{1,p}(I)\ (1 \leqq p \leqq \infty)$ とする．このとき，$\tilde{x} \in C(\overline{I})$ が存在して，
>
> $$x(t) = \tilde{x}(t) \qquad (\text{a.e. } t \in I)$$
>
> であり，かつ
>
> $$\tilde{x}(t) - \tilde{x}(s) = \int_s^t x'(u)\,du \qquad (\forall s, t \in \overline{I}) \tag{7.38}$$
>
> が成り立つ．

　証明する前にこの定理の意味を説明しておく．簡単のため $I = (a,b)$ は有界区間であるとする（したがって $\overline{I} = [a,b]$ である）．定理 7.33 は，$W^{1,p}(a,b)$ の関数 x を適当な零集合上で値を修正して連続関数 $\tilde{x}$ にできることを主張している[*37]．これはソボレフ空間の関数がもつ弱導関数の積分可能性から得られることであり，単なるルベーグ空間の関数では一般に得られない性質である．零集合上で修正を加えても $W^{1,p}(a,b)$ の関数としては変わらないから，$W^{1,p}(a,b)$ の関数 x は $C[a,b]$ の関数 $\tilde{x}$ と同一視できる．今後は特に断りなくこの同一視を行う．この同一視により，$W^{1,p}(a,b)$ の関数 x に対して，$[a,b]$ 内のすべての t に対して関数の値 $x(t)$ が意味をもつこと，特に端点での値 $x(a), x(b)$ が意味をもつことに注意する．

【証明】　$x \in W^{1,p}(I)$ とする．任意の $c \in I$ をとり，$y(t) = \int_c^t x'(u)\,du\ (t \in \overline{I})$

[*37] $W^{1,p}(a,b)$ の元は厳密には関数の同値類であったから，ここで述べていることは，$[a,b]$ 上の連続関数を代表元としてとれるということ．

とおく．このとき，定理 6.15 により $y \in C(\overline{I})$ である．また，任意の $\varphi \in C_0^\infty(I)$ に対して，フビニ・トネリの定理（定理 6.17）より，

$$
\begin{aligned}
\int_a^b y(t)\varphi'(t)\,dt &= \int_a^b \left(\int_c^t x'(u)\,du \right) \varphi'(t)\,dt \\
&= \int_a^c \int_c^t x'(u)\varphi'(t)\,du\,dt + \int_c^b \int_c^t x'(u)\varphi'(t)\,du\,dt \\
&= \int_a^c \int_u^a x'(u)\varphi'(t)\,dt\,du + \int_c^b \int_u^b x'(u)\varphi'(t)\,dt\,du \\
&= -\int_a^c x'(u)\varphi(u)\,du - \int_c^b x'(u)\varphi(u)\,du \\
&= -\int_a^b x'(u)\varphi(u)\,du = \int_a^b x(u)\varphi'(u)\,du
\end{aligned}
$$

である．よって，任意の $\varphi \in C_0^\infty(I)$ に対して，

$$
\int_a^b (x(t) - y(t))\varphi'(t)\,dt = 0 \tag{7.39}
$$

が成り立つ．

$\displaystyle\int_a^b z(t)\,dt = 1$ となる $z \in C_0^\infty(I)$ をとる [*38]．このとき，任意の $\psi \in C_0^\infty(I)$ に対して，ある $\varphi \in C_0^\infty(I)$ が存在し，$\varphi'(t) = \psi(t) - \left(\int_a^b \psi(u)\,du \right) z(t)$ である．実際，右辺の関数を $r(t)$ とおくと，$r \in C_0^\infty(I)$, $\int_a^b r(t)\,dt = 0$ なので $\varphi(t) = \int_a^t r(u)\,du$ とすればよい．(7.39) にこの φ を代入し，$h(t) = x(t) - y(t)$ とおくと，

$$
\begin{aligned}
0 &= \int_a^b h(t) \left(\psi(t) - \left(\int_a^b \psi(u)\,du \right) z(t) \right) dt \\
&= \int_a^b h(t)\psi(t)\,dt - \left(\int_a^b \psi(u)\,du \right) \int_a^b h(t)z(t)\,dt
\end{aligned}
$$

[*38] 例えば $I = (-\infty, \infty)$ であれば，$w(t) = e^{-1/(1-t^2)}$ ($|t| < 1$), $= 0$ ($|t| \geqq 1$) として，$z(t) = w(t)/\|w\|_{L^1}$ とすればよい．一般の区間 I に対しては，w を適当に拡大縮小し平行移動すればよい．

$$= \int_a^b h(t)\psi(t)\,dt - \left(\int_a^b \psi(t)\,dt\right)\int_a^b h(u)z(u)\,du$$

$$= \int_a^b \left(h(t) - \int_a^b h(u)z(u)\,du\right)\psi(t)\,dt$$

を得る. $\psi \in C_0^\infty(I)$ は任意だったから，変分法の基本補題（定理 7.29）より，
$h(t) - \int_a^b h(u)z(u)\,du = 0$ (a.e. $t \in I$)，すなわち，

$$x(t) = y(t) + \int_a^b h(u)z(u)\,du \qquad (\text{a.e. } t \in I)$$

が成り立つ. 右辺において $y \in C(\overline{I})$ であり積分項は定数であるから，この右辺を $\tilde{x}(t)$ とすればよい. さらにこのとき，任意の $s,t \in \overline{I}$ に対して，

$$\tilde{x}(t) - \tilde{x}(s) = y(t) - y(s) = \int_s^t x'(u)\,du$$

となる. ∎

➤**注意 7.34**　逆に連続関数が常に $W^{1,p}(a,b)$ の元とみなせるとは限らない. 実は $W^{1,p}(a,b)$ の関数は（任意の有界部分区間において）普通の連続性よりも強い連続性（絶対連続性）をもつのである（問題 7.14）. ここで関数 x が $[a,b]$ で**絶対連続**であるとは，任意の $\varepsilon > 0$ に対して，ある $\delta > 0$ が存在し，任意の有限個の交わらない区間の列 $\{(\alpha_k,\beta_k)\}_{k=1}^n$ が，$\sum_{k=1}^n (\beta_k - \alpha_k) < \delta$ を満たすならば $\sum_{k=1}^n |x(\beta_k) - x(\alpha_k)| < \varepsilon$ であることをいう.

　さて，$W^{1,p}(I)$ の関数は $C(\overline{I})$ の関数とみなして，$W^{1,p}(I) \subset C(\overline{I})$ と考えてよい. これだけだと単に部分集合であるというだけだが，さらに $W^{1,p}(I)$ において互いに近い二つの関数は，$C(\overline{I})$ においても近いことがわかる. このことを正確に述べるための用語を準備する.

　X, Y をバナッハ空間とし，$X \subset Y$ とする. $x \in X$ に対して $x \in Y$（Y の元としての x）を対応させる作用素 J ($Jx = x$) を，X から Y への（自然な）**埋め込み作用素**という [*39]. X から Y への埋め込み作用素 J が連続（有界）である

[*39] 埋め込み作用素とは，例えば X を勤労学生の集合，Y を労働者の集合としたとき，学生としての $x \in X$ に，アルバイト社員としての $Jx = x \in Y$ を対応させるような作用素である. 人としては同じ x だが環境（空間）が異なれば立場も変わることに注意せよ.

とき，すなわち $(\|Jx\|_Y =) \|x\|_Y \leqq C\|x\|_X$ $(\forall x \in X)$ が成り立つとき，X は Y に**連続的に埋め込まれる**といい，$X \hookrightarrow Y$ で表す．X から Y への埋め込み作用素 J がコンパクトであるとき，すなわち X の有界列が Y で収束する部分列を含むとき，X は Y に**コンパクトに埋め込まれる**といい，$X \hookrightarrow\hookrightarrow Y$ で表す．

埋め込み定理とよばれる定理の一つを紹介する [*40]．

> **定理 7.35** 区間 (a, b) を有界とする．このとき，次が成り立つ．
> (1) $W^{1,p}(a, b) \hookrightarrow C[a, b]$ $(1 \leqq p \leqq \infty)$
> (2) $W^{1,p}(a, b) \hookrightarrow\hookrightarrow C[a, b]$ $(1 < p \leqq \infty)$

【証明】 (1) $x \in W^{1,p}(a, b)$ に対して，$\overline{x} = \dfrac{1}{b-a} \displaystyle\int_a^b x(s)\, ds$ とおく [*41]．このとき，定理 7.33 より，任意の $t \in [a, b]$ に対して，

$$|x(t) - \overline{x}| = \frac{1}{b-a}\left|\int_a^b (x(t) - x(s))\, ds\right| = \frac{1}{b-a}\left|\int_a^b \int_s^t x'(u)\, du\, ds\right|$$
$$\leqq \frac{1}{b-a}\int_a^b \left|\int_s^t |x'(u)|\, du\right| ds \qquad (7.40)$$

が成り立つ．

$1 < p < \infty$ の場合を考える．$s \leqq t$ のときはヘルダーの不等式 (7.1) より，

$$\int_s^t |x'(u)|\, du \leqq \left(\int_s^t |x'(u)|^p\, du\right)^{1/p} \left(\int_s^t 1^q\, du\right)^{1/q} dt \leqq (b-a)^{1/q}\|x'\|_{L^p}$$

(q は p の共役指数) であり，$t < s$ のときは s と t を入れ替えた不等式が成り立つから，結局，

$$\left|\int_s^t |x'(u)|\, du\right| \leqq (b-a)^{1/q}\|x'\|_{L^p} \qquad (s, t \in [a, b]) \qquad (7.41)$$

である．よって，(7.40) から

$$|x(t) - \overline{x}| \leqq (b-a)^{1/q}\|x'\|_{L^p} \qquad (t \in [a, b])$$

を得る．これと

[*40] 他の埋め込み定理については例えば，参考文献 [13], [14] を参照のこと．

[*41] 以下の x は定理 7.33 の $\tilde{x} \in C[a, b]$ と同一視しているが，いちいち断らない．

$$|\overline{x}| \leqq \frac{1}{b-a} \int_a^b |x(s)|\,ds \leqq (b-a)^{1/q-1}\|x\|_{L^p}$$

から，ある定数 $C > 0$ が存在して

$$|x(t)| \leqq |\overline{x}| + (b-a)^{1/q}\|x'\|_{L^p} \leqq C\|x\|_{W^{1,p}} \qquad (t \in [a,b]) \qquad (7.42)$$

が成り立つ．$p = 1, \infty$ の場合は，(7.40) からヘルダーの不等式を用いずに直接 (7.41)（ただし $p = 1$ のときは $1/q = 0$ とし，$p = \infty$ のときは $q = 1$ とする）が得られ，やはり (7.42) が成り立つ．ゆえにいずれの場合も $\|x\|_C \leqq C\|x\|_{W^{1,p}}$ となるから，この埋め込みは連続であることが示された．

(2) $\{x_n\} \subset W^{1,p}(a,b)$ を有界列とする：$\|x_n\|_{W^{1,p}} \leqq M$ $(n = 1, 2, \ldots)$．$\{x_n\}$ は連続関数の列とみなせるから，アスコリ・アルツェラの定理（定理 2.22）を用いて，$\{x_n\}$ が $C[a,b]$ で収束する部分列を含むことを示せばよい．

まず一様有界性は，(1) の議論において x を x_n に置き換えると，(7.42) から $|x_n(t)| \leqq C\|x_n\|_{W^{1,p}} \leqq CM$ $(t \in [a,b])$ が得られる．右辺は n に無関係な定数なので，これで $\{x_n\}$ は一様有界であることが示された [42]．次に同程度連続性を示す．$1 < p \leqq \infty$ だから，p の共役指数 $q \in [1, \infty)$ が存在する．よって定理 7.33 を用いたあと，(7.41) と同様にして，

$$|x_n(t) - x_n(s)| \leqq \left| \int_s^t |x_n'(u)|\,du \right| \leqq \|x_n'\|_{L^p}|t-s|^{1/q} \qquad (s, t \in [a,b])$$

が示せるので，

$$|x_n(t) - x_n(s)| \leqq M|t-s|^{1/q} \qquad (s, t \in [a,b]) \qquad (7.43)$$

を得る [43]．これより，任意の $\varepsilon > 0$ に対して，$\delta = (\varepsilon/M)^q > 0$ ととれば，$|t-s| < \delta$ ならば $|x_n(t) - x_n(s)| \leqq M\delta^{1/q} = \varepsilon$ $(\forall n)$ となる．ゆえに $\{x_n\}$ は同程度連続である．以上から，アスコリ・アルツェラの定理により，$[a,b]$ 上で一様収束する部分列 $\{x_{n_k}\}$ が存在する：$\|x_{n_k} - x\|_C = \max_{x \in [a,b]} |x_{n_k}(t) - x(t)| \to 0$．したがって，$W^{1,p}(a,b) \hookrightarrow C[a,b]$ である．∎

---

[42] よって一様有界性は $p = 1$ でも成り立つ．

[43] x_n は $1/q$ 次**ヘルダー連続**であるという．特に $q = 1$ のときは**リプシッツ連続**であるという．

■ 7.3.5 — $W_0^{1,p}(a,b)$ の定義

$W^{1,p}(a,b)$ の重要な部分空間である $W_0^{1,p}(a,b)$ を定義する．$C_0^\infty(a,b) \subset W^{1,p}(a,b)$ であることに注意して，$W^{1,p}(a,b)$ における $C_0^\infty(a,b)$ の閉包を $W_0^{1,p}(a,b)$ で表す：

$$W_0^{1,p}(a,b) := \overline{C_0^\infty(a,b)}^{W^{1,p}}.$$

$W_0^{1,p}(a,b)$ は $W^{1,p}(a,b)$ の閉部分空間であり，$W^{1,p}(a,b)$ と同じノルムによりバナッハ空間になる．

➤**注意 7.36**　一般には $W_0^{1,p}(a,b) \neq W^{1,p}(a,b)$ であるが，$W_0^{1,p}(\mathbb{R}) = W^{1,p}(\mathbb{R})$ である．これは $W^{1,p}(\mathbb{R})$ において $C_0^\infty(\mathbb{R})$ が稠密であることから従う [*44]．直観的には，$W^{1,p}(\mathbb{R})$ の関数 x は x, x' がともに積分可能性から遠方で 0 に近い値をとるので，$C_0^\infty(\mathbb{R})$ の関数で近似できると考えればよい．

> **例題 7.37**　$1 \leq p \leq \infty$ とし，区間 (a,b) を有界とする．このとき，$x \in W_0^{1,p}(a,b)$ ならば $x(a) = x(b) = 0$ である [*45]．これを証明せよ．

[**解**]　$x \in W_0^{1,p}(a,b)$ とする．定義より，$C_0^\infty(a,b)$ の点列 $\{x_n\}$ で $\|x_n - x\|_{W^{1,p}} \to 0$ となるものが存在する．よって，$W^{1,p}(a,b) \hookrightarrow C[a,b]$（定理 7.35）より $\|x_n - x\|_C \to 0$ であるので，$\{x_n\}$ は $[a,b]$ で x に一様収束する．特に $x_n(a) \to x(a)$，$x_n(b) \to x(b)$ である．$x_n(a) = x_n(b) = 0$ $(n = 1,2,\dots)$ であるから，$x(a) = x(b) = 0$ でなくてはならない．　□

> **例題 7.38（ポアンカレの不等式）**　$1 \leq p \leq \infty$ とし，区間 (a,b) を有界とする．このとき，ある定数 $C > 0$ が存在して，任意の $x \in W_0^{1,p}(a,b)$ に対し
>
> $$\|x\|_{L^p} \leq C\|x'\|_{L^p} \qquad (7.44)$$

[*44] 証明は参考文献 [13] の定理 VIII.6 を参照のこと．
[*45] 定理 7.33 の記号を用いると，$\tilde{x}(a) = \tilde{x}(b) = 0$ ということ．ここでは x をこの $\tilde{x}$ と同一視している．

が成り立つことを証明せよ [*46].

[**解**] $x \in W_0^{1,p}(a,b)$ とする. 例題 7.37 より $x(a) = 0$ であることに注意する. このとき, 定理 7.33 より, 任意の $t \in (a,b)$ に対して,

$$|x(t)| = |x(t) - x(a)| = \left| \int_a^t x'(u)\, du \right| \leqq \int_a^t |x'(u)|\, du \qquad (7.45)$$

である. $1 < p < \infty$ の場合は, q を p の共役指数とすると, (7.45) より

$$|x(t)| \leqq \left(\int_a^x 1^q\, du \right)^{1/q} \left(\int_a^t |x'(u)|^p\, du \right)^{1/p} \leqq (t-a)^{1/q} \|x'\|_{L^p}$$

であるから,

$$\|x\|_{L^p} \leqq \left(\int_a^b (t-a)^{p/q}\, dt \right)^{1/p} \|x'\|_{L^p} = \frac{b-a}{p^{1/p}} \|x'\|_{L^p}$$

である. $p = 1, \infty$ の場合は, ヘルダーの不等式を用いず (7.45) から直ちに $\|x\|_{L^p} \leqq (b-a)\|x'\|_{L^p}$ が得られる.   □

➢**注意 7.39** $W^{1,p}(a,b)$ のノルムの定義とポアンカレの不等式より, 任意の $x \in W_0^{1,p}(a,b)$ に対して

$$\|x'\|_{L^p} \leqq \|x\|_{W^{1,p}} \leqq (C^p + 1)^{1/p} \|x'\|_{L^p} \qquad (7.46)$$

が成り立つ. したがって $W_0^{1,p}(a,b)$ においては, ノルム $\|x\|_{W^{1,p}}$ とノルム $\|x'\|_{L^p}$ は同値である. これにより $W_0^{1,p}(a,b)$ のノルムとして, $\|x\|_{W^{1,p}}$ の代わりに $\|x'\|_{L^p}$ を採用してもバナッハ空間になることがわかる.

バナッハ空間 $L^p(a,b)$ は $p = 2$ の場合に限りヒルベルト空間であった(定理 7.15). これと同様に, $W^{1,p}(a,b)$ も $p = 2$ の場合に限りヒルベルト空間である. すなわち, $W^{1,2}(a,b)$, $W_0^{1,2}(a,b)$ はともに,

---

[*46] ポアンカレの不等式 (7.44) の定数 C は小さいほど不等式として精密であるが, これをどこまで小さくできるかという問いは大変重要である. そのような C は (7.44) の**最適定数**とよばれ, $C^{-p} = \inf_{x \in W_0^{1,p}(a,b),\ x \neq 0} \frac{\|x'\|_{L^p}^p}{\|x\|_{L^p}^p}$ で与えられる. この右辺の値は本章の最後で述べる変分法によって, ある 2 階非線形微分作用素(負の p ラプラシアン)の最小固有値として特徴づけられる.

$$(x, y)_{H^1} := (x, y)_{L^2} + (x', y')_{L^2} = \int_a^b x(t)y(t)\,dt + \int_a^b x'(t)y'(t)\,dt$$

を内積としてヒルベルト空間になる．このヒルベルト空間をそれぞれ $H^1(a,b)$，$H_0^1(a,b)$ で表す．この内積から導かれたノルムは

$$\|x\|_{H^1} = \sqrt{(x,x)_{H^1}} = \sqrt{\|x\|_{L^2}^2 + \|x'\|_{L^2}^2}$$

であり，$\|x\|_{W^{1,2}}$ と一致する．

▌7.3.6 — $W^{1,p}(a,b)$ と $W_0^{1,p}(a,b)$ の一般化

高階の弱導関数について簡単に述べておく．

定義 7.40　$m \in \mathbb{N}$ とする．$x \in L_{\mathrm{loc}}^1(a,b)$ に対して，

$$\int_a^b x(t)\frac{d^m \varphi}{dt^m}(t)\,dt = (-1)^m \int_a^b y(t)\varphi(t)\,dt \qquad (\forall \varphi \in C_0^\infty(a,b))$$

を満たす関数 $y \in L_{\mathrm{loc}}^1(a,b)$ が存在するとき，この y を x の **m 階弱導関数**，あるいは **m 階弱微分**といい，$x^{(m)}$ で表す．

$m = 1$ の場合と同様に，C^m 級の関数 x に対しては，弱導関数 $x^{(m)}$ は通常の m 階導関数 $\dfrac{d^m x}{dt^m}$ と等しくなる．

ソボレフ空間 $W^{m,p}(a,b)$ を定義する．$x \in L^p(a,b)$ について，すべての $k = 1, 2, \ldots, m$ に対して，k 階弱導関数 $x^{(k)}$ が存在し，かつ $x^{(k)} \in L^p(a,b)$ であるような x 全体の集合を $W^{m,p}(a,b)$ で表す：$1 \leqq p \leqq \infty$ に対して

$$W^{m,p}(a,b) := \{ x \in L^p(a,b) \mid x^{(k)} \in L^p(a,b) \ (1 \leqq k \leqq m) \}^{*47}.$$

$W^{m,p}(a,b)$ は $L^p(a,b)$ の部分空間であるが閉部分空間ではないので，$L^p(a,b)$ のノルムに関しては完備ではない．そこで，$W^{m,p}(a,b)$ のノルムを

$$\|x\|_{W^{m,p}} := \begin{cases} \left(\displaystyle\sum_{k=0}^m \|x^{(k)}\|_{L^p}^p \right)^{1/p} & (1 \leqq p < \infty), \\[2mm] \displaystyle\max_{0 \leqq k \leqq m} \|x^{(k)}\|_{L^\infty} & (p = \infty) \end{cases}$$

---

*47 $W^{m,p}(a,b) := \{ x \in W^{m-1,p}(a,b) \mid x' \in W^{m-1,p}(a,b) \}$ と帰納的に定義してもよい．ただし，$W^{0,p}(a,b) := L^p(a,b)$ とする．

（ただし，$x^{(0)} := x$）で定義すると，$W^{m,p}(a,b)$ はノルム空間となり，次の定理が成り立つ．証明は定理 7.32 と同様である（問題 7.15）．

定理 7.41　$W^{m,p}(a,b) = (W^{m,p}(a,b), \|\cdot\|_{W^{m,p}})$ $(m \in \mathbb{N}, \ 1 \leqq p \leqq \infty)$ は完備，したがって，バナッハ空間である．

$W_0^{1,p}(a,b)$ と同様に，$W_0^{m,p}(a,b)$ を定義しておく．$C_0^\infty(a,b) \subset W^{m,p}(a,b)$ であることに注意して，$W^{m,p}(a,b)$ における $C_0^\infty(a,b)$ の閉包を $W_0^{m,p}(a,b)$ で表す：

$$W_0^{m,p}(a,b) := \overline{C_0^\infty(a,b)}^{W^{m,p}}.$$

$W_0^{m,p}(a,b)$ は $W^{m,p}(a,b)$ の閉部分空間であり，$W^{m,p}(a,b)$ と同じノルムによりバナッハ空間である．

➤**注意 7.42**　一般に $W_0^{m,p}(a,b) \neq W^{m,p}(a,b)$ だが，$W_0^{m,p}(\mathbb{R}) = W^{m,p}(\mathbb{R})$ である．

$W^{m,2}(a,b)$，$W_0^{m,2}(a,b)$ は内積

$$(x,y)_{H^m} := \sum_{k=0}^m (x^{(k)}, y^{(k)})_{L^2}$$

によってヒルベルト空間となる．このヒルベルト空間をそれぞれ $H^m(a,b)$，$H_0^m(a,b)$ で表す．この内積から導かれたノルムは

$$\|x\|_{H^m} = \sqrt{(x,x)_{H^m}} = \sqrt{\sum_{k=0}^m \|x^{(k)}\|_{L^2}^2}$$

であり，$\|x\|_{W^{m,2}}$ と一致する．

定理 7.35 の拡張として，(a,b) を有界区間とするとき，$u \in W_0^{m,p}(a,b)$ は $C^{m-1}[a,b]$ の関数とみなすことができ，連続な埋め込み $W^{m,p}(a,b) \hookrightarrow C^{m-1}[a,b]$ $(m=1,2,\ldots, \ 1 \leqq p \leqq \infty)$ とコンパクトな埋め込み $W^{m,p}(a,b) \hookrightarrow\hookrightarrow C^{m-1}[a,b]$ $(m=1,2,\ldots, \ 1 < p \leqq \infty)$ が成り立つ．また，例題 7.37 と同様に，$x^{(k)}(a) = x^{(k)}(b) = 0$ $(0 \leqq k \leqq m-1)$ であることが証明できる．

本節では主に $\mathbb{R}$ の区間 (a,b) におけるソボレフ空間を扱ったが，$\mathbb{R}^n$ $(n \geqq 2)$ の領域 Ω におけるソボレフ空間 $W^{m,p}(\Omega)$ も同様に定義される．しかし，$n=1$

で成り立つことが $n \geqq 2$ でもすべて成り立つわけではないので注意が必要である．例えば，$\Omega \subset \mathbb{R}^2$ をなめらかな境界をもつ有界開集合とするとき，$x \in H^1(\Omega)$ だが $x \notin L^\infty(\Omega)$ であるような x の例がつくれる（一方，$n = 1$ のときは $H^1(a,b) \subset C[a,b] \subset L^\infty(a,b)$ であった）．一般に次元 n が 2 以上になると埋め込みは $\Omega \subset \mathbb{R}^n$ の境界のなめらかさに依存し，大まかにいえば次元 n が高いほど，そして微分可能性を示す m や積分可能性を示す p が小さいほど，$W^{m,p}(\Omega)$ を埋め込める空間の位相は弱くなる [*48]．

7.4　境界値問題への応用

■ 7.4.1 —— 微分方程式の弱解

(a,b) を有界区間とする．$p, q \in C[a,b]$ を与えられた関数とし，$p(t) \geqq 0$ ($t \in [a,b]$) とする．このとき，実数値関数 x を未知関数とする，斉次ディリクレ境界条件 [*49]を課した次の境界値問題を考える [*50]：

$$\begin{cases} -x'' + p(t)x = q(t) & (t \in (a,b)), \\ x(a) = x(b) = 0. \end{cases} \tag{7.47}$$

(7.47) を満たす $x \in C^2[a,b]$ を (7.47) の**古典解**とよぶことにする．x を (7.47) の古典解としよう．任意の $\varphi \in C_0^\infty(a,b)$ をとり，(7.47) の方程式の両辺に掛けて積分する．特に左辺第 1 項は，部分積分のあと $\varphi(a) = \varphi(b) = 0$ に注意し，

$$-\int_a^b x'' \varphi \, dt = -\Big[x' \varphi \Big]_a^b + \int_a^b x' \varphi' \, dt = \int_a^b x' \varphi' \, dt$$

となる．よって，

[*48] 荒っぽくいうと $W^{m,p}(\Omega)$ は $m - n/p$ という数が大きい空間ほど位相が強く，小さいほど位相が弱いといえる．詳細は参考文献 [13] の第 IX 章や [14] を参照のこと．

[*49] 境界上での関数の値を指定する条件を**ディリクレ境界条件**という．また境界上での関数の微分の値を指定する条件を**ノイマン境界条件**という．

[*50] 便宜上，与えられた p, q 以外の関数については変数の "(t)" を省略する．

7.4 境界値問題への応用 *259*

$$\int_a^b x'\varphi' \, dt + \int_a^b p(t)x\varphi \, dt = \int_a^b q(t)\varphi \, dt \qquad (\forall \varphi \in C_0^\infty(a,b)) \qquad (7.48)$$

を得る. さらに $H_0^1(a,b) = \overline{C_0^\infty(a,b)}^{H^1}$ であるから,

$$\int_a^b x'\varphi' \, dt + \int_a^b p(t)x\varphi \, dt = \int_a^b q(t)\varphi \, dt \qquad (\forall \varphi \in H_0^1(a,b)) \qquad (7.49)$$

が成り立つ（問題 7.16）. 一般に, (7.49) を満たす $x \in H_0^1(a,b)$ を (7.47) の**弱解**という. したがって, (7.47) の古典解は弱解である.

逆に, (7.47) の弱解は古典解である. 実際, $x \in H_0^1(a,b)$ が (7.49) を満たすとすると,

$$\int_a^b x'\varphi' \, dt = -\int_a^b (p(t)x - q(t))\varphi \, dt \qquad (\forall \varphi \in H_0^1(a,b))$$

である. いま x', $px - q \in L^2(a,b)$ なので, 弱導関数の定義から $x' \in H^1(a,b)$ であり, かつ

$$x'' = p(t)x - q(t) \qquad (7.50)$$

を得る. さらに, $H_0^1(a,b) \subset C[a,b]$（定理 7.33）より $x \in C[a,b]$ であるから $px - q \in C[a,b]$ となるので, (7.50) と定理 7.33 より $x \in C^2[a,b]$ である [*51]. また, $x \in H_0^1(a,b)$ だったから $x(a) = x(b) = 0$ である（例題 7.37）[*52]. したがって, x は (7.47) の古典解である.

以上のことから, (7.47) の古典解 $x \in C^2[a,b]$ の存在を証明することと, (7.47) の弱解 $x \in H_0^1(a,b)$ の存在を証明することは同値である. 古典解に比べ弱解の方が要求されている微分階数が少ないため, 一般に弱解の方が候補が多く, 見つけられる可能性が高いことが期待される.

そこで, (7.47) の古典解の存在を証明するために, (7.47) の弱解の存在を証明する. ここでは 2 通りの方法で示す.

[*51] 定理 7.33 より一般に, $x \in W^{1,p}(I)$ のとき, $x' \in C(\overline{I})$ ならば $x \in C^1(\overline{I})$ である.
[*52] $H_0^1(a,b)$ は境界値問題 (7.47) の境界条件 $x(a) = x(b) = 0$ を内包した関数空間になっている.

■ 7.4.2 —— 弱解の存在証明 I

H を（実）ヒルベルト空間 $H_0^1(a,b)$ とし，H 上の双一次形式 $f(x,\varphi)$ を

$$f(x,\varphi) = \int_a^b x'\varphi'\,dt + \int_a^b p(t)x\varphi\,dt \qquad (x,\varphi \in H) \tag{7.51}$$

と定義する．このとき，シュワルツの不等式 (7.2) より

$$|f(x,\varphi)| \leqq \int_a^b |x'\varphi'|\,dt + \int_a^b p(t)|x\varphi|\,dt$$

$$\leqq \|x'\|_{L^2}\|\varphi'\|_{L^2} + \|p\|_C\|x\|_{L^2}\|\varphi\|_{L^2} \leqq \max\{1,\|p\|_C\}\|x\|_H\|\varphi\|_H$$

だから，f は有界である．また，ポアンカレの不等式の注意 7.39 にある (7.46)
と $p(t) \geqq 0$ から，

$$f(x,x) = \|x'\|_{L^2}^2 + \int_a^b p(t)x^2\,dt \geqq \frac{1}{C^2+1}\|x\|_H^2 \tag{7.52}$$

だから，f は強圧的である．

さて，H 上の線形汎関数

$$F(\varphi) = \int_a^b q(t)\varphi\,dt \qquad (\varphi \in H)$$

を考える．

$$|F(\varphi)| \leqq \|q\|_{L^2}\|\varphi\|_{L^2} \leqq \|q\|_{L^2}\|\varphi\|_H$$

であるから，$F \in H^*$ である [*53]．よって，ラックス・ミルグラムの定理（定
理 5.42）により，この F に対して，ある $x \in H$ が一意に存在し，

$$F(\varphi) = f(x,\varphi) \qquad (\forall \varphi \in H)$$

が成り立つ．これは x が (7.49) を満たすということである．したがって，(7.47)
の弱解の存在と一意性が示された [*54]．

[*53] H の共役空間 $H^* = (H_0^1(a,b))^*$ は $H^{-1}(a,b)$ とも表される．

[*54] 証明をみればわかるように，弱解の存在については $p \in L^\infty(a,b)$ $(p(t) \geqq 0)$，$q \in L^2(a,b)$
を仮定すれば十分である．この場合，一般には古典解への復帰は見込めないが，(7.50) から，
弱解 x が $H^2(a,b) \cap H_0^1(a,b)$ に属し，かつ $-x'' + p(t)x = q(t)$ (a.e. $t \in (a,b)$) を満たすこ
とがわかる．このような x を (7.47) の**強解**ということがある．

■ 7.4.3 — 弱解の存在証明 II

(7.51) の f は対称であるから，ラックス・ミルグラムの定理によれば，(7.47) の弱解 x は H 上の汎関数

$$I(x) = \frac{1}{2}f(x,x) - F(x) = \frac{1}{2}\int_a^b ((x')^2 + p(t)x^2)\,dt - \int_a^b q(t)x\,dt \quad (7.53)$$

を最小にする $x \in H$ である．本項ではこの観点から (7.47) の弱解の存在を示してみよう．

まず，ヤングの不等式（定理 1.7）から，任意の $\varepsilon > 0$ に対して，

$$\int_a^b q(t)x\,dt = \int_a^b \sqrt{\varepsilon}q(t)\cdot\frac{1}{\sqrt{\varepsilon}}x\,dt \leqq \frac{1}{\varepsilon}\|q\|_{L^2}^2 + \varepsilon\|x\|_{L^2}^2$$

である．これと $p(t) \geqq 0$，そしてポアンカレの不等式（例題 7.38）より，

$$I(x) \geqq \frac{1}{2}\|x'\|_{L^2}^2 - \varepsilon\|x\|_{L^2}^2 - \frac{1}{\varepsilon}\|q\|_{L^2}^2 \geqq \left(\frac{1}{2} - C\varepsilon\right)\|x'\|_{L^2}^2 - \frac{1}{\varepsilon}\|q\|_{L^2}^2 \quad (7.54)$$

を得る．$\varepsilon > 0$ は任意だから $0 < \varepsilon < (2C)^{-1}$ ととれば，I は H で下に有界とわかる．よって，有限値 $\alpha = \inf_{x \in H} I(x)$ が存在する．下限の性質から，ある $\{x_n\} \subset H$ が存在し，

$$I(x_n) \geqq \alpha, \qquad I(x_n) \to \alpha \quad (n \to \infty)$$

が成り立つ．ゆえに，数列 $\{I(x_n)\}$ は有界であるから，(7.54) より $\{\|x_n'\|_{L^2}\}$ は有界である．これとポアンカレの不等式より，$\{x_n\}$ は H の有界列である．H はヒルベルト空間であるから，有界列 $\{x_n\}$ から弱収束する部分列 $\{x_{n_k}\}$ がとれる（定理 5.48）．その弱極限を $x_0 \in H$ とする．ノルムの弱下半連続性（例題 5.46）より，

$$\|x_0\|_H \leqq \liminf_{k \to \infty} \|x_{n_k}\|_H$$

である．また，$H \hookrightarrow C[a,b] \hookrightarrow L^2(a,b)$（定理 7.35 と $\|x\|_{L^2} \leqq \sqrt{b-a}\,\|x\|_C$）であるから，$H$ から $L^2(a,b)$ への埋め込み作用素はコンパクトであり，これと定理 5.50 より $L^2(a,b)$ で $x_{n_k} \to x_0$ である．以上のことから，

$$I(x_{n_k}) = \frac{1}{2}\int_a^b ((x'_{n_k})^2 + p(t)x_{n_k}^2)\,dt - \int_a^b q(t)x_{n_k}\,dt$$

$$= \frac{1}{2}\|x_{n_k}\|_H^2 + \frac{1}{2}\int_a^b (p(t)-1)x_{n_k}^2\,dt - (q, x_{n_k})_{L^2}$$

において両辺の下極限をとると，

$$\liminf_{k\to\infty} I(x_{n_k}) \geqq \frac{1}{2}\|x_0\|_H^2 + \frac{1}{2}\int_a^b (p(t)-1)x_0^2\,dt - (q, x_0)_{L^2} = I(x_0)$$

を得る．ここで，第 2 項の収束は

$$\left|\int_a^b (p(t)-1)x_{n_k}^2\,dt - \int_a^b (p(t)-1)x_0^2\,dt\right|$$

$$\leqq \|p-1\|_C \int_a^b |x_{n_k}^2 - x_0^2|\,dt$$

$$\leqq \|p-1\|_C(\|x_{n_k}\|_{L^2} + \|x_0\|_{L^2})\|x_{n_k} - x_0\|_{L^2} \to 0$$

からわかる．よって，$\alpha \leqq I(x_0) \leqq \liminf_{k\to\infty} I(x_{n_k}) = \alpha$ となる．したがって，$I(x_0) = \alpha$ となる $x_0 \in H$ が存在することがわかった．

この $x_0 \in H$ が (7.47) の弱解であることを示す．任意の $\varphi \in H$ をとる．このとき，任意の $\tau \in \mathbb{R}$ に対して $x_0 + \tau\varphi \in H$ であるから，$I(x_0 + \tau\varphi)$ は $\tau = 0$ で最小値をとる．ここで，

$$I(x_0 + \tau\varphi)$$
$$= \frac{1}{2}\int_a^b ((x'_0 + \tau\varphi')^2 + p(t)(x_0 + \tau\varphi)^2)\,dt - \int_a^b q(t)(x_0 + \tau\varphi)\,dt$$
$$= I(x_0) + \tau\int_a^b ((x'_0\varphi' + p(t)x_0\varphi - q(t)\varphi)\,dt + \frac{\tau^2}{2}\int_a^b ((\varphi')^2 + p(t)\varphi^2)\,dt$$

であるから，$I(x_0 + \tau\varphi)$ は τ の 2 次関数である．よって，$\tau = 0$ において
$$\left.\frac{d}{d\tau}I(x_0 + \tau\varphi)\right|_{\tau=0} = 0 \,^{*55}，すなわち，$$

[*55] この左辺の微分は汎関数 I の x_0 における φ 方向の微分であり，$dI(x_0;\varphi)$ で表される．特に $dI(x_0;\varphi)$ が φ に関して線形であるとき，これを $dI(x_0)\varphi$ で表し，線形作用素 $dI(x_0)$ を I の x_0 における**ガトー微分**という．

$$\int_a^b (x_0'\varphi' + p(t)x_0\varphi - q(t)\varphi)\, dt = 0 \qquad (\forall \varphi \in H) \tag{7.55}$$

でなくてはならない．これは $x_0 \in H$ が (7.49) を満たし，(7.47) の弱解である
ことを示している．

弱解の一意性は I の凸性を利用すると証明できる（問題 7.17）．

この証明では，汎関数 I の下限 α がある x_0 において実際に達成される最小
値であること，そして x_0 における I の "微分" が 0 であることから x_0 が満た
す方程式 (7.55) が導かれている [*56]．このような，汎関数に関する微分法を**変
分法**という [*57]．

章末問題 7

7.1　ヘルダーの不等式 (7.1) を証明せよ．

7.2　ミンコフスキーの不等式（定理 7.3）を証明せよ．

7.3　本質的上限の定義に基づいて，$\|\cdot\|_{L^\infty}$ が (N4) を満たすことを証明せよ．

7.4　$1 \le p < q < \infty$ のとき，次の各問いに答えよ．
(1) 区間 (a,b) が有界ならば $L^q(a,b) \subsetneq L^p(a,b)$ であることを証明せよ．
(2) $L^q(0,\infty) \not\subset L^p(0,\infty)$, $L^q(0,\infty) \not\supset L^p(0,\infty)$ であることを証明せよ．

7.5　$C[0,1]$ は $L^\infty(0,1)$ では稠密ではないことを証明せよ（したがって $C_0(0,1)$ も
$L^\infty(0,1)$ では稠密ではない）．

7.6　$L^p(a,b)$ $(1 \le p < \infty)$ は可分であることを証明せよ．

7.7　$L^\infty(a,b)$ は可分ではないことを証明せよ．

7.8　(a,b) を有界区間とする．$L^2(a,b)$ の部分集合 $A = \left\{ x \in L^2(a,b) \ \middle|\ \int_a^b x(t)\, dt = 0 \right\}$
について，次の各問いに答えよ．
(1) A は $L^2(a,b)$ の閉部分空間であることを証明せよ．

[*56] このとき，方程式 $-x'' + p(t)x = q(t)$ は汎関数 I の**オイラー・ラグランジュ方程式**であ
るという．

[*57] 変分法については参考文献 [13] の第 VIII–IX 章，または [14] の第 II 部を参照のこと．

(2) A への射影作用素 P_A は $(P_A x)(t) = x(t) - \dfrac{1}{b-a} \displaystyle\int_a^b x(t)\,dt$ $(x \in L^2(a,b),\ t \in (a,b))$ で与えられることを証明せよ.

(3) $A^\perp$ を求めよ.

7.9 系 7.19 において,$\dfrac{1}{\pi} \displaystyle\int_{-\pi}^{\pi} |x(t)|^2\,dt = \dfrac{\alpha_0^2}{2} + \displaystyle\sum_{k=1}^{\infty} (\alpha_k^2 + \beta_k^2)$ を証明せよ.

7.10 エルミート多項式系 $\{H_n\}$ について,次の各問いに答えよ.ただし,ロドリーグの公式 (7.27) を用いてよい.

(1) $H_n'(t) = 2n H_{n-1}(t)$ を示し,$H_n^{(n)}(t) \equiv 2^n n!$ であることを証明せよ.

(2) $(H_m, H_n)_{L_w^2} = 2^n n! \sqrt{\pi}\,\delta_{mn}$ であることを証明せよ.ここで,内積は注意 7.25 で与えたものである.$\displaystyle\int_{-\infty}^{\infty} e^{-t^2}\,dt = \sqrt{\pi}$ であることを用いてよい.

(3) 恒等式 $(e^{-t^2})' = -2t e^{-t^2}$ を用いて,H_n がエルミートの微分方程式 (7.28) を満たすことを証明せよ.

7.11 ラゲール多項式系 $\{L_n\}$ について,次の各問いに答えよ.ただし,ロドリーグの公式 (7.29) を用いてよい.

(1) $L_n'(t) = L_{n-1}'(t) - L_{n-1}(t)$ を示し,$L_n^{(n)}(t) \equiv (-1)^n$ であることを証明せよ.

(2) $(L_m, L_n)_{L_w^2} = \delta_{mn}$ であることを証明せよ.ここで,内積は注意 7.27 で与えたものである.$\displaystyle\int_0^{\infty} t^n e^{-t}\,dt = n!$ であることを用いてよい.

(3) 恒等式 $t((t^n e^{-t})' + t^n e^{-t}) = n t^n e^{-t}$ を用いて,L_n がラゲールの微分方程式 (7.30) を満たすことを証明せよ.

7.12 $x \in C(a,b)$ について,次の (1) (2) のそれぞれの場合に $x(t) = 0$ $(t \in (a,b))$ であることを証明せよ.

(1) $\displaystyle\int_a^b x(t)\varphi(t)\,dt = 0$ $(\forall \varphi \in C_0^1(a,b))$

(2) $\displaystyle\int_a^b x(t)\varphi(t)\,dt = 0$ $(\forall \varphi \in C_0^\infty(a,b))$

7.13 例題 7.31 の H は弱導関数をもたないことを証明せよ[*58].

7.14 $1 \le p \le \infty$ とする.次のことを証明せよ.

[*58] H は弱導関数をもたないが,より弱い微分である超関数の微分では "導関数" δ をもつ.δ は $\varphi \in C_0^\infty(-1,1)$ に $\varphi(0)$ を対応させる汎関数であり,ディラックの**デルタ超関数**とよばれる.超関数とその微分については参考文献 [14] の 2.1 節を参照のこと.

(1) $W^{1,p}(0,1)$ の関数は区間 $[0,1]$ で絶対連続である.

(2) 関数 $x(t) = t\sin(1/t)$ $(t \in (0,1])$, $= 0$ $(t = 0)$ は $[0,1]$ で連続であるが絶対連続ではない（したがって (1) より $x \in C[0,1] \setminus W^{1,p}(0,1)$ である）.

7.15 定理 7.41 を証明せよ.

7.16 (7.48) から (7.49) を導け.

7.17 境界値問題 (7.47) の弱解の一意性を次の手順で証明せよ.

(1) (7.53) の I は H 上で狭義凸汎関数であること，すなわち，任意の相異なる $x, y \in H$ と任意の $t \in (0,1)$ に対して，$I((1-t)x + ty) < (1-t)I(x) + tI(y)$ が成り立つことを証明せよ.

(2) (7.47) の弱解は一意であることを証明せよ.

7.18 境界値問題 (7.47) と同じ設定において，非斉次ディリクレ境界条件を課した境界値問題

$$\begin{cases} -x'' + p(t)x = q(t) & (t \in (a,b)), \\ x(a) = \alpha, \ x(b) = \beta \end{cases}$$

の古典解の存在と一意性を証明せよ.

7.19 境界値問題 (7.47) と同じ設定で，さらに $p(t) > 0$ $(t \in [a,b])$ とする．このとき，斉次ノイマン境界条件を課した境界値問題

$$\begin{cases} -x'' + p(t)x = q(t) & (t \in (a,b)), \\ x'(a) = x'(b) = 0 \end{cases}$$

の古典解の存在と一意性を証明せよ.

章末問題の解答

章末問題 1

1.1 $|x + y|^p \leqq (|x| + |y|)^p \leqq (2\max\{|x|, |y|\})^p \leqq 2^p(|x|^p + |y|^p)$.

1.2 数学的帰納法で示す. $n = 1$ のときは等号が成り立ち, $n = 2$ のときは凸関数の定義 (1.4) から明らかである. ある $n \geqq 2$ まで主張が正しいと仮定する. $x_1, x_2, \ldots, x_{n+1} \in I$, $t_1 + t_2 + \cdots + t_{n+1} = 1$, $t_k \geqq 0$ $(k = 1, 2, \ldots, n+1)$ とする. このとき, $f(\sum_{k=1}^{n+1} t_k x_k) = f\left(\sum_{k=1}^{n-1} t_k x_k + s_n y_n\right)$ と表せる. ここで, $s_n = t_n + t_{n+1}$, $y_n = \frac{t_n x_n + t_{n+1} x_{n+1}}{t_n + t_{n+1}}$ である. 右辺に n の場合の主張と凸関数の定義 (1.4) を用いて, $n+1$ の場合も主張が正しいことが示される.

1.3 $f'(x) = x^{p-1} - b$ であるから $f(a) \geqq f(b^{1/(p-1)}) = 0$.

1.4 (1) $n \geqq 2$ のとき成り立つとすると, $(\sum_{k=1}^{n+1} |\xi_k \eta_k|)^2 = (\sum_{k=1}^{n} |\xi_k \eta_k| + |\xi_{n+1} \eta_{n+1}|)^2 \leqq (\sqrt{\sum_{k=1}^{n} |\xi_k|^2} \sqrt{\sum_{k=1}^{n} |\xi_k|^2} + |\xi_{n+1}||\eta_{n+1}|)^2$ である. さらに $n = 2$ のときの不等式により, $(\sum_{k=1}^{n+1} |\xi_k \eta_k|)^2 \leqq (\sum_{k=1}^{n} |\xi_k|^2 + |\xi_{n+1}|^2)(\sum_{k=1}^{n} |\eta_k|^2 + |\eta_{n+1}|^2) = (\sum_{k=1}^{n+1} |\xi_k|^2)(\sum_{k=1}^{n+1} |\eta_k|^2)$ を得る.

(2) 左辺を展開すると t の 2 次不等式 $(\sum |\xi_k|^2)t^2 + 2(\sum |\xi_k \eta_k|)t + \sum |\eta_k|^2 \geqq 0$ を得る. これが任意の t に対して成り立つから $(\sum |\xi_k \eta_k|)^2 - (\sum |\xi_k|^2)(\sum |\eta_k|^2) \leqq 0$.

章末問題 2

2.1 例題 2.8 と同様.

2.2 (D2) $\int_a^b |x(t) - y(t)|\, dt = 0 \iff |x(t) - y(t)| = 0$ $(t \in [a, b])$ を用いる. (D4) $\int_a^b |x(t) - y(t)|\, dt = \int_a^b |x(t) - z(t) + z(t) - y(t)|\, dt \leqq \int_a^b |x(t) - z(t)|\, dt + \int_a^b |z(t) - y(t)|\, dt$ を用いる.

2.3 (D4) $x \neq y$ の場合, 左辺は $d(x, y) = 1$ で, 右辺は $x \neq z$, $z \neq y$ の少なくとも一方は成り立つので $d(x, z) + d(z, y) \geqq 1$.

2.4 2.1 節の $(\mathbb{R}, \tilde{d})$ が距離空間であることの証明と同様.

2.5 $x_n \to a$, $x_n \to b$ とすると, $d(a, b) \leqq d(a, x_n) + d(x_n, b) \to 0$ だから $a = b$.

2.6 まず閉集合であること. $\{x_n\} \subset \overline{A}$, $x_n \to x$ とする. 部分列 $\{x_{n_j}\}$ を適当にとって, $d(x_{n_j}, x) < 1/j$ とできる. 閉包の定義から, 各 x_{n_j} に対して, ある $\{y_{k,j}\}_{k=1}^{\infty} \subset A$ が存在し, $y_{k,j} \to x_{n_j}$ $(k \to \infty)$ である. 部分列 $\{y_{k_j, j}\} \subset A$ が存在し, $d(y_{k_j, j}, x_{n_j}) < 1/j$ とできる. よって, $d(y_{k_j, j}, x) \leqq d(y_{k_j, j}, x_{n_j}) + d(x_{n_j}, x) < 2/j \to 0$ だから $x \in \overline{A}$

である．A を含む最小の閉集合であることは，A を含む任意の閉集合 B に対して，$\overline{A} \subset B$ であることを示せばよい．

2.7　$x_n \to a$ とする．ある $N \in \mathbb{N}$ が存在し，$n \geqq N$ ならば $d(x_n, a) < 1$ である．$M = \max\{d(x_1, a), d(x_2, a), \ldots, d(x_{N-1}, a), 1\}$ とすれば，$d(x_n, a) \leqq M$ $(n = 1, 2, \ldots)$ である．

2.8　$(\Rightarrow)$ $\{x_n\} \subset X \setminus G$, $x_n \to x$ とする．$x \in G$ と仮定すると，ある $\varepsilon > 0$ が存在し $B(x, \varepsilon) \subset G$ である．十分大きい n に対して $x_n \in B(x, \varepsilon) \subset G$ となって矛盾．よって $x \in X \setminus G$. $(\Leftarrow)$ G は X の開集合ではないとすると，ある $x \in G$ と $\{x_n\} \subset X \setminus G$ が存在して，$x_n \to x$ である．$X \setminus G$ は閉集合だから $x \in X \setminus G$ となって矛盾．

2.9　$x \in C[a, b]$ と任意の $\varepsilon > 0$ をとる．ワイエルシュトラスの多項式近似定理（定理 2.11）より，ある $p \in P[a, b]$ が存在し，$\|x - p\|_C < \varepsilon/2$ となる．さらに，有理係数をもつ多項式全体の集合を $Q[a, b]$ とすると，$Q[a, b]$ は可算集合であり，ある $q \in Q[a, b]$ が存在し，$\|p - q\|_C < \varepsilon/2$ となる．よって，$\|x - q\|_C \leqq \|x - p\|_C + \|p - q\|_C < \varepsilon$.

2.10　$X = \{\{\xi_k\} \mid \xi_k$ は 0 または $1\}$ とすると，$X \subset \ell^\infty$ であり，X は非可算集合である（$[0, 1]$ の数の 2 進数表示 $0.\xi_1\xi_2\xi_3 \cdots$ を考えればよい）．異なる二つの $x, x' \in X$ をとると $\|x - x'\|_{\ell^\infty} = 1$ である．よって，各 $x \in X$ に対して開球 $B_{\ell^\infty}(x, 1/3)$ を考えると，これらは互いに交わらない非可算個の球である．いま M を ℓ^∞ の任意の稠密な集合とすると，これらの球はそれぞれ M の元を含む．よって M も非可算である．

2.11　$x_0 \in B(a, r)$ をとる．$\rho = r - d(x_0, a) \,(> 0)$ とおくと $B(x_0, \rho) \subset B(a, r)$ であるので，x_0 は $B(a, r)$ の内点である．次に閉球 $V(a, r) = \{x \in X \mid d(x, a) \leqq r\}$ に対して，$\{x_n\} \subset V(a, r)$, $x_n \to x_0$ とする．$d(x_n, a) \leqq r$ において $n \to \infty$ とすれば $d(x_0, a) \leqq r$ を得る．よって，$x_0 \in V(a, r)$ である．

2.12　$(\Rightarrow)$ $a \in T^{-1}(G)$ が内点であることを示す．$Ta \in G$ で G は開集合であるから，ある $\varepsilon > 0$ が存在して $B(Ta, \varepsilon) \subset G$ である．T は a で連続であるから，ある $\delta > 0$ が存在して $T(B(a, \delta)) \subset B(Ta, \varepsilon) \subset G$ である．よって $B(a, \delta) \subset T^{-1}(G)$ である．$(\Leftarrow)$ 任意の $a \in X$, $\varepsilon > 0$ をとる．$B(Ta, \varepsilon)$ は Y の開集合であるから，$T^{-1}(B(Ta, \varepsilon))$ は X の開集合である．$a \in T^{-1}(B(Ta, \varepsilon))$ であるから，ある $\delta > 0$ が存在して $B(a, \delta) \subset T^{-1}(B(Ta, \varepsilon))$ である．よって $T(B(a, \delta)) \subset B(Ta, \varepsilon)$ となる．

2.13　n を別の文字で使いたいので，$\mathbb{R}^n$ を $\mathbb{R}^d$ で表す．A を $\mathbb{R}^d$ の有界閉集合とし，$\{x_n\} \subset A$ $(x_n = (\xi_1^{(n)}, \xi_2^{(n)}, \ldots, \xi_d^{(n)}))$ とする．このとき，数列 $\{\xi_k^{(n)}\}_{n=1}^\infty$ $(k = 1, 2, \ldots, d)$ はすべて有界である．ボルツァノ・ワイエルシュトラスの定理（定理 2.19）より，数列 $\{\xi_1^{(n)}\}$ から収束部分列 $\{\xi_1^{(n')}\}$ とその極限 ξ_1 がとれる．次に $\{\xi_2^{(n')}\}$ から収束部分列 $\{\xi_2^{(n'')}\}$ とその極限 ξ_2 がとれる．これを繰り返して $\{\xi_d^{(n^{(d-1)})}\}$ から収束部分列 $\{\xi_d^{(n^{(d)})}\}$ とその極限 ξ_d がとれる．よって，$\xi_k^{(n^{(d)})} \to \xi_k$ $(n^{(d)} \to \infty, \ k = 1, 2, \ldots, d)$ であるから，$x = (\xi_1, \xi_2, \ldots, \xi_d)$ とおくと $x_{n^{(d)}} \to x$ である．A は閉集合であるから

$x \in A$ である.

2.14 $\{x_n\}$ をコーシー列とすると,ある $N \in \mathbb{N}$ が存在して,$m \geqq N$ のとき $d(x_m, x_N) < 1$ である.あとは問題 2.7 と同様.

2.15 $\{x_n\}$ をコーシー列とすると,ある $N \in \mathbb{N}$ が存在して,$m \geqq N$ のとき $d(x_m, x_N) < 1$ である.d は離散距離だから $x_m = x_N$ $(m \geqq N)$ である.

2.16 $\|x_{2n} - x_n\|_C = 1/2 \not\to 0$ $(n \to \infty)$.あるいは次のように考えてもよい.$\{x_n\}$ がコーシー列であるとすると,$X = (C[-1,1], d_C)$ の完備性からある $x \in X$ に収束する.X の収束は一様収束なので各点収束でもある.よって $x(t) = 0$ $(t \in [-1,0])$,1 $(t \in (0,1])$ となるが,これは連続でないので $x \in X$ に矛盾する.

2.17 $L^2 C[-1,1]$ が完備ではないことを示す.(2.16) の $\{x_n\}$ は $d_{L^2 C}(x_m, x_n) \leqq 2(1/\sqrt{m} + 1/\sqrt{n}) \to 0$ だからコーシー列である.これが収束列でないことは $L^1 C[-1,1]$ のときと同様.

2.18 $x_n = \{1, 1/2, 1/3, \ldots, 1/n, 0, \ldots\}$ $(n = 1, 2, \ldots)$ とすると,$\{x_n\}$ は M のコーシー列である.一方,ℓ^∞ において $x_n \to x = \{1, 1/2, 1/3, \ldots\}$ だが $x \notin M$.

2.19 ($\Rightarrow$) (2.23) の方程式の両辺を t_0 から $t \in I$ まで積分すれば (2.27) を得る.($\Leftarrow$) 連続関数 x が (2.27) を満たすとき x は微分可能であるから,両辺を微分すると (2.23) の方程式を得る.

2.20 バナッハの不動点定理(定理 2.29)から,ある $x \in X$ がただ一つ存在して,$T^n x = x$ である.$T^n(Tx) = T(T^n x) = Tx$ であるから Tx も T^n の不動点である.T^n の不動点は一意であるから $Tx = x$ でなくてはならない.また T の不動点は T^n の不動点でもあるから一意である.

2.21 例題 2.28 により,X が $C[x_0 - \delta, x_0 + \delta]$ の閉集合であることを示せばよい.

2.22 $t > t_0$ のとき,$|(Tx)(t) - (Ty)(t)| \leqq \int_{t_0}^{t} |f(s, x(s)) - f(s, y(s))|\, ds \leqq Ld(x,y) \int_{t_0}^{t} e^{k(s-t_0)}\, ds \leqq (Le^{k(t-t_0)}/k) d(x,y)$ であるから,$e^{-k(t-t_0)} |(Tx)(t) - (Ty)(t)| \leqq (L/k)\, d(x,y)$.$t \leqq t_0$ のときは同様にして $e^{-k(t_0-t)} |(Tx)(t) - (Ty)(t)| \leqq (L/k)\, d(x,y)$.これらを合わせて $d(Tx, Ty) \leqq (L/k) d(x,y)$.例えば $k = 2L$ ととれば,L によらず T が縮小写像であることがわかる.

2.23 シュワルツの不等式 (1.11) から,$d_{\mathbb{R}^n}(Tx, Ty)^2 \leqq |\lambda|^2 \sum_{j=1}^{n} (\sum_{k=1}^{n} |c_{jk}||\xi_k - \eta_k|)^2 \leqq |\lambda|^2 \sum_{j=1}^{n} (\sum_{k=1}^{n} |c_{jk}|^2) d_{\mathbb{R}^2}(x,y)^2$.よって,$|\lambda|^2 \sum_{j=1}^{n} \sum_{k=1}^{n} |c_{jk}|^2 < 1$ ならば T は縮小写像.

2.24 K は有界閉集合 R 上で連続であるから,ある $M \geqq 0$ が存在して,R 上で $|K(t,s)| \leqq M$ である.これより $|Tx(t) - Ty(t)| \leqq |\lambda| M(t-a) d(x,y)$.これを繰り返すと $|T^n x(t) - T^n y(t)| \leqq (|\lambda|^n M^n (t-a)^n/n!) d(x,y)$.よって,$d(T^n x(t), T^n y(t)) \leqq (|\lambda|^n M^n (b-a)^n/n!) d(x,y)$.任意の λ に対して,n を十分大きくとれば $|\lambda|^n M^n (b-a)^n/n! < 1$ とできる.問題 2.20 により T の不動点がただ一つ存在する.

章末問題 3

3.1　$0x + 0x = (0+0)x = 0x$ より $0x = 0x - 0x = 0_X$.

3.2　$(-1)x + x = (-1+1)x = 0x = 0_X$ より $(-1)x = 0_X - x = -x$.

3.3　$\int_{-1}^{1}(x(t)+y(t))^3\,dt = 1/2 \neq 0$.

3.4　$(\Rightarrow)$ $\alpha x, \beta y \in M$ だから $\alpha x + \beta y \in M$. $(\Leftarrow)$ $\alpha = \beta = 1$ として $x + y \in M$. $\beta = 0$ として $\alpha x \in M$.

3.5　$x, y \in \operatorname{span} M$ とする. $x = \sum_{k=1}^{n}\alpha_k x_k$, $y = \sum_{k=1}^{m}\beta_k y_k$ $(\alpha_k, \beta_k \in \mathbb{K}, x_k, y_k \in X)$ と表せるので, $\alpha x + \beta y = \sum_{k=1}^{n}\alpha\alpha_k x_k + \sum_{k=1}^{m}\beta\beta_k y_k \in \operatorname{span} M$ $(\alpha, \beta \in \mathbb{K})$.

3.6　$x_n(t) = t^n$ $(n = 0,1,2,\dots)$ とする. 任意の n に対して, $x_0, x_1, x_2, \dots, x_n$ は $C[a,b]$ において一次独立である. 実際, $\sum_{k=0}^{n}\alpha_k t^k = 0$ $(t \in [a,b])$ のとき, $\alpha_k = 0$ $(k = 0,1,2,\dots,n)$ である.

3.7　(N4) が成り立たない $x \in \mathbb{R}^2$ を与えればよい.

3.8　背理法で示す. $\{x_n\}$ が x_0 に収束しないとする. このとき, ある $\varepsilon > 0$ と単調増加数列 $\{n_k\}$ が存在し, $n_k \to \infty$ かつ $\|x_{n_k} - x_0\| \geqq \varepsilon$ が成り立つ. 条件より, $\{x_{n_k}\}$ は x_0 に収束する部分列 $\{x_{n_k'}\}$ を含むが, これは $\|x_{n_k'} - x_0\| \geqq \varepsilon$ に反する.

3.9　$|\,\|x_m\| - \|x_n\|\,| \leqq \|x_m - x_n\| \to 0$ $(m, n \to \infty)$ であるから, $\{\|x_n\|\}$ は $\mathbb{R}$ のコーシー列である.

3.10　$P[a,b]$ は $C[a,b]$ の部分空間であるが閉集合ではない.

3.11　$\{x_n\}$ を ℓ^∞ のコーシー列とする. 任意の $\varepsilon > 0$ に対して, ある $N \in \mathbb{N}$ が存在し, $\|x_m - x_n\|_{\ell^\infty} < \varepsilon$ $(m, n \geqq N)$ である. $x_n = \{\xi_1^{(n)}, \xi_2^{(n)}, \dots, \xi_k^{(n)}, \dots\}$ と表すとき, $|\xi_k^{(m)} - \xi_k^{(n)}| < \varepsilon$ $(m, n \geqq N,\ k = 1,2,\dots)$ である. $\mathbb{R}$ の完備性から, 各 k に対して $\xi_k = \lim_{n\to\infty}\xi_k^{(n)}$ が存在し, $|\xi_k - \xi_k^{(n)}| < \varepsilon$ $(n \geqq N)$ である. $x = \{\xi_1, \xi_2, \dots, \xi_k, \dots\}$ とすると, $x \in \ell^\infty$, $\|x_n - x\|_{\ell^\infty} \to 0$ である.

3.12　$x \in C[a,b] \setminus C^1[a,b]$ をとる (例えば $x(t) = |x - (a+b)/2|$). $P[a,b]$ は $C[a,b]$ で稠密であるから, $\{p_n\} \subset P[a,b]$ が存在し $\|p_n - x\|_C \to 0$. $p_n \in C^1[a,b]$ であるから, もし $C^1[a,b]$ が $C[a,b]$ の閉部分集合であるとすると $x \in C^1[a,b]$ でなくてはならないから矛盾.

3.13　$\{x_n\}$ を $C^m[a,b]$ のコーシー列とする. このとき, $k = 0,1,2,\dots,m$ に対して $\|x_i^{(k)} - x_j^{(k)}\|_C \to 0$ $(i, j \to \infty)$. $C[a,b]$ は完備だから $y_k := \lim_{n\to\infty}x_n^{(k)} \in C[a,b]$ が存在する. 例題 2.10 より, $y_k' = y_{k+1}$ $(k = 0,1,2,\dots,m-1)$ である. よって, $y_0^{(k)} = y_k$ $(k = 0,1,2,\dots,m)$ である. これより $y_0 \in C^m[a,b]$ かつ $\|x_n - y_0\|_{C^m} \to 0$ を得る.

3.14　任意の $\varepsilon > 0$ に対して, ある $N_1 \in \mathbb{N}$ が存在し, $n > N_1$ ならば $\|x_n - x_0\| < \varepsilon$ である. $n > N_1$ ならば, $\|\frac{1}{n}\sum_{k=1}^{n}x_k - x_0\| = \|\frac{1}{n}\sum_{k=1}^{n}(x_k - x_0)\| \leqq \frac{1}{n}\sum_{k=1}^{n}\|x_k -$

$x_0\| < \frac{1}{n}\sum_{k=1}^{N_1}\|x_k - x_0\| + \varepsilon$. さらに $N_2 \in \mathbb{N}$ を $\frac{1}{n}\sum_{k=1}^{N_1}\|x_k - x_0\| < \varepsilon$ $(n \geqq N_2)$ となるようにとる. $n \geqq \max\{N_1, N_2\}$ ならば $\|\frac{1}{n}\sum_{k=1}^{n} x_k - x_0\| < 2\varepsilon$ となる.

3.15　$X = \{x = \{\xi_k\} \in \ell^\infty \mid$ 有限個の k に対して $\xi_k \neq 0$ で他は $0\}$ とする. $x_n = \{0, \ldots, 0, 1/n^2, 0, \ldots\}$ $(n = 1, 2, \ldots)$ (第 n 項が $1/n^2$ で他は 0) とすれば, $\{x_n\} \subset X$ であり, $\sum_{n=1}^{\infty}\|x_n\| = \sum_{n=1}^{\infty} 1/n^2 = \pi^2/6 < \infty$. しかし, $x = \{1, 1/4, \ldots, 1/n^2, \ldots\}$ とすると, ℓ^∞ で $\sum_{n=1}^{\infty} x_n = x$ であるが $x \notin X$ である.

3.16　$\{e_n\}$ を実ノルム空間 X のシャウダー基底とする. $Q = \{\sum_{k=1}^{n} q_k e_k \mid n \in \mathbb{N}, q_k \in \mathbb{Q}\}$ とすると, Q は X の可算部分集合である. 任意の $x \in X$ は $x = \sum_{k=1}^{\infty}\alpha_k e_k$ $(\alpha_k \in \mathbb{R})$ と表せる. 任意の $\varepsilon > 0$ に対して, 十分大きい n をとると, $\|x - \sum_{k=1}^{n}\alpha_k e_k\| < \varepsilon$ である. また, $q_k \in \mathbb{Q}$ $(k = 1, 2, \ldots, n)$ を $|q_k - \alpha_k|\|e_k\| < \varepsilon/n$ となるようにとり, $y = \sum_{k=1}^{n} q_k e_k \in Q$ とする. このとき, $\|x - y\| \leqq \|x - \sum_{k=1}^{n}\alpha_k e_k\| + \sum_{k=1}^{n}|\alpha_k - q_k|\|e_k\| < 2\varepsilon$ である. X が複素ノルム空間である場合も同様.

3.17　$a_1, a_2, \ldots, a_n \geqq 0$ のとき, $a_1^2 + a_2^2 + \cdots + a_n^2 \leqq (a_1 + a_2 + \cdots + a_n)^2 \leqq n(a_1^2 + a_2^2 + \cdots + a_n^2)$ (イェンセンの不等式 (定理 1.6)) であるから, $\|x\|_2 \leqq \|x\|_1 \leqq \sqrt{n}\,\|x\|_2$.

3.18　$\{x_n\}$ を $C^1[a, b]$ の有界点列とする: $\|x_n\|_{C^1} \leqq M$. このとき, $\|x_n\|_C \leqq M$ であるから連続関数列 $\{x_n\}$ は一様有界である. また, $\|x_n'\|_C \leqq M$ であるから, 平均値の定理より $|x_n(t) - x_n(s)| \leqq M|t - s|$ $(t, s \in [a, b])$ となって, $\{x_n\}$ は同程度連続である. よって, アスコリ・アルツェラの定理 (定理 2.22) により, $\{x_n\}$ は $C[a, b]$ で収束する部分列を含む.

3.19　リースの補題 (定理 3.31) の証明において, $\theta = 1$ に対して (3.20) を満たす $y_0 \in M$ の存在を示せばよい. d の定義から, $\|x_0 - y_k\| \to d$ となる $\{y_k\} \subset M$ が存在する. M の次元を n とし, 基底を $e_1, e_2, \ldots, e_n$ とすれば, $y_k = \sum_{j=1}^{n}\alpha_j^{(k)} e_j$ と表せる. $\{y_k\}$ は有界列なので, 補題 3.26 とボルツァノ・ワイエルシュトラスの定理 (定理 2.19) を用いると, $\{y_k\}$ から収束部分列 $\{y_{k'}\}$ を抜き出せる. その極限を y_0 とすれば, M は閉集合だから $y_0 \in M$ であるので $y_0 = \sum_{j=1}^{n}\alpha_j e_j$ と表せる. $\|x_0 - y_0\| \leqq \|x_0 - y_{k'}\| + \sum_{j=1}^{n}|\alpha_j^{(k')} - \alpha_j|\|e_j\| \to d$ であるから, $\|x_0 - y_0\| \leqq d$ である.

章末問題 4

4.1　$(\Rightarrow)$ $T(\alpha x + \beta y) = T(\alpha x) + T(\beta y) = \alpha Tx + \beta Ty$. $(\Leftarrow)$ $\alpha = \beta = 1$, $\beta = 0$ とすればよい.

4.2　$e_k = {}^t(0, \ldots, 0, 1, 0, \ldots, 0)$ $(k = 1, 2, \ldots, n)$ とすると, $x = {}^t(\xi_1, \xi_2, \ldots, \xi_n) \in \mathbb{R}^n$ は $x = \sum_{k=1}^{n}\xi_k e_k$ と表せる. よって, $Tx = \sum_{k=1}^{n}\xi_k Te_k$ である. $Te_k = {}^t(\alpha_{1k}, \alpha_{2k}, \ldots, \alpha_{mk}) \in \mathbb{R}^m$ と表せるので, $Tx = {}^t(\sum_{k=1}^{n}\xi_k\alpha_{1k}, \sum_{k=1}^{n}\xi_k\alpha_{2k}, \ldots,$

$\sum_{k=1}^n \xi_k \alpha_{mk})$ である. 行列 A を $A = (\alpha_{jk})_{1 \leq j \leq m, 1 \leq k \leq n}$ とすれば, $Tx = Ax$ である.

4.3 X の基底を $e_1, e_2, \ldots, e_n$ とする. 任意の $x = \sum_{k=1}^n \xi_k e_k$ に対して, $\|Tx\| \leq \sum_{k=1} |\xi_k| \|Te_k\| \leq \max_{1 \leq k \leq n} \|Te_k\| \sum_{k=1} |\xi_k|$ である. 一方, 補題 3.26 より, $\sum_{k=1}^n |\xi_k| \leq (1/c) \|\sum_{k=1} \xi_k e_k\| = (1/c)\|x\|$ である. これらをつなげればよい.

4.4 $x_n \to x$, $\tilde{x}_n \to x$ とする. このとき, $y := \lim_{n \to \infty} Tx_n$ と $\tilde{y} := \lim_{n \to \infty} T\tilde{x}_n$ が存在する. $\|Tx_n - T\tilde{x}_n\| \leq \|T\|\|x_n - \tilde{x}_n\|$ において $n \to \infty$ とすれば $\|y - \tilde{y}\| \leq 0$ だから $y = \tilde{y}$ を得る.

4.5 $\sum_{k=1}^n \alpha_k Tx_n = 0$ とする. このとき, $T(\sum_{k=1}^n \alpha_k x_n) = 0$ であり, T^{-1} が存在することから $\sum_{k=1}^n \alpha_k x_n = 0$. $\{x_n\}$ は一次独立だから $\alpha_k = 0$ $(1 \leq k \leq n)$.

4.6 $Tx_1 = Tx_2$ ならば, $0 = \|Tx_1 - Tx_2\| \geq c\|x_1 - x_2\|$ より $x_1 = x_2$. よって T は単射であるから $T^{-1} : R(T) \to X$ が存在する. 任意の $y \in R(T)$ をとると, $y = Tx$ $(x \in X)$ と表せるから, $\|T^{-1}y\| = \|x\| \leq (1/c)\|Tx\| = (1/c)\|y\|$ となって T^{-1} は有界である.

4.7 $Tx_1 = Tx_2$ ならば $STx_1 = STx_2$ なので $x_1 = x_2$ となるから, T は単射である. また, 任意の $x \in X$ に対して $T(Sx) = TSx = x$ だから, T は全射である. ゆえに T は全単射であるから $T^{-1} : X \to X$ が存在する. 任意の $x \in X$ に対して, $Sx = STT^{-1}x = T^{-1}x$ だから $S = T^{-1}$. $T = S^{-1}$ も同様.

4.8 (1) $\|Sx_1 - Sx_2\| \leq \|I - T\|\|x_1 - x_2\|$. (2) S は縮小写像だから, バナッハの不動点定理 (定理 2.29) により, ある $x_0 \in X$ がただ一つ存在して $Sx_0 = x_0$, すなわち $Tx_0 = y_0$ となる. よって T は全単射だから $T^{-1} : X \to X$ が存在する. 任意の $y_0 \in X$ に対して, $\|x_0\| \leq \|y_0\| + \|I - T\|\|x_0\|$ だから, $\|T^{-1}y_0\| = \|x_0\| \leq (1 - \|I - T\|)^{-1}\|y_0\|$ である.

4.9 有界性のみ述べる. (1) $|f(x)| = |x(t_0)| \leq \|x\|_C$. (2) $|f(x)| = \lim_{n \to \infty} |\xi_n| \leq \sup_{n \geq 1} |\xi_n| \leq \|x\|_{\ell^\infty}$.

4.10 (1) $|f(x)| \leq \sum_{k=1}^\infty |\alpha_k||\xi_k| \leq \|a\|_{\ell^\infty}\|x\|_{\ell^1}$. (2) (1) の結果から $\|f\| \leq \|a\|_{\ell^\infty}$. $\|f\| \geq \|a\|_{\ell^\infty}$ を示す. $e_k = \{0, \ldots, 0, 1, 0, \ldots\}$ (第 k 成分が 1 でその他は 0) とする. このとき, $e_k \in \ell^1$ かつ $f(e_k) = \alpha_k$ であるから, $|\alpha_k| \leq \|f\|\|e_k\|_{\ell^1} = \|f\|$. よって $\|a\|_{\ell^\infty} \leq \|f\|$.

4.11 X, Y が同型なので, X から Y への全単射で等長な線形作用素 T が存在する. $\{y_n\}$ を Y のコーシー列とする. $y_n = Tx_n$ $(x_n \in X)$ と表せ, $\|x_m - x_n\| = \|Tx_m - Tx_n\| = \|y_m - y_n\| \to 0$ だから $\{x_n\}$ は X のコーシー列である. X は完備だから $x := \lim_{n \to \infty} x_n$ が存在する. $y_n = Tx_n \to Tx$ だから $\|y_m - Tx\| = \|x_m - x\| \to 0$. よって $\{y_n\}$ は収束列である.

4.12 $X \times Y$ が完備であることのみ示す. $\{z_n\} \subset X \times Y$ をコーシー列とする. $z_n = (x_n, y_n)$ と表すと $\|x_m - x_n\| + \|y_m - y_n\| = \|z_m - z_n\| \to 0$ であるから,

$\{x_n\}, \{y_n\}$ はそれぞれ X, Y のコーシー列である．あとは X, Y の完備性を用いればよい．

4.13 $\{x_n\} \subset D(T)$, $x_n \to x$, $Tx_n \to y$ とする．$D(T)$ は閉集合であるから $x \in D(T)$ である．さらに $\|Tx_n - Tx\| \leqq \|T\|\|x_n - x\| \to 0$ だから，$Tx = \lim_{n\to\infty} Tx_n = y$ である．

4.14 $(\Rightarrow)$ $\{y_n\} \subset \overline{T(B)}$ をとる．このとき，ある $\{z_n\} \subset T(B)$ が存在して，$\|z_n - y_n\| < 1/n$ を満たす．$z_n = Tw_n$ $(w_n \in B)$ と表せ，B が有界だから $\{w_n\}$ は有界列である．T がコンパクトであることから，$\{z_n\}$ は収束部分列 $\{z_{n'}\}$ を含む．その極限を z とすると，$\|y_{n'} - z\| \leqq \|y_{n'} - z_{n'}\| + \|z_{n'} - z\| < 1/n' + \|z_{n'} - z\| \to 0$ $(n' \to \infty)$．$(\Leftarrow)$ $\{x_n\} \subset X$ を有界列とする．有界集合 $B = \{x_1, x_2, \ldots, x_n, \ldots\}$ に対して，$\overline{T(B)} = \overline{\{Tx_1, Tx_2, \ldots, Tx_n, \ldots\}}$ は Y のコンパクト集合である．よって，$\{Tx_n\} \subset \overline{T(B)}$ から収束部分列 $\{Tx_{n'}\}$ が取り出せる．

4.15 $f_0 \in X_0^*$ とする．ハーン・バナッハの定理（例題 4.48）により，ある $f \in X^*$ が存在し，$f(x) = f_0(x)$ $(x \in X_0)$, $\|f\| = \|f_0\|$ である．さらにこのような f はただ一つである．実際，g もそのような汎関数とすると，$f(x) = g(x)$ $(x \in \overline{X_0} = X)$ となるからである．$f_0 \in X^*$ に対して，この $f \in X^*$ を対応させる作用素を J とすれば，J は X_0^* から X^* への等長な全単射を与える．

章末問題 5

5.1 $(\text{I4}')$ $(x, \alpha y) = \overline{(\alpha y, x)} = \overline{\alpha(y, x)} = \overline{\alpha}(x, y)$. $(\text{I5}')$ $(x, y + z) = \overline{(y + z, x)} = \overline{(y, x) + (z, x)} = (x, y) + (x, z)$.

5.2 左辺を展開して整理すると $\|x\|^2(\|x\|^2\|y\|^2 - |(x, y)|^2)$ となる．

5.3 $c = (a + b)/2$ として，$x(t) = 0$ $(a \leqq t < c)$, $= t - c$ $(c \leqq t \leqq b)$, $y(t) = c - t$ $(a \leqq t < c)$, $= 0$ $(c \leqq t \leqq b)$ とする．このとき，$x, y \in C[a, b]$ であり，$\|x\|_C = \|y\|_C = (b - a)/2$, $\|x \pm y\|_C = (b - a)/2$ であるから中線定理 (5.5) が成り立たない．

5.4 $(x, y) = (1/4)\sum_{k=1}^{n}((\xi_k + \eta_k)^2 - (\xi_k - \eta_k)^2) = \sum_{k=1}^{n} \xi_k\eta_k = (x, y)_{\mathbb{R}^n}$. ℓ^2 ノルムも同様．

5.5 $\{x_n\} \subset B$, $x_n \to x$ とする．$\|x_n - a\| \leqq r$ において $n \to \infty$ とすれば，ノルムの連続性により $\|x - a\| \leqq r$, したがって $x \in B$ であるから B は閉集合である．次に $x, y \in B$, $t \in [0, 1]$ とする．このとき，$\|(1 - t)x + ty - a\| = \|(1 - t)(x - a) + t(y - a)\| \leqq (1 - t)\|x - a\| + t\|y - a\| \leqq (1 - t)r + tr = r$. したがって $(1 - t)x + ty \in B$ であるから B は凸集合である．

5.6 $Q = \{\sum_{k=1}^{n} q_k x_k \mid n \in \mathbb{N}, q_k \in \mathbb{Q}, x_k \in M \ (k = 1, 2, \ldots, n)\}$ とすると，Q は可算集合である．任意の $x \in \overline{\text{span}\,M}$, $\varepsilon > 0$ をとる．このとき，ある $y \in \text{span}\,M$, $z \in Q$ が存在し，$\|x - y\| < \varepsilon/2$, $\|y - z\| < \varepsilon/2$ である．よって，$\|x - z\| < \varepsilon/2 + \varepsilon/2 = \varepsilon$

である.

5.7　（線形性）直交分解（定理 5.21）により, 任意の $x_1, x_2 \in H$ はそれぞれ $x_k = P_M x_k + (I - P_M)x_k$ と一意に表される. よって, $\alpha x_1 + \beta x_2 = \alpha P_M x_1 + \beta P_M x_2 + \alpha(I - P_M)x_1 + \beta(I - P_M)x_2$ であるが, $\alpha P_M x_1 + \beta P_M x_2 \in M$, $\alpha(I - P_M)x_1 + \beta(I - P_M)x_2 \in M^\perp$ であるから, 分解の一意性により $P_M(\alpha x_1 + \beta x_2) = \alpha P_M x_1 + \beta P_M x_2$ を得る.（有界性）$\|x\|^2 = \|P_M x\|^2 + \|(I - P_M)x\|^2 \geqq \|P_M x\|^2$ である. よって $\|P_M x\| \leqq \|x\|$ となり, P_M は有界で $\|P_M\| \leqq 1$. 一方, 0 でない $x \in M$ に対して, $\|x\| = \|P_M x\| \leqq \|P_M\| \|x\|$ だから $\|P_M\| \geqq 1$. ゆえに, $\|P_M\| = 1$ である.

5.8　$x \in A$ とすると, 任意の $y \in A^\perp$ に対して $(x, y) = 0$ が成り立つから, $x \in (A^\perp)^\perp$ である.

5.9　(1) 問題 5.8 で $(M^\perp)^\perp \supset M$ は示したので. $(M^\perp)^\perp \subset M$ を示す. $x \in (M^\perp)^\perp$ とする. 直交分解（定理 5.21）により, $x = y + z$ $(y \in M,\ z \in M^\perp)$ と表せる. よって, $(z, z) = (x - y, z) = (x, z) + (y, z) = 0$ だから $z = 0$. ゆえに $x = y \in M$. (2) $M^\perp$ は閉部分空間であるから, 直交分解により, 任意の $x \in H$ は $x = P_{M^\perp} x + z$ $(z \in (M^\perp)^\perp)$ と一意的に表せる. (1) により $(M^\perp)^\perp = M$ であるので, 分解の一意性から $z = P_M x$. よって $P_{M^\perp} x = (I - P_M)x$ となり, $P_{M^\perp} = I - P_M$ を得る. (3) 直交分解により $x_k = y_k + z_k$ $(y_k \in M,\ z_k \in M^\perp,\ k = 1, 2)$ と表せるので, $(P_M x_1, x_2) = (y_1, y_2 + z_2) = (y_1, y_2) = (y_1 + z_1, y_2) = (x_1, P_M x_2)$.

5.10　$\|\sum_{k=1}^{n} x_k\|^2 = (\sum_{k=1}^{n} x_k, \sum_{l=1}^{n} x_l) = \sum_{k=1}^{n} \sum_{l=1}^{n} (x_k, x_l) = \sum_{k=1}^{n} \|x_k\|^2$.

5.11　$\sum_{k=1}^{m} \alpha_{n_k} e_{n_k} = 0$ とする. e_{n_l} $(l = 1, 2, \ldots, m)$ との内積をとると, $0 = \sum_{k=1}^{m} \alpha_{n_k}(e_{n_k}, e_{n_l}) = \alpha_{n_l}$ $(l = 1, 2, \ldots, m)$.

5.12　(5.12) を示す. $m \geqq 0$, $n \geqq 1$ とし, $A = \int_{-\pi}^{\pi} \cos mt \cos nt\, dt$, $B = \int_{-\pi}^{\pi} \sin mt \sin nt\, dt$ とおく. $A - B = \int_{-\pi}^{\pi} \cos(m + n)t\, dt = 0$ であり, $A + B = \int_{-\pi}^{\pi} \cos(m - n)t\, dt = 0$ $(m \neq n)$, $= 2\pi$ $(m = n)$ であるから, $A = B = 0$ $(m \neq n)$, $A = B = \pi$ $(m = n)$. (5.13) は対称区間における奇関数の積分だから 0.

5.13　$u_n(t) = \frac{1}{\sqrt{2\pi}} e^{int}$ $(n \in \mathbb{Z})$ とおくと, $(u_m, u_n) = \frac{1}{2\pi} \int_{-\pi}^{\pi} e^{imt} \overline{e^{int}}\, dt = \frac{1}{2\pi} \int_{-\pi}^{\pi} e^{i(m-n)t}\, dt$. よって $m = n$ のとき $(u_m, u_n) = 1$. $m \neq n$ のとき $(u_m, u_n) = \frac{1}{2\pi} \left[\frac{1}{i(m-n)} e^{i(m-n)t} \right]_{-\pi}^{\pi} = 0$.

5.14　(5.1) より, $\|x - \sum_{k=1}^{n}(x, e_k)e_k\|^2 = \|x\|^2 - 2\operatorname{Re}(x, \sum_{k=1}^{n}(x, e_k)e_k) + \|\sum_{k=1}^{n}(x, e_k)e_k\|^2 = \|x\|^2 - 2\sum_{k=1}^{n}|(x, e_k)|^2 + \sum_{k=1}^{n}|(x, e_k)|^2 = \|x\|^2 - \sum_{k=1}^{n}|(x, e_k)|^2$.

5.15　$H = \ell^2$, $e_n = \{0, 0, \ldots, 0, 1, 0, \ldots\}$（第 $(n+1)$ 成分が 1 で他は 0）とし, $x = \{1, 0, \ldots\}$ とする. このとき, $\{e_n\}$ は H の正規直交系であり, $(x, e_k) = 0$ $(k = 1, 2, \ldots)$ なので $\sum_{k=1}^{\infty}(x, e_k)e_k = 0 \neq x$.

5.16　問題 5.14 の解答と同様に計算すると $\|x - \sum_{k=1}^{n} \alpha_k e_k\|^2 = \|x\|^2 - $

$2\sum_{k=1}^{n} \mathrm{Re}\,(\alpha_k\overline{(x,e_k)}) + \sum_{k=1}^{n}|\alpha_k|^2$ を得る．さらに右辺を α_k について平方完成する と $\|x\|^2 + \sum_{k=1}^{n}|\alpha_k - (x,e_k)|^2 - \sum_{k=1}^{n}|(x,e_k)|^2$ となるから，$\alpha_k = (x,e_k)$ $(1 \leqq k \leqq n)$ のとき，またそのときに限り最小となる．

5.17 問題 5.16 により，$\|x-s_n\| < \|x-z\|$ $(z \in S \setminus \{s_n\})$ である．よって，定 理 5.17 の (i) により s_n は x の S の上への射影であり，$P_S x = s_n$ である．

5.18 5.4.3項にあるシュミットの直交化法の手順によると，各 x_m は $x_m = \|v_m\|e_m + \sum_{k=1}^{m-1}(x_m,e_k)e_k$ のように $\{e_k\}_{k=1}^{m}$ の一次結合で表せる．逆を数学的帰納法で示 す．$e_1 = \frac{1}{\|x_1\|}x_1$ はよいので，e_k $(k=1,2,\ldots,m)$ が $\{x_k\}_{k=1}^{m}$ の一次結合で表せる とする．このとき，$e_{m+1} = \frac{1}{\|v_{m+1}\|}x_{m+1} - \frac{1}{\|v_{m+1}\|}\sum_{k=1}^{m}(x_{m+1},e_k)e_k$ は $\{x_k\}_{k=1}^{m+1}$ の一次結合である．

5.19 (1) $x \in H$ とする．$\{e_n\}$ は H の完全正規直交系なので，定理 5.33 より，$x = \sum_{k=1}^{\infty}(x,e_k)e_k$ が成り立つ．よって，$s_m = \sum_{k=1}^{m}(x,e_k)e_k$ とおけば，$s_m \in \mathrm{span}\,\{e_n\}$, $s_m \to x$ である．(2) $x = \sum_{k=1}^{\infty}(x,e_k)e_k$, $y = \sum_{l=1}^{\infty}(y,e_l)e_l$ と表せるので，$(x,y) = \sum_{k=1}^{\infty}\sum_{l=1}^{\infty}(x,e_k)\overline{(y,e_l)}\delta_{kl} = \sum_{k=1}^{\infty}(x,e_k)\overline{(y,e_k)}$.

5.20 (共役線形性) $(x, J(\alpha f+\beta g)) = (\alpha f+\beta g)(x) = \alpha f(x) + \beta g(x) = \alpha(x,Jf) + \beta(x,Jg) = (x,\overline{\alpha}Jf+\overline{\beta}Jg)$ より $J(\alpha f+\beta g) = \overline{\alpha}Jf + \overline{\beta}Jg$. (内積) (I2) $(f,f)_{H^*} = 0 \iff (Jf,Jf)_H = 0 \iff Jf = 0 \iff f = 0$. (I3) $\overline{(g,f)_{H^*}} = \overline{(Jg,Jf)_H} = \overline{(Jf,Jg)_H} = (f,g)_{H^*}$. (I4) $(\alpha f,g)_{H^*} = \overline{(\overline{\alpha}Jf,Jg)_H} = \alpha(f,g)_{H^*}$. (I5) $(f+g,h)_{H^*} = \overline{(Jf+Jg,Jh)_H} = \overline{(Jf,Jh)_H} + \overline{(Jg,Jh)_H} = (f,h)_{H^*} + (g,h)_{H^*}$.

5.21 (1) 任意の $z \in H$ に対して，$(\alpha x_n + \beta y_n, z) = \alpha(x_n,z) + \beta(y_n,z) \to \alpha(x_0,z) + \beta(y_0,z) = (\alpha x_0 + \beta y_0, z)$ $(n \to \infty)$. (2) $x_n \rightharpoonup x_0$, $x_n \rightharpoonup x_0'$ とする．このとき，任 意の $y \in H$ に対して $(x_n,y) \to (x_0,y)$, $(x_n,y) \to (x_0',y)$ である．数列の極限の一意性 から $(x_0,y) = (x_0',y)$, すなわち $(x_0 - x_0', y) = 0$. $y = x_0 - x_0'$ ととれば $\|x_0 - x_0'\|^2 = 0$ となって $x_0 = x_0'$ を得る．

5.22 任意の $f \in X^*$ に対して，$|f(x_n) - f(x_0)| = |f(x_n - x_0)| \leqq \|f\|\|x_n - x_0\| \to 0$ だから $f(x_n) \to f(x_0)$. したがって，$x_n \rightharpoonup x_0$. (反例) $X = \ell^p$ $(1 < p < \infty)$ におい て点列 $\{e_n\}$ $(e_n = \{\delta_{nk}\}_{k=1}^{\infty})$ を考える．$\{e_n\}$ は $0 = \{0,0,\ldots\}$ に弱収束する．実際, 例 4.33 により $(\ell^p)^* \cong \ell^q$ $(1/p + 1/q = 1)$ だから，任意の $f \in (\ell^p)^*$ に対して，ある $\gamma = \{\gamma_n\} \in \ell^q$ が一意に存在し，$|f(e_n) - f(0)| = |\sum_{k=1}^{\infty}\gamma_k\delta_{nk}| = |\gamma_n| \to 0$ だからで ある．一方，$\{e_n\}$ は ℓ^p で強収束しない．実際，$\|e_n - 0\|_{\ell^p}^p = \sum_{k=1}^{\infty}|\delta_{nk}|^p = 1 \not\to 0$ である．

5.23 $\{x_n\}$ の弱極限を x とすると，任意の $f \in X^*$ に対して $f(x_n) \to f(x)$ である． $\{f(x_n)\}$ は有界数列なので，ある定数 $c_f \geqq 0$ が存在し，$|f(x_n)| \leqq c_f$ である．そこ で，$J: X \to X^{**}$ を自然な写像とし $g_n = Jx_n$ とおけば，$g_n(f) = f(x_n)$, $\|g_n\|_{X^{**}} = \|x_n\|_X$ $(n=1,2,\ldots)$ が成り立つ．$g_n \in X^{**}$ であって $|g_n(f)| \leqq c_f$ $(n=1,2,\ldots)$ で

あるから一様有界性の原理（定理 4.42）により，ある定数 $c \geqq 0$ が存在し，$\|x_n\|_X = \|g_n\|_{X^{**}} \leqq c \ (n = 1, 2, \ldots)$.

5.24 $\{\|x_n\|\}$ が有界数列であることは問題 5.23 で示した．$|f(x_0)| = \lim_{n \to \infty} |f(x_n)| \leqq (\liminf_{n \to \infty} \|x_n\|)\|f\|$ と系 4.50 より $\|x\| = \sup_{f \in X^*, f \neq 0} \frac{|f(x)|}{\|f\|} \leqq \liminf_{n \to \infty} \|x_n\|$ である．

5.25 $x \in A$ とし，$S_n x = \frac{1}{n}\sum_{k=1}^n T^k x \ (n = 1, 2, \ldots)$ とする．$S_1 x = Tx \in A$ である．ある n で $S_n x \in A$ とすると，A は凸集合であるから $S_{n+1}x = \frac{1}{n+1}(nS_n x + T^{n+1}x) \in A$ である．

章末問題 7

7.1 定理 1.8 の (1.9) の証明と同様．

7.2 定理 1.9 の (1.12) の証明と同様．

7.3 $x, y \in L^\infty(a,b)$ とする．任意の $\varepsilon > 0$ に対して，ある $N_1, N_2 \in \mathcal{N}$ が存在し，$\sup_{t \in (a,b) \setminus N_1} |x(t)| < \|x\|_{L^\infty} + \varepsilon/2$, $\sup_{t \in (a,b) \setminus N_2} |y(t)| < \|y\|_{L^\infty} + \varepsilon/2$ である．$N = N_1 \cup N_2$ とおくと $N \in \mathcal{N}$ であり，$\sup_{t \in (a,b) \setminus N} |x(t)| < \|x\|_{L^\infty} + \varepsilon/2$, $\sup_{t \in (a,b) \setminus N} |y(t)| < \|y\|_{L^\infty} + \varepsilon/2$ である．よって，$\|x + y\|_{L^\infty} \leqq \sup_{t \in (a,b) \setminus N} |x(t) + y(t)| \leqq \sup_{t \in (a,b) \setminus N} |x(t)| + \sup_{t \in (a,b) \setminus N} |y(t)| < \|x\|_{L^\infty} + \|y\|_{L^\infty} + \varepsilon$ である．$\varepsilon > 0$ は任意だから (N4) を得る．

7.4 (1) $\subset$ はヘルダーの不等式 (7.1) から従う．$\neq$ は $x(t) = (t-a)^{-1/q}$ とすれば $x \in L^p(a,b) \setminus L^q(a,b)$. (2) $x(t) = (1+t)^{-1/p}$ とすれば $x \in L^q(0,\infty) \setminus L^p(0,\infty)$. また，$y(t) = t^{-1/q}e^{-t}$ とすれば $y \in L^p(0,\infty) \setminus L^q(0,\infty)$.

7.5 $C[0,1]$ が $L^\infty(0,1)$ で稠密であるとする．$x_0(t) = 0 \ (0 \leqq t \leqq 1/2)$, $= 1 \ (1/2 < t \leqq 1)$ とする．この $x_0 \in L^\infty(0,1) \setminus C[0,1]$ に対して，ある $\{x_n\} \subset C[0,1]$ が存在し $\|x_n - x_0\|_{L^\infty} \to 0$ である．よって連続関数列 $\{x_n\}$ は x_0 に $[0,1]$ 上で一様収束するので，例題 2.9 より $x_0 \in C[0,1]$ となって矛盾する．

7.6 まず (a,b) が有界な場合．任意の $x \in L^p(a,b)$, $\varepsilon > 0$ をとる．このとき定理 7.11 により，ある $y \in C[a,b]$ が存在し $\|x - y\|_{L^p} < \varepsilon/2$ である．さらに $C[a,b]$ の可分性（問題 2.9）により，可算集合 $Q[a,b]$ の元 z を用いて $\|y - z\|_{L^p} \leqq (b-a)^{1/p}\|y - z\|_C < \varepsilon/2$ とできる．よって，$\|x - z\|_{L^p} \leqq \|x - y\|_{L^p} + \|y - z\|_{L^p} < \varepsilon/2 + \varepsilon/2 = \varepsilon$ となり，$Q[a,b]$ は $L^p(a,b)$ で稠密である．次に (a,b) が非有界の場合．χ_E を (a,b) 上で定義された $E \subset (a,b)$ の特性関数とし，自然数 n に対して $X_n = \{x\chi_{[-n,n]} \mid x \in L^p(a,b)\}$ とおくと，$\bigcup_{n=1}^\infty X_n$ は $L^p(a,b)$ で稠密である．$X_n = L^p((a,b) \cap [-n,n])$ であるので，前半の議論から X_n は稠密な可算部分集合 D_n を含む．$\bigcup_{n=1}^\infty D_n$ は可算集合で $L^p(a,b)$ において稠密である．

7.7 χ_E を (a,b) 上で定義された $E \subset (a,b)$ の特性関数とし，$X = \{\chi_{(a,s)} \mid a <$

$s < b\}$ とすると，$X \subset L^\infty(a,b)$ であり，X は非可算集合である．あとは問題 2.10 と同様．

7.8 (1) A が部分空間であることは明らかだから閉集合であることを示す．$\{x_n\} \subset A$，$\|x_n - x\|_{L^2} \to 0$ とする．このとき，$|\int_a^b x_n(t)\,dt - \int_a^b x(t)\,dt| \leq \sqrt{b-a}\,\|x_n - x\|_{L^2} \to 0$ だから $\int_a^b x(t)\,dt = \lim_{n\to\infty} \int_a^b x_n(t)\,dt = 0$．よって，$x \in A$．(2) $y = x - c\ (c = \frac{1}{b-a}\int_a^b x(t)\,dt)$ が定理 5.17 の (ii) の不等式を満たすことを示せばよい：任意の $z \in A$ に対して，$(x - y, z - y) = (c, z - x + c) = c(1,z) - c(1,x) + c^2(1,1) = -(b-a)c^2 + (b-a)c^2 = 0$．(3) $A^\perp = \{x \in L^2(a,b) \mid x(t)$ はほとんど至るところで定数$\}$．

7.9 定理 7.18 の完全正規直交系を $\{u_0, u_1, v_1, \ldots, u_n, v_n, \ldots\}$ とする．このとき，定理 5.33 により，パーセバルの等式 $\|x\|^2 = |(x, u_0)|^2 + \sum_{k=1}^\infty (|(x, u_k)|^2 + |(x, v_k)|^2)$ が成り立つ．いま，$(x, u_0) = \sqrt{(\pi/2)}\,\alpha_0$，$(x, u_k) = \sqrt{\pi}\,\alpha_k$，$(x, v_k) = \sqrt{\pi}\,\beta_k\ (k \geq 1)$ であるから，$(1/\pi)\|x\|^2 = \alpha_0^2/2 + \sum_{k=1}^\infty (\alpha_k^2 + \beta_k^2)$ を得る．

7.10 (1) $u = e^{-t^2}$ とおくと $u' = -2tu$．よって，$H_n'(t) = (-1)^n (e^{t^2} u^{(n)})' = (-1)^n 2e^{t^2}(tu^{(n)} - (tu)^{(n)}) = (-1)^{n-1} 2e^{t^2} n u^{(n-1)} = 2nH_{n-1}(t)$．両辺を $(n-1)$ 回微分して，$H_n^{(n)}(t) = 2nH_{n-1}^{(n-1)}(t) = \cdots = 2^n n! H_0(t) \equiv 2^n n!$．(2) $m \geq n$ のとき，$(-1)^m (H_m, H_n)_{L_w^2} = \int_{-\infty}^\infty u^{(m)} H_n\,dt = [u^{(m-1)} H_n]_{-\infty}^\infty - \int_{-\infty}^\infty u^{(m-1)} H_n'\,dt = \cdots = (-1)^n \int_{-\infty}^\infty u^{(m-n)} H_n^{(n)}\,dt = (-1)^n 2^n n! \int_{-\infty}^\infty u^{(m-n)}\,dt$．よって，$(H_m, H_n)_{L_w^2} = 0\ (m > n)$，$= 2^n n! \sqrt{\pi}\ (m = n)$．(3) $(e^{-t^2})' = -2te^{-t^2}$ の両辺を $(n+1)$ 回微分し $(e^{-t^2})^{(n)} = (-1)^n e^{-t^2} H_n$ を用いると，$(e^{-t^2} H_n)'' + 2t(e^{-t^2} H_n)' + 2(n+1)e^{-t^2} H_n = 0$ を得る．これを整理すればよい．

7.11 (1) $u_n = t^n e^{-t}$ とおくと $u_n' = nu_{n-1} - u_n$．よって，$n! L_n'(t) = (e^t u_n^{(n)})' = e^t u_n^{(n)} + e^t (nu_{n-1} - u_n)^{(n)} = ne^t u_{n-1}^{(n)} = n((e^t u_{n-1}^{(n-1)})' - e^t u_{n-1}^{(n-1)}) = n!(L_{n-1}' - L_{n-1})$．両辺を $(n-1)$ 回微分して $L_{n-1}^{(n)} = 0$ を用いると，$L_n^{(n)}(t) = -L_{n-1}^{(n-1)}(t) = \cdots = (-1)^n L_0(t) \equiv (-1)^n$．(2) 問題 7.10 の (2) と同様にして $m!(L_m, L_n) = (-1)^n \int_0^\infty u^{(m-n)}\,dt$．よって，$(L_m, L_n)_{L_w^2} = 0\ (m > n)$，$= 1\ (m = n)$．(3) $t((t^n e^{-t})' + t^n e^{-t}) = nt^n e^{-t}$ の両辺を $(n+1)$ 回微分し $(t^n e^{-t})^{(n)} = n! e^{-t} L_n$ を用いると，$t(e^{-t} L_n)'' + (1+t)(e^{-t} L_n)' + (n+1)e^{-t} L_n = 0$ を得る．これを整理すればよい．

7.12 (1) ある $c \in (a,b)$ において $x(c) \neq 0$ であるとする．$x(c) > 0$ としても一般性を失わない．このとき，ある $\delta > 0$ が存在して $x(t) > 0\ (t \in [c-\delta, c+\delta] \subset (a,b))$ である．$h(t) = (t - c + \delta)^2 (t - c - \delta)^2\ (|t-c| < \delta)$，$= 0\ (|t-c| \geq \delta)$ と定義すれば $h \in C_0^1(a,b)$ である．そこで $\varphi = h$ とすると，$0 = \int_a^b x(t)h(t)\,dt = \int_{c-\delta}^{c+\delta} x(t)h(t)\,dt > 0$ となって矛盾する．(2) (1) と同様に考えればよい．ただし，$h(t) = e^{-1/(\delta^2 - (t-c)^2)}\ (|t -$

$c| < \delta)$, $= 0$ $(|t - c| \geqq \delta)$ と定義すると $h \in C_0^\infty(a, b)$ であり，これを $\varphi = h$ として用いる.

7.13　H が弱導関数 $u \in L_{\mathrm{loc}}^1(-1, 1)$ をもつとする. このとき，任意の $\varphi \in C_0^\infty(-1, 1)$ に対して $\int_{-1}^1 u\varphi\, dt = -\int_{-1}^1 H\varphi'\, dt = -\int_0^1 \varphi'\, dt = \varphi(0)$ である. 特に任意の $\psi \in C_0^\infty(0, 1)$ は $t \in (-1, 0]$ において 0 と拡張すれば $\psi \in C_0^\infty(-1, 1)$ とみなせるので $\int_0^1 u\psi\, dt = 0$ を得る. よって変分法の基本補題（定理 7.29）により $u = 0$ (a.e. $t \in (0, 1)$) である. 同様にして $u = 0$ (a.e. $t \in (-1, 0)$) である. しかしこのとき，$\varphi(0) = \int_{-1}^1 u\varphi\, dt = 0$ $(\varphi \in C_0^\infty(-1, 1))$ となってしまい矛盾する.

7.14　(1) $x \in W^{1,p}(0, 1)$ とし，任意の $\varepsilon > 0$ をとる. $|x'| \in L^p(0, 1) \subset L^1(0, 1)$ なので，定理 6.15 より，ある $\delta > 0$ が存在し，$E \subset (0, 1)$, $m(E) < \delta$ ならば $\int_E |x'(u)|\, du < \varepsilon$ である. さて，定理 7.33 より $x(t) - x(s) = \int_s^t x'(u)\, du$ $(s, t \in [0, 1])$ である. 任意の有限個の交わらない部分区間列 $\{(\alpha_k, \beta_k)\}_{k=1}^n$ が $\sum_{k=1}^n (\beta_k - \alpha_k) < \delta$ を満たすとき，$E = \bigcup_{k=1}^n (\alpha_k, \beta_k)$ とおくと $m(E) < \delta$ なので，$\sum_{k=1}^n |x(\beta_k) - x(\alpha_k)| \leqq \sum_{k=1}^n \int_{\alpha_k}^{\beta_k} |x'(u)|\, du = \int_E |x'(u)|\, du < \varepsilon$. (2) x が絶対連続であるとする. ある $\delta > 0$ が存在して，任意の有限個の交わらない部分区間列 $\{(\alpha_k, \beta_k)\}_{k=1}^n$ に対して，$\sum_{k=1}^n (\beta_k - \alpha_k) < \delta$ ならば $\sum_{k=1}^n |x(\beta_k) - x(\alpha_k)| < 1$ である. m を十分大きい奇数とし $\alpha_k = \frac{2}{(2k+1)m\pi}$, $\beta_k = \frac{2}{(2k-1)m\pi}$ $(k = 1, 2, \dots, n)$ とおく. このとき，$\{(\alpha_k, \beta_k)\}_{k=1}^n$ は交わらない部分区間列であり $\sum_{k=1}^n (\beta_k - \alpha_k) < 2/(m\pi) < \delta$ とできるが，$1 > \sum_{k=1}^n |x(\beta_k) - x(\alpha_k)| = \sum_{k=1}^n |\beta_k + \alpha_k| \geqq \frac{5}{3m\pi} \sum_{k=1}^n (1/k)$ となる. これは n が大きいときに矛盾である.

7.15　$\{x_n\}$ を $W^{m,p}(a, b)$ のコーシー列とする. このとき，$k = 0, 1, 2, \dots, m$ に対して $\|x_i^{(k)} - x_j^{(k)}\|_{L^p} \to 0$ $(i, j \to \infty)$ である. $L^p(a, b)$ は完備だから $y_k := \lim_{n \to \infty} x_n^{(k)} \in L^p(a, b)$ が存在する. 各 $k = 0, 1, 2, \dots, m-1$ と任意の $\varphi \in C_0^\infty(a, b)$ に対して，弱微分の定義 $\int_a^b x_n^{(k)} \varphi'\, dt = -\int_a^b x_n^{(k+1)} \varphi\, dt$ において $n \to \infty$ とすると，$\int_a^b y_k \varphi'\, dt = -\int_a^b y_{k+1} \varphi\, dt$ を得る. よって $y_k' = y_{k+1}$ $(k = 0, 1, 2, \dots, m-1)$ である. よって，$y_0^{(k)} = y_k$ $(k = 0, 1, 2, \dots, m)$ である. これより $y_0 \in W^{m,p}(a, b)$ かつ $\|x_n - y_0\|_{W^{m,p}} \to 0$ を得る.

7.16　任意の $\varphi \in H_0^1(a, b)$ をとる. $H_0^1(a, b) = \overline{C_0^\infty(a, b)}^{H^1}$ であるから，ある $\{\varphi_n\} \subset C_0^\infty(a, b)$ が存在して $\|\varphi_n - \varphi\|_{H^1} \to 0$ である. 各 $\varphi_n \in C_0^\infty(a, b)$ に対しては (7.48) が成り立つ. $n \to \infty$ のとき (7.49) が導かれることは，$|\int_a^b x' \varphi_n'\, dt - \int_a^b x' \varphi'\, dt| \leqq \|x'\|_{L^2} \|\varphi_n - \varphi\|_{H^1}$, $|\int_a^b p(t) x \varphi_n\, dt - \int_a^b p(t) x \varphi\, dt| \leqq \|px\|_{L^2} \|\varphi_n - \varphi\|_{H^1}$, $|\int_a^b q(t) \varphi_n\, dt - \int_a^b q(t) \varphi\, dt| \leqq \|q\|_{L^2} \|\varphi_n - \varphi\|_{H^1}$ からわかる.

7.17　$X, Y \in \mathbb{R}$, $t \in (0, 1)$ に対して $((1-t)X + tY)^2 = (1-t)X^2 + tY^2 - (1-t)t(X-Y)^2$ が成り立つことに注意すると，$I((1-t)x + ty) = (1-t)I(x) + tI(y) -$

$t(1-t)\int_a^b((x'-y')^2 + p(t)(x-y)^2)\,dt.$ $x \neq y$ とポアンカレの不等式 (7.44) より右辺の積分項は正である. よって $I((1-t)x+ty) < (1-t)I(x) + tI(y).$ (2) x, y を (7.47) の相異なる弱解とする. このとき, $I(x) = I(y) = \alpha \ (= \inf_{z \in H} I(z))$ であったから, (1) の不等式により $I((1-t)x+ty) < (1-t)\alpha + t\alpha = \alpha.$ これは α が I の下限であることに反する.

7.18 境界値問題 (7.47) に帰着する. $r(t) = \frac{\beta-\alpha}{b-a}(t-a) + \alpha$ とし, $y(t) = x(t) - r(t)$ とおく. このとき, (7.47) は境界値問題 $-y'' + p(t)y = q(t) - p(t)r(t),$ $y(a) = y(b) = 0$ と同値である. この問題の古典解の存在と一意性は 7.4.2 項（または 7.4.3 項）で示されている.

7.19 条件より, ある $c \in (0,1)$ が存在して $p(t) \geqq c \ (t \in [a,b])$ とできる. $H = H^1(a,b)$ とする. ラックス・ミルグラムの定理を用いる場合は, 7.4.2 項の証明において (7.52) を $f(x,x) \geqq c\|x\|_H^2$ に変更する. 変分法を用いる場合は, 7.4.3 項の証明において (7.54) を $I(x) \geqq (c/2 - \varepsilon)\|x\|_H^2 - (1/\varepsilon)\|q\|_{L^2}^2$ に変更し $\varepsilon \in (0, c/2)$ とすればよい. こうしていずれの場合も (7.49)（ただし "$\forall \varphi \in H_0^1(a,b)$" を "$\forall \varphi \in H^1(a,b)$" に変更）を満たす $x \in H$ の存在と一意性が示せる. 7.4.1 項の議論から $x \in C^2[a,b]$ を得るので $x'(a), x'(b)$ が意味をもつ. また $\varphi \in H \subset C[a,b]$ なので $\varphi(a), \varphi(b)$ も意味をもつ. よって (7.49) において $\int_a^b x'\varphi'\,dt$ の項を部分積分し, $\int_a^b (-x'' + p(t)x - q(t))\varphi\,dt + x'(b)\varphi(b) - x'(a)\varphi(a) = 0 \ (\forall \varphi \in H)$ が成り立つ. 特に $\varphi \in H_0^1(a,b)$ とすれば $-x'' + p(t)x - q(t) = 0$ を得る. ゆえに $x'(b)\varphi(b) - x'(a)\varphi(a) = 0 \ (\forall \varphi \in H)$ だから $x'(a) = x'(b) = 0$ を得る.

参考書について

　関数解析の書物は数多くあるが，本書のようにバナッハ空間，ヒルベルト空間，そして線形作用素の理解を主軸とした入門書はあまりないようである．[1]，[2] はそのような数少ない本である．特に [1] が残念なことに入手困難になったことが本書を書いた一つの動機である．

　[3] や [4] は，微分積分と線形代数を学んだ，あるいは学んでいる最中の読者にお薦めである．[3] は完備距離空間の理解を目指す微分積分の入門書であり，関数個々の解析にとどまらず早いうちから関数空間を意識した勉強ができる．[4] は 2 次行列の線形代数から始まり無限次の行列（線形作用素）の積分方程式論を展開する関数解析概説である．数学史の深い学識に裏付けられた著者の語り口が魅力的である．

　本書では扱っていない関数解析の事項，例えばレゾルベント・スペクトル，線形作用素の半群，自己共役作用素のスペクトル分解などについては [4]–[15] を参照してほしい．特に [5], [6], [7], [12] は本書を書くうえで随所で参考にした．「はじめに」でも触れた [6] は初版（出版社は理工学社）が 1972 年であり，ボッホナー積分（バナッハ空間の元を値にもつ関数に対するルベーグ式積分）を扱った初の和書である．[11] は "工学のための" と銘打ってあるが，理学を志す人にも十分読みごたえがあると思う．[13] と [14] はソボレフ空間とその微分方程式への応用，特に変分法に関して詳しい．なお [13] は著者による英語版（原著は仏語）が 2010 年に出版されており，そちらには多くの練習問題と解説が載っている．[15] は旧ソビエト連邦の数学者（「ソボレフ空間」のソボレフとは別人）による著書であり，邦書にはあまり書かれていない興味深い例などが書かれており，本書を書くうえで参考にしたところも多い．これらの本は本書の知識があれば読むことが可能だと思う．また，世界的に有名な関数解析の本として [16] と [17] を挙げておく．

　ルベーグ積分については，[18] を一読されると測度論と積分論の位置づけが

はっきりし理論全体の見通しがつくと思う．細部を含めて学ぶのに定評あるものとして，測度論から積分論に入るルベーグ流については [19], [20] を，積分論から測度論に入るリース流については [21] を挙げておく．これらの本は第 6 章を書く際に参考にした．また，手っ取り早くルベーグ積分を使いたいという読者には，本書の第 6 章と併せて，[1], [5], [10] の付録や [13] の IV.1 節に短くまとまっているので参考にするとよい．

微分積分の内容に関しては [22] と，本書と同じシリーズの [23] を随所で引用した．どちらも実践的にまとめられた好書である．

- [1] 樋口禎一，芹澤久光，神保敏弥，『関数解析学の基礎・基本』（理工系数学の基礎・基本 4），牧野書店，2001

- [2] 荷見守助，『関数解析入門–バナッハ空間とヒルベルト空間』，内田老鶴圃，1998

- [3] 高橋 渉，『現代解析学入門』（現代数学ゼミナール 12），近代科学社，1990

- [4] 志賀浩二，『固有値問題 30 講』（数学 30 講シリーズ 10），朝倉書店，1991

- [5] 黒田成俊，『関数解析』（共立数学講座 15），共立出版，1980

- [6] 宮寺 功，『関数解析』（ちくま学芸文庫），筑摩書房，2018

- [7] 藤田 宏，黒田成俊，伊藤清三，『関数解析』（岩波基礎数学選書），岩波書店，1991

- [8] 宮島静雄，『関数解析』，横浜図書，2005

- [9] 増田久弥，『関数解析』（数学シリーズ），裳華房，1994

- [10] 洲之内治男，『改訂 関数解析入門』（サイエンスライブラリ理工系の数学），サイエンス社，1994

- [11] 山田 功，『工学のための関数解析』（工学のための数学），数理工学社，2009

- [12] E. Kreyszig, "Introductory Functional Analysis with Applications", John Wiley & Sons, 1989

- [13] ブレジス（藤田 宏，小西芳雄 訳），『関数解析–その理論と応用に向けて』，産業図書，1988

- [14] 宮島静雄，『ソボレフ空間の基礎と応用』，共立出版，2006

[15] リュステルニク, ソボレフ (柴岡泰光 訳), 『関数解析入門 1・2』, 総合図書, 1969/1972

[16] N. Dunford and J.T. Schwartz, "Linear Operators. Part I" (Reprint of the 1958 original), John Wiley & Sons, 1988

[17] K. Yosida (吉田耕作), "Functional Analysis" (Reprint of the sixth (1980) edition), Springer-Verlag, 1995

[18] 志賀浩二, 『ルベーグ積分 30 講』(数学 30 講シリーズ 9), 朝倉書店, 1990

[19] 伊藤清三, 『ルベーグ積分入門 (新装版)』(数学選書 4), 裳華房, 2017

[20] 吉田洋一, 『ルベグ積分入門』(ちくま学芸文庫), 筑摩書房, 2015

[21] 洲之内治男, 『ルベーグ積分入門』(応用解析の基礎 5), 内田老鶴圃, 1974

[22] 杉浦光夫, 『解析入門 I』(基礎数学 2), 東京大学出版会, 1980

[23] 柳田英二, 『解析入門』(数学のとびら), 裳華房, 2022

記号索引

$\sum_{k=1}^{\infty} \xi_k < \infty$	3	$(X, \|\cdot\|)$	69	$A^\perp$	155
ℓ^1	3	$\|\cdot\|_X$	69	$M \oplus M^\perp$	156
(X, d)	14	$\|\cdot\|_p$	77	$\delta_{\alpha\beta}$	160
d_X	14	$\|\cdot\|_C$	77	$x_n \rightharpoonup x_0$	180
$\mathbb{R}^n$	15	$C^1[a, b]$	79	$w\text{-}\lim_{n\to\infty} x_n$	180
$\mathbb{C}^n$	16	$\|\cdot\|_{C^1}$	79	$s\text{-}\lim_{n\to\infty} x_n$	180
ℓ^2	16	$C^m[a, b]$	80	χ_E	194
ℓ^p	18	$\|\cdot\|_{C^m}$	80	a.e.	194, 198
ℓ^∞	19	$T : D \to Y$	94	$L^p(a, b)$	215, 217
$C[a, b]$	22	$D(T)$	94	$\operatorname*{ess\,sup}_{t \in I} \lvert x(t) \rvert$	221
d_C	22	$R(T)$	94		
$\overline{A}^X, \overline{A}$	25, 70	$\|T\|$	99	$L^\infty(a, b)$	222
$B_X(a, r)$	25	$B(X, Y)$	105	$\operatorname{supp} f$	227
$B(a, r)$	26, 70	$B(X)$	107	$C_0(a, b)$	227
$P[a, b]$	33	T^{-1}	108	$C_0^\infty(a, b)$	230
$d_{L^1 C}$	42	$\|f\|$	112	$L^1_{\text{loc}}(a, b)$	243
$L^1 C[a, b]$	42	X^*	116	$W^{1,p}(a, b)$	246
$d_{L^2 C}$	56	$X \cong Y$	116, 174	$\hookrightarrow, \overset{c}{\hookrightarrow}$	252
$L^2 C[a, b]$	56, 160	X^{**}	120	$W_0^{1,p}(a, b)$	254
$\mathbb{K}$	58	J （自然な写像）	121	$H^1(a, b), H_0^1(a, b)$	256
$0, 0_X$	60	$G(T)$	122	$W^{m,p}(a, b)$	256
$\operatorname{span} M$	67	$(\cdot, \cdot)_H$	139	$W_0^{m,p}(a, b)$	257
		P_A	153	$H^m(a, b), H_0^m(a, b)$	257

事項索引

・ア行・

アスコリ・アルツェラの定理
Ascoli–Arzelà theorem   40
アルツェラの定理   Arzelà's theorem   31
イェンセンの不等式
Jensen's inequality   6
位相が強い   topology is strong   87
位相が弱い   topology is weak   87
一次結合   linear combination   67
一次従属   linearly dependent   67
一次独立   linearly independent   67
一様収束   uniform convergence   29
一様有界   uniformly bounded   40
一様有界性の原理
uniform boundedness principle   127
一対一   one-to-one   108
一対一対応
one-to-one correspondence   108
ε 近傍 ε-neighborhood   26, 70
上への作用素   onto operator   108
ウォリスの公式   Wallis formula   238
埋め込み作用素
imbedding operator   126, 251
n 次元 n-dimension   67
n 次元ユークリッド空間
n-dimensional Euclidean space   149
n 次元ユニタリ空間
n-dimensional unitary space   149
m 階弱導関数
weak derivative of order m 256
m 階弱微分
weak derivative of order m 256

エルミート多項式
Hermite polynomial   240
エルミートの微分方程式
Hermite differential equation   240
オイラー・ラグランジュ方程式
Euler–Lagrange equation   263
オピアルの定理   Opial's theorem   183
重み関数   weight function   241
重みつき L^2 空間
weighted L^2 space   241

・カ行・

回帰的   reflexive   121
開球   open ball   25, 70
開写像定理   open mapping theorem   130
開集合   open set   26, 71
階段関数   step function   194
核   kernel   172
各点収束   pointwise convergence   30
確率空間   probability space   211
確率測度   probability measure   211
掛け算作用素
multiplication operator   97
ガトー微分   Gâteaux derivative   262
下半連続   lower semicontinuous   183
可分   separable   25, 71
完全加法性   complete additivity   210
完全正規直交系
complete orthonormal system   169
完全連続作用素
completely continuous operator   124
カントール集合   Cantor set   197
完備   complete   41, 73

完備性　completeness　4
基底　basis　68, 83
逆元　inverse element　59
逆作用素　inverse operator　108
強圧的（双一次形式）　coercive　176
強解　strong solution　260
強収束　strong convergence　180
共鳴定理　resonance theorem　127
共鳴点　a point of resonance　127
共役空間　conjugate (dual) space　116
共役指数　conjugate exponent　10, 216
共役線形性　conjugate linearity　139
極限　limit　24, 70
局所可積分　locally integrable　243
距離　metric　13
距離関数　distance function　13
距離空間　metric space　13
グラフ（作用素の）　graph　122
クロネッカーのデルタ
　Kronecker's δ　160
係数体　scalar field　58
コーシー列　Cauchy sequence　40, 73
恒等作用素　identity operator　96
項別積分定理　term-by-term (termwise)
integration theorem　200
古典解　classical solution　258
コンパクト　compact　37
コンパクト作用素
compact operator　124
コンパクトに埋め込まれる
be compactly imbedded　252

• サ行 •

最大値ノルム　maximum norm　77
最適定数　best constant　255
作用素　operator　94
作用素ノルム　operator norm　99
三角不等式　triangle inequality
　距離関数の ——　13
　絶対値の ——　2

ノルムの ——　69
σ 加法族　σ-additive family　210
自己共役性　self-adjointness　191
事象　event　211
自然な写像　natural mapping　121
実線形空間　real linear space　60
実内積空間
real inner product space　138
実ノルム空間　real normed space　69
実バナッハ空間　real Banach space　73
実ヒルベルト空間
real Hilbert space　146
シャウダー基底　Schauder basis　83
射影　projection　153
射影作用素　projection operator　153
射影定理　projection theorem　156
弱解　weak solution　259
弱下半連続
weakly lower semicontinuous　183
弱極限　weak limit　180
弱収束　weak convergence　180, 187
弱上半連続
weakly upper semicontinuous　183
弱点列コンパクト
weakly sequentially compact　185
弱導関数　weak derivative　244
弱微分　weak derivative　244
弱閉集合　weakly closed set　182
収束　convergence　24, 70, 81
縮小写像　contraction mapping　44
縮小写像の原理
contraction mapping principle　45
シュミットの直交化法
Schmidt orthogonalization　166
シュワルツの不等式
Schwarz's inequality　140
—— （級数版）　9
—— （積分版）　216
上半連続　upper semicontinuous　183

初期値問題の解の存在と一意性の定理
　　existence and uniqueness theorem
　　for initial value problems　　49
シンク関数　sinc function　　200
スカラー　scalar　　60
スタンパッキアの定理
　　Stampacchia's theorem　　176
スツルム・リウビルの微分方程式
　　Sturm–Liouville differential equation
　　　　　243
スペクトルノルム　spectral norm　　101
正規直交基底　orthonormal basis　　162
正規直交系　orthonormal system　　158
正射影　orthogonal projection　　164
生成される線形部分空間（S によって）
　　linear subspace generated (by S)　67
積分記号下の微分
　　differentiation under the integral
　　sign　　202
積分作用素　integral operator　　97
絶対収束　absolute convergence　　3, 81
絶対連続　absolutely continuous　　251
0 次元　0-dimension　　67
線形空間　linear space　　58
線形結合　linear combination　　67
線形作用素　linear operator　　95
線形従属　linearly dependent　　67
線形独立　linearly independent　　67
線形汎関数　linear functional　　111
線形部分空間　linear subspace　　65
全射　surjection　　108
全疎　nowhere dense　　54
全単射　bijection　　108
双一次形式　bilinear form　　176
相対コンパクト集合
　　relatively compact set　　124
測度　measure　　210
測度空間　measure space　　210
ソボレフ空間　Sobolev space　　246, 256

・**タ行**・

台　support　　227
第 1 類集合　set of first category　　54
対称（双一次形式）　symmetric　　176
第二共役空間
　　second conjugate (dual) space　　120
第 2 類集合　set of second category　　54
高々可算　at most countable　　159
単関数　simple function　　193
単射　injection　　108
単調収束定理
　　monotone convergence theorem　　200
値域　range　　94
中線定理　parallelogram identity　　143
稠密　dense　　25, 70
直積空間　product space　　122
直交　orthogonal　　155
直交系　orthogonal system　　158
直交多項式　orthogonal polynomial　　243
直交分解
　　orthogonal decomposition　　156
直交補空間
　　orthogonal complement　　155
ツォルンの補題　Zorn's lemma　　132
定義域　domain　　94
ディリクレ関数　Dirichlet function　　199
ディリクレ境界条件
　　Dirichlet boundary condition　　258
ディリクレ積分　Dirichlet integral　　200
テスト関数　test function　　244
デルタ超関数　delta distribution　　264
点　point　　59
点列コンパクト
　　sequentially compact　　37
同型　isomorphic
　　ノルム空間が――　　116
　　内積空間が――　　174
同値（ノルムが）　equivalent　　87
等長　isometric　　116

同程度一様連続
    equiuniformly continuous   40
同程度連続　equicontinuous   40
特性関数　characteristic function   194
凸　convex   4
凸集合　convex set   150

・ナ行・

内積　inner product   138
内積から導かれたノルム
    norm induced by an inner product
    139
内積空間　inner product space   138
内点　interior point   26, 71
なす角（ベクトルの）
    angle between two vectors   141
ノイマン境界条件
    Neumann boundary condition   258
C. ノイマンの級数
    C. Neumann's series   110
ノルム　norm   69, 99, 112
ノルムから導かれた距離
    metric induced by a norm   70
ノルム空間　normed space   69

・ハ行・

パーセバルの等式
    Parseval's identity   169
ハーン・バナッハの定理
    Hahn–Banach theorem
    —— （実線形空間の場合）   133
    —— （ノルム空間の場合）   133
    —— （ヒルベルト空間の場合）   175
バナッハ環　Banach algebra   107
バナッハ空間　Banach space   73
バナッハ・シュタインハウスの定理
    Banach–Steinhaus theorem   127
バナッハの不動点定理
    Banach fixed point theorem   45

張られる線形部分空間（S によって）
    linear subspace spanned (by S)   67
張られる閉線形部分空間（S によって）
    closed linear subspace spanned
    (by S)   184
汎関数　functional   111
汎関数ノルム　functional norm   112
反射的　reflexive   121
$\mathcal{B}$ 可測関数　$\mathcal{B}$-measurable function   211
p 円　p-circle   28
p 距離　p-metric   28
p 次平均収束
    convergence in the mean of order p
    219
p 乗ルベーグ積分可能
    p-Lebesgue integrable   215
p ノルム　p-norm   77
ピカールの逐次近似法
    Picard iteration   49
ピカールの定理　Picard theorem   49
非拡大写像
    nonexpansive mapping   46, 187
等しい（作用素が）　equal   94
微分作用素　differential operator   97
標本空間　sample space   211
ヒルベルト空間　Hilbert space   146
フーリエ級数　Fourier series   163
フーリエ級数展開
    Fourier series expansion   169
フーリエ係数　Fourier coefficient   163
ファトゥの補題　Fatou's lemma   200
複素線形空間　complex linear space   60
複素内積空間
    complex inner product space   138
複素ノルム空間
    complex normed space   69
複素バナッハ空間
    complex Banach space   73
複素ヒルベルト空間
    complex Hilbert space   146

不動点　fixed point　44

フビニ・トネリの定理
　　Fubini–Tonelli theorem　204

部分空間　subspace　65

ブラウワーの不動点定理
　　Brouwer's fixed-point theorem　190

フレドホルム積分方程式
　　Fredholm integral equation　52

プレヒルベルト空間
　　pre-Hilbert space　144

フロベニウスノルム
　　Frobenius norm　101

ベールのカテゴリー定理
　　Baire's category theorem　54

閉球　closed ball　26, 71

閉グラフ定理
　　closed graph theorem　131

平行四辺形の等式
　　parallelogram identity　143

閉作用素　closed operator　122

閉集合　closed set　25, 70

閉線形部分空間（ノルム空間の）
　　closed linear subspace　71

閉凸集合　closed convex set　151

閉部分空間（ノルム空間の）
　　closed subspace　71

閉包　closure　25, 70

ベクトル　vector　59

ベクトル空間　vector space　59

ベッセルの不等式
　　Bessel's inequality　163

ヘビサイド関数　Heaviside function　247

ヘルダーの不等式　Hölder's inequality
　　——（級数版）　8
　　——（積分版）　216

ヘルダー連続　Hölder continuous　253

ベルンシュタイン多項式
　　Bernstein polynomial　33

変分法　calculus of variations　263

変分法の基本補題
　　fundamental lemma of the calculus
　　of variations　244

ポアンカレの不等式
　　Poincaré inequality　254

ほとんど至るところ
　　almost everywhere　194, 198

ほとんどすべての　almost all　198

ボルツァノ・ワイエルシュトラスの定理
　　Bolzano–Weierstrass theorem　38

ボルテラ積分方程式
　　Volterra integral equation　57

ボレル集合族　Borel family of sets　210

本質的上限　essential supremum　221

本質的に有界　essentially bounded　221

• マ行 •

マンハッタン距離
　　Manhattan distance　27

ミンコフスキー距離
　　Minkowski distance　28

ミンコフスキーの不等式
　　Minkowski's inequality
　　——（級数版）　10
　　——（積分版）　216

無限次元　infinite dimension　67

• ヤ行 •

ヤングの不等式　Young's inequality　6

ユークリッド距離　Euclidean metric　149

ユークリッド内積
　　Euclidean inner product　149

ユークリッドノルム
　　Euclidean norm　149

有界　bounded
　　——作用素　98
　　——数列　19
　　——双一次形式　176
　　——汎関数　112
　　——集合　26, 71

有界収束定理
  bounded convergence theorem   202
有限次元　finite dimension   67

・ラ行・

ラゲール多項式
  Laguerre polynomial   242
ラゲールの微分方程式
  Laguerre differential equation   242
ラックス・ミルグラムの定理
  Lax–Milgram theorem   179
リース・フィッシャーの定理
  Riesz–Fischer theorem   219
リースの表現定理
  Riesz representation theorem   173
リースの補題　Riesz's lemma   90
離散距離　discrete metric   56
離散距離空間　discrete metric space   56
リプシッツ条件　Lipschitz condition   49
リプシッツ連続
  Lipschitz continuous   253
ルジャンドル多項式
  Legendre polynomial   237
ルジャンドルの微分方程式
  Legendre differential equation   239
ルベーグ外測度
  Lebesgue outer measure   214
ルベーグ可積分
  Lebesgue integrable   195
ルベーグ可測関数
  Lebesgue measurable function
    196, 197, 214

ルベーグ可測集合
  Lebesgue measurable set   196, 214
ルベーグ空間　Lebesgue space   217
ルベーグ式可積分
  Lebesgue-style integrable   213
ルベーグ式積分確定
  Lebesgue-style integration is defined
    213
ルベーグ式積分可能
  Lebesgue-style integrable   213
ルベーグ積分　Lebesgue integration   214
ルベーグ積分可能
  Lebesgue integrable   195, 197
ルベーグ測度
  Lebesgue measure   196, 214
ルベーグの優収束定理
  Lebesgue's (dominated) convergence
  theorem   201
ルベーグ零集合
  Lebesgue null set   194, 214
零元　zero element   59
零作用素　zero operator   96
連続　continuous   36, 102, 113
連続的に埋め込まれる
  be continuously imbedded   252
ロドリーグの公式
  Rodrigues' formula   237, 240, 242

・ワ行・

ワイエルシュトラスの多項式近似定理
  Weierstrass polynomial
  approximation theorem   33

著 者 略 歴

竹内　慎吾（たけうち　しんご）

　1972 年 東京都生まれ．早稲田大学教育学部卒業，早稲田大学大学院理
工学研究科博士後期課程修了．学習院大学助手，工学院大学講師・准教授，
芝浦工業大学准教授を経て，2016 年より同 教授，現在に至る．博士（理学）．
専門は非線形微分方程式．
　主な著書：『理工学のための微分方程式』（共著，培風館），『Primary 大
学ノート よくわかる線形代数』『Primary 大学ノート よくわかる微分積
分』（以上 共著，実教出版）

数学のとびら **関数解析** ― 基本と考え方 ―

2023 年 10 月 10 日　第 1 版 1 刷発行

検 印
省 略

定価はカバーに表
示してあります．

著作者　　竹　内　慎　吾
発行者　　　　吉　野　和　浩

　　　　　東京都千代田区四番町 8-1
　　　　　電　話　03-3262-9166（代）
発行所　　郵便番号　102-0081
　　　　　株式会社　裳　華　房

印刷所　　三 美 印 刷 株 式 会 社
製本所　　株式会社　松　岳　社

一般社団法人
自然科学書協会会員

JCOPY〈出版者著作権管理機構 委託出版物〉
本書の無断複製は著作権法上での例外を除き禁じ
られています．複製される場合は，そのつど事前
に，出版者著作権管理機構（電話03-5244-5088，
FAX 03-5244-5089, e-mail: info@jcopy.or.jp）の許諾
を得てください．

ISBN 978-4-7853-1210-7

数学選書

※価格はすべて税込（10％）

1	線型代数学【新装版】	佐武一郎 著	定価 3740 円
2	ベクトル解析 −力学の理解のために−	岩堀長慶 著	定価 5390 円
3	解析関数（新版）	田村二郎 著	定価 4730 円
4	ルベーグ積分入門【新装版】	伊藤清三 著	定価 4620 円
5	多様体入門【新装版】	松島与三 著	定価 4840 円
6	可換体論（新版）	永田雅宜 著	定価 4950 円
7	幾何概論	村上信吾 著	定価 4950 円
8	有限群の表現	永尾 汎・津島行男 共著	定価 5500 円
9	代数概論	森田康夫 著	定価 4730 円
10	代数幾何学	宮西正宜 著	定価 5170 円
11	リーマン幾何学	酒井 隆 著	定価 6600 円
12	複素解析概論	野口潤次郎 著	定価 5060 円
13	偏微分方程式論入門	井川 満 著	定価 4730 円

数学シリーズ

※価格はすべて税込（10％）

集合と位相（増補新装版）	内田伏一 著	定価 2860 円
代数入門 −群と加群−（新装版）	堀田良之 著	定価 3410 円
常微分方程式 ［OD版］	島倉紀夫 著	定価 3630 円
位相幾何学	加藤十吉 著	定価 4180 円
多変数の微分積分 ［OD版］	大森英樹 著	定価 3520 円
数理統計学（改訂版）	稲垣宣生 著	定価 3960 円
関数解析	増田久弥 著	定価 3300 円
微分積分学	難波 誠 著	定価 3080 円
測度と積分	折原明夫 著	定価 3850 円
確率論	福島正俊 著	定価 3300 円